国家出版基金项目
NATIONAL PUBLICATION FOUNDATION

"十四五"时期国家重点出版物出版专项规划项目

## 材料先进成型与加工技术丛书

申长雨　总主编

# 高性能变形镁合金的
# 新型微合金化设计与制备

蒋　斌　曾　迎　王庆航等　著

U0252248

科学出版社

北　京

# 内 容 简 介

本书为"材料先进成型与加工技术丛书"之一。变形镁合金相较于铸造镁合金具有较高的强度和塑性，能够满足大部分结构多样化零部件的需求。但因其密排六方晶体结构室温独立滑移系少，塑性变形后呈现显著的基面织构而表现出较低的成形性能，导致生产工序增加，综合成本增加。在新型变形镁合金开发研究中，微合金化是一种提高变形镁合金综合力学性能的经济高效手段，对合金晶粒细化、织构弱化以及第二相强化等方面将发挥重要作用。本书详述了变形镁合金微合金化的强韧化机制，提出了微合金化变形镁合金增强增塑的成分设计理念，优化了微合金化变形镁合金的制备加工工艺，解决了一批国内外关注的重大技术难题，可为其他类合金材料的微合金化工艺提供借鉴。

本书可作为普通高等学校材料类相关专业学生和教师的参考书，也可用作研究机构和企业中相关工作人员的技术参考书。

**图书在版编目（CIP）数据**

高性能变形镁合金的新型微合金化设计与制备 / 蒋斌等著. —北京：科学出版社，2024.10

（材料先进成型与加工技术丛书 / 申长雨总主编）

"十四五"时期国家重点出版物出版专项规划项目 国家出版基金项目

ISBN 978-7-03-078305-9

Ⅰ. ①高… Ⅱ. ①蒋… Ⅲ. ①镁合金－合金强化－设计 ②镁合金－合金强化－制备 Ⅳ. ①TG146.22

中国国家版本馆 CIP 数据核字（2024）第 060530 号

丛书策划：翁靖一
责任编辑：翁靖一 孙静惠 / 责任校对：杜子昂
责任印制：徐晓晨 / 封面设计：东方人华

科学出版社 出版
北京东黄城根北街 16 号
邮政编码：100717
http://www.sciencep.com

北京中科印刷有限公司印刷
科学出版社发行 各地新华书店经销

\*

2024 年 10 月第 一 版 开本：720 × 1000 1/16
2024 年 10 月第一次印刷 印张：17 1/4
字数：345 000

**定价：168.00 元**
（如有印装质量问题，我社负责调换）

# 材料先进成型与加工技术丛书

# 编 委 会

# 材料先进成型与加工技术丛书

# 总　序

　　核心基础零部件（元器件）、先进基础工艺、关键基础材料和产业技术基础等四基工程是我国制造业新质生产力发展的主战场。材料先进成型与加工技术作为我国制造业技术创新的重要载体，正在推动着我国制造业生产方式、产品形态和产业组织的深刻变革，也是国民经济建设、国防现代化建设和人民生活质量提升的基础。

　　进入 21 世纪，材料先进成型加工技术备受各国关注，成为全球制造业竞争的核心，也是我国"制造强国"和实体经济发展的重要基石。特别是随着供给侧结构性改革的深入推进，我国的材料加工业正发生着历史性的变化。**一是产业的规模越来越大。**目前，在世界 500 种主要工业产品中，我国有 40%以上产品的产量居世界第一，其中，高技术加工和制造业占规模以上工业增加值的比重达到 15%以上，在多个行业形成规模庞大、技术较为领先的生产实力。**二是涉及的领域越来越广。**近十年，材料加工在国家基础研究和原始创新、"深海、深空、深地、深蓝"等战略高技术、高端产业、民生科技等领域都占据着举足轻重的地位，推动光伏、新能源汽车、家电、智能手机、消费级无人机等重点产业跻身世界前列，通信设备、工程机械、高铁等一大批高端品牌走向世界。**三是创新的水平越来越高。**特别是嫦娥五号、天问一号、天宫空间站、长征五号、国和一号、华龙一号、C919 大飞机、歼-20、东风-17 等无不锻造着我国的材料加工业，刷新着创新的高度。

　　材料成型加工是一个"宏观成型"和"微观成性"的过程，是在多外场耦合作用下，材料多层次结构响应、演变、形成的物理或化学过程，同时也是人们对其进行有效调控和定构的过程，是一个典型的现代工程和技术科学问题。习近平总书记深刻指出，"现代工程和技术科学是科学原理和产业发展、工程研制之间不可缺少的桥梁，在现代科学技术体系中发挥着关键作用。要大力加强多学科融合的现代工程和技术科学研究，带动基础科学和工程技术发展，形成完整的现代科学技术体系。"这对我们的工作具有重要指导意义。

过去十年，我国的材料成型加工技术得到了快速发展。**一是成形工艺理论和技术不断革新**。围绕着传统和多场辅助成形，如冲压成形、液压成形、粉末成形、注射成型，超高速和极端成型的电磁成形、电液成形、爆炸成形，以及先进的材料切削加工工艺，如先进的磨削、电火花加工、微铣削和激光加工等，开发了各种创新的工艺，使得生产过程更加灵活，能源消耗更少，对环境更为友好。**二是以芯片制造为代表，微加工尺度越来越小**。围绕着芯片制造，晶圆切片、不同工艺的薄膜沉积、光刻和蚀刻、先进封装等各种加工尺度越来越小。同时，随着加工尺度的微纳化，各种微纳加工工艺得到了广泛的应用，如激光微加工、微挤压、微压花、微冲压、微锻压技术等大量涌现。**三是增材制造异军突起**。作为一种颠覆性加工技术，增材制造（3D 打印）随着新材料、新工艺、新装备的发展，广泛应用于航空航天、国防建设、生物医学和消费产品等各个领域。**四是数字技术和人工智能带来深刻变革**。数字技术——包括机器学习（ML）和人工智能（AI）的迅猛发展，为推进材料加工工程的科学发现和创新提供了更多机会，大量的实验数据和复杂的模拟仿真被用来预测材料性能，设计和成型过程控制改变和加速着传统材料加工科学和技术的发展。

当然，在看到上述发展的同时，我们也深刻认识到，材料加工成型领域仍面临一系列挑战。例如，"双碳"目标下，材料成型加工业如何应对气候变化、环境退化、战略金属供应和能源问题，如废旧塑料的回收加工；再如，具有超常使役性能新材料的加工技术问题，如超高分子量聚合物、高熵合金、纳米和量子点材料等；又如，极端环境下材料成型技术问题，如深空月面环境下的原位资源制造、深海环境下的制造等。所有这些，都是我们需要攻克的难题。

我国"十四五"规划明确提出，要"实施产业基础再造工程，加快补齐基础零部件及元器件、基础软件、基础材料、基础工艺和产业技术基础等瓶颈短板"，在这一大背景下，及时总结并编撰出版一套高水平学术著作，全面、系统地反映材料加工领域国际学术和技术前沿原理、最新研究进展及未来发展趋势，将对推动我国基础制造业的发展起到积极的作用。

为此，我接受科学出版社的邀请，组织活跃在科研第一线的三十多位优秀科学家积极撰写"材料先进成型与加工技术丛书"，内容涵盖了我国在材料先进成型与加工领域的最新基础理论成果和应用技术成果，包括传统材料成型加工中的新理论和新技术、先进材料成型和加工的理论和技术、材料循环高值化与绿色制造理论和技术、极端条件下材料的成型与加工理论和技术、材料的智能化成型加工理论和方法、增材制造等各个领域。丛书强调理论和技术相结合、材料与成型加工相结合、信息技术与材料成型加工技术相结合，旨在推动学科发展、促进产学研合作，夯实我国制造业的基础。

　　本套丛书于 2021 年获批为"十四五"时期国家重点出版物出版专项规划项目，具有学术水平高、涵盖面广、时效性强、技术引领性突出等显著特点，是国内第一套全面系统总结材料先进成型加工技术的学术著作，同时也深入探讨了技术创新过程中要解决的科学问题。相信本套丛书的出版对于推动我国材料领域技术创新过程中科学问题的深入研究，加强科技人员的交流，提高我国在材料领域的创新水平具有重要意义。

　　最后，我衷心感谢程耿东院士、李依依院士、张立同院士、韩杰才院士、贾振元院士、瞿金平院士、张清杰院士、张跃院士、朱美芳院士、陈光院士、傅正义院士、张荻院士、李殿中院士，以及多位长江学者、国家杰青等专家学者的积极参与和无私奉献。也要感谢科学出版社的各级领导和编辑人员，特别是翁靖一编辑，为本套丛书的策划出版所做出的一切努力。正是在大家的辛勤付出和共同努力下，本套丛书才能顺利出版，得以奉献给广大读者。

中国科学院院士
工业装备结构分析优化与 CAE 软件全国重点实验室
橡塑模具计算机辅助工程技术国家工程研究中心

# 前　　言

镁合金是目前世界上密度最小的金属工程结构材料，纯镁的密度仅为 1.74 g/cm³。常用变形镁合金，如 AZ31、AZ61 和 Mg-RE 等，其密度在 1.77～1.95 g/cm³ 之间，约为钢的 1/4、铝的 2/3，具有质轻、比强度高的特点。同时，镁合金具备优良的阻尼减振、电池屏蔽性能和储能特性。镁合金已在汽车、轨道交通、电子信息、航空航天和国防军工等领域大规模应用，展现出越来越广泛的应用前景。

变形镁合金在轧制、挤压、锻造等塑性变形过程中，自身的密排六方结构导致其呈现出明显的强基面织构特征，致使变形镁合金的二次成形过程较难，限制了变形镁合金在更加广泛领域的扩大应用。近年来，国内外研究者在弱化变形镁合金基面织构和改善变形镁合金性能方面做了大量工作，取得了重要进展。作者团队历经十余年，发展了微合金化变形镁合金成分设计机理，突破了强塑性协同变形镁合金的低成本制备加工技术，解决了一批国内外关注的重大技术难题。

作者团队在多年研究成果的基础上，参阅了国内外同行研究的最新进展，系统地撰写了本书。本书涵盖了高性能变形镁合金新型微合金化设计理论与方法、稀土微合金化高塑性变形镁合金、非稀土微合金化高塑性变形镁合金、微合金化强韧一体化变形镁合金、微合金化耐高温变形镁合金 5 个方面。

本书是在潘复生院士的亲切指导下完成的。由重庆大学蒋斌、西南交通大学曾迎、扬州大学王庆航、重庆大学董志华、西南交通大学张英波、重庆大学高瑜阳等撰写，由曾迎和王庆航统稿，所涉及的研究成果是作者团队多年研究工作的总结和凝练，在此感谢张丁非教授、黄光胜教授、宋江凤副教授、杨艳教授等在本书撰写过程中给予的指导和支持，感谢作者研究团队中已经毕业和在读研究生们的辛勤付出以及对本书成果所作出的贡献。

　　尽管作者多年从事变形镁合金研发，但对其中的一些前沿问题也仍处于不断认知的过程中，书中难免有疏漏之处，恳请读者批评并不吝指正。

2024 年 6 月于重庆

# 目　　录

# 第1章

绪　论

## 1.1　引言

　　镁合金是密度最小的金属工程结构材料，其密度仅为 1.74 g/cm³，约为铝密度的 2/3、钛的 1/3、钢的 1/4，同时镁合金还具有比强度高、阻尼减振、电磁屏蔽性能优良等特点[1]。自然界中蕴藏着丰富的镁资源，镁元素约占地壳质量的 2.35%，其含量在金属元素中仅次于铝和铁[2]。我国镁储量十分丰富，占全球镁资源总量的 70% 以上[3]。因此，充分利用我国镁资源优势、研发高性能镁合金、促进镁合金产业化和大规模应用，对缓解我国铁铝矿产资源紧缺、推动节能减排等具有重要的战略意义。

　　通常镁合金可根据成形工艺不同分为铸造镁合金和变形镁合金两大类。据统计，目前广泛使用的镁合金工程结构件 90% 以上采用压铸方法生产。虽然压铸工艺可以高效率实现大尺寸复杂零部件的一次成形，但受热裂、缩松、气孔等铸造缺陷的影响，易出现显微组织粗大且成分不均匀的现象，一定程度上限制了镁合金产品的高附加值化应用[4-8]。与铸造镁合金相比，变形镁合金的组织细小，其产品具有更高的强度和塑性，能够满足更多结构件和结构多样化零部件的需求。同时，合适的挤压、轧制、锻造等塑性成形工艺，使得镁合金制品的材料利用率高，并且具有更好的外观形貌和表面质量。但是，与钢铁材料和铝合金材料相比，镁合金因其密排六方的晶体结构[9-13]，在室温下只有（0001）[11$\bar{2}$0] 和（0001）[$\bar{1}$2$\bar{1}$0] 两个独立的滑移系，不满足 Von Mises 准则提出的多晶均匀塑性变形启动需要五个独立滑移系的要求。此外，这两个独立滑移系均在基面上，使得镁合金的后续均匀变形必须通过多次退火来降低强基面织构的不良影响，导致生产工序增加，综合成本增加。因此，在最近十几年的新型镁合金开发研究中，研究者通过合金化和工艺设计已在镁合金材料性能优化、织构弱化等方面取得大量的成果，为高性能镁合金的深入研究与广泛应用奠定了坚实的理论与技术基础。

### 1.2.1　变形镁合金的国内外研究现状

变形镁合金通过挤压、轧制和锻造等工艺制备出比铸造镁合金具有更高强度和塑性的板材、型材、管材和棒材等[14-18]，并通过添加稀土元素，使这些产品在高温下也具有良好的服役性能。目前，变形镁合金中常用的主要是 Mg-Al 系和 Mg-Zn 系。Mg-Al 系合金由于价格较低，且具有良好的强度、塑性和耐腐蚀性能而得到广泛应用，典型的如 AZ31B、AZ61A 和 AZ80A。而由 Mg-Zn 系发展出来的 Mg-Zn-Zr 系合金具有较高的强度，但其塑性变形能力较差，常见的如 ZK60。随着镁合金新材料研发的不断深入，为解决镁合金强度、塑性和耐热性等方面存在的问题，发展了 Mg-Zn-Mn 系高强度镁合金[19-22]和 Mg-Gd-Y-Zn-Zr 系超高强度镁合金等[23-26]。稀土元素的加入更进一步提高了镁合金的强度、塑性和耐热性能。此外，通过向镁基体中添加锂获得了具有超塑性的超轻变形镁锂合金，它是已知金属工程结构材料中密度最小的合金，并在航空航天构件上得到应用。

变形镁合金按合金化学成分可分为 Mg-Al 系、Mg-Zn 系、Mg-Mn 系、Mg-RE 系、Mg-Li 系等种类。

#### 1. Mg-Al 系合金

AZ 系作为典型的商用变形镁合金，具有良好的挤压性和综合力学性能。随着 Al 含量的增加，合金的固溶强化能力增强，但显示出突出的屈服各向异性和窄的加工区间。此外，Al 含量增加会大大降低合金的最大可挤压速度和收缩挤压区间。因此，AZ 系变形镁合金的 Al 含量一般不超过 8 wt%[①]。AZ31 的最大可挤压速度是 AZ80 的 10 倍左右。此外，由于 AZ 系合金的强化相 $Mg_{17}Al_{12}$ 熔点较低且强化效果有限，需要引入新的强化相，如 $Al_4Ce$、$Al_2Ca$、$Al_2Y$ 等来钉扎晶界，阻止再结晶晶粒长大，从而使合金的强度和塑性显著提升。

AZ31、AZ61、AZ63、AZ80 和 AZ81A 是最为常见的结构用 Mg-Al 系变形镁合金。因该类合金的室温力学性能和焊接性能良好，且能够通过热处理强化，可应用于各种结构件。其中，AZ31 和 AZ61 呈现出良好的综合力学性能。固溶处理

---

① wt%表示质量分数。

可将合金中 β 相完全溶于 α 基体中，提高合金的抗拉强度，而后续的塑性成形可将合金的延伸率提高到 20%以上。

### 2. Mg-Zn 系合金

Zn 具有与 Mg 相同的密排六方晶体结构，其熔点较低，在镁合金中可以起到固溶强化和时效硬化的作用。在 Mg-Zn 系合金中，少量添加 Zn 可以提高合金的耐蚀性和固溶强化效果，而大量添加 Zn 则会使合金的结晶区间扩大，恶化铸锭坯料组织，不利于后续变形工艺的实施。因此，工业上 Mg-Zn 合金中的 Zn 含量大多控制在 4 wt%～6 wt%，当 Zn 含量超过 6 wt%时，合金的强度和延伸率均会随着 Zn 含量的增加而显著降低。添加 Zr、Cu 和 Mn 等元素可显著改善 Mg-Zn 合金的组织和性能[27-32]，添加 Zr 可细化晶粒，添加 Cu 可提高合金塑性和时效硬化效应，添加 Mn 可降低过时效的速率，添加稀土元素既能显著提高合金的抗拉强度和屈服强度，亦能满足一定的延伸率要求。

Mg-Zn 合金中 Zr 的添加量大于 0.5 wt%时，Zr 作为有效异质形核核心可以显著细化组织，从而改善合金的综合力学性能。而向其添加一定含量的稀土元素后，其强塑性均得到有效提高。添加的主要稀土元素为 Y、Nd、Gd、Ce 和 La 等[33-35]。例如，挤压态 ZK40-11.67 wt% Y 镁合金的抗拉强度可达 408 MPa，屈服强度可达 300 MPa。在长周期结构 X-$Mg_{12}$YZn 相容纳塑性变形从而协调变形的情况下，合金的塑性有所提高（延伸率可达 7.5%），高于工业可接受水平（约 5%）。而对挤压态的 ZK60-1.5 wt% Ce 和 ZK60-0.9 wt% Y 进行 T5 热处理后，抗拉强度超过 330 MPa，延伸率超过 15%。因此，Mg-Zn 系合金具有比 AZ31 等镁合金更高的室温综合力学性能。

ZK60 作为最常用的 Mg-Zn 系商用变形镁合金，由于其较高的强度、较好的塑性和耐蚀性，且可以进行热处理强化，主要以棒材、型材和锻件等形式用于轨道交通、航空航天、武器装备、电子信息等领域结构件的制造。

### 3. Mg-Mn 系合金

Mn 元素的添加主要是用于去除镁合金中的铁及其他重金属元素，避免生成有害的化合物，提高合金的耐蚀性能。Gibson 等[36]研究了 Mn 含量对合金耐蚀性能的影响，发现合金中 Fe 和 Mn 的含量比为 0.02 时，可得到高耐蚀镁合金。在 AZ 系合金中添加 0.3 wt%～0.5 wt%的 Mn 也可显著改善合金的耐腐蚀性能[37-39]。同时，Mn 的加入还可以细化合金组织，提高合金的焊接性能，但对合金强度影响不大。Mg-Mn 合金中 Mn 基本以短棒状 α-Mn 相存在，主要沿基面的 $\langle 2\bar{1}\bar{1}0\rangle_{Mg}$ 方向和垂直于基面的方向析出。然而，平行于基面方向析出的第二相不能在变形过程中起到钉扎晶界和阻碍位错运动的作用，因此不能进行热处理强化。通常，利用变形方式制备的 Mg-Mn 合金具有粗大的组织和强基面织构，导致合金的室温力学性能较差，达不到实际的使用要求。因此，可以向 Mg-Mn 合金中添加一定量的 Ca、Ce、La、Gd、Nd 等元素来提高合金的室温强度和塑性。Stanford[40]通过在 Mg-Mn 合金中添加少量 Ca 获得了弱基面织构和细小的再结晶晶粒，但合金在室温下的屈服强度和延伸率均较低。基于该研究结果，Stanford 等[41]在 Mg-1.62 wt% Mn 中复合添加了少量的 Ce 和 La，也获得了显著弱化的基面织构和微观组织。稀土元素 Ce、La 的加入使合金的晶粒取向趋于 $\langle 11\bar{2}1 \rangle$，显著改善合金的室温塑性（延伸率近20%）。此外，单一添加 Ce 元素后获得的 Mg-(1.5~2.5)Mn-0.4Ce[42]变形镁合金在热处理状态下，其抗拉强度能达到 250 MPa，延伸率达到 20%以上。Bohlen 等[43]开发的 Mg-1Mn-1Nd 合金经过热挤压（挤压温度 300℃、挤压速度 10 m/min）后的室温抗拉强度、屈服强度、断后延伸率分别为 196 MPa、102 MPa 和 42%。

综上所述，Mg-Mn 系合金的强度较低，但是韧性、耐蚀性和焊接性能较好，可用于经受冲击载荷作用和延伸率要求较高的零部件的制造。

### 4. Mg-RE 系合金

大的原子半径和强的原子间结合力使得 RE 元素在镁中的扩散能力较差，而高熔点、高热稳定性弥散第二相的析出进一步增大了 RE 元素扩散困难的程度，从而提高了合金的再结晶温度，合金的高温力学性能和蠕变性能得到改善[44-49]。加入 Ce 或者富 Ce 的混合稀土，生成的 $Mg_{12}Ce$ 高熔点化合物可以钉扎晶界，从而提高合金的高温强度，但是室温强化效果较差。加入 Nd 可以同时提高合金的耐热强度和室温强度。加入 Gd 可在保证合金良好蠕变性能和耐腐蚀性能的前提下，大幅提高合金在室温、高温，甚至低温下的力学性能。Y 元素与 Gd 有相似的性质和相近的原子半径，加入镁合金中能降低 $c/a$ 比值，细化晶粒，从而提高合金强度和塑性。为了获得高强高塑性的稀土镁合金，一般采用复合添加的方式。WE43[Mg-4.0Y-3.3RE(Nd)-0.5Zr，wt%]是典型的高强高塑耐热镁合金，室温下由 $\alpha$-Mg、$Mg_{24}Y_5$、$Mg_9Nd$（或 $Mg_{12}Nd$）三相组成，其延伸率可达 20%。Mg-5Nd-0.5Zr 挤压态镁合金经热处理后，其延伸率超过 20%。Mg-6Gd-0.6Zr 合金挤压状态下的抗拉强度可达 237 MPa，延伸率超过 30%。

因此，Mg-RE 系变形镁合金具有优异的耐蚀性、耐热性和高温蠕变性能，以板材、型材和锻件的形式广泛用于高温服役和耐蚀性要求高的发动机箱体、螺旋桨和传送箱等航空航天零部件的制造。

### 5. Mg-Li 系合金

Mg-Li 合金是密度最小的金属工程结构材料[50-55]。Li 元素的添加可以降低合金的 $c/a$ 轴比，促进 $\langle c+a \rangle$ 滑移的形成，提高合金的塑性成形能力。以

Mg-17at%[①]Li 为例,其 *c/a* 轴比从纯镁的 1.624 降低到了 1.607,提高了合金的层错能,进而降低了基面滑移临界剪切应力与非基面滑移临界剪切应力的比值,促进了非基面滑移的启动,协调基面的滑移变形。当 Li 含量低于 5.3 wt%时,合金中只有 *α*-Mg 相,当 Li 含量在 5.3 wt%~10.7 wt%之间时,组织由 *α*-Mg 相和体心立方的 *β*-Li 相组成,而当 Li 含量超过 10.7 wt%时,组织为单一的 *β*-Li 相,此时合金可在室温下塑性成形。研究表明,双相 Mg-Li 合金的变形能力要优于单相的 *α*-Mg 或 *β*-Li 合金,如 Mg-(8-9)Li 合金的室温延伸率可高于 50%,Mg-9Li-1Y 镁合金薄板的成形极限可达 80%,微量添加 Y 元素的 Mg-8.5Li 合金在 $4 \times 10^{-3}$ s$^{-1}$ 的拉伸应变速率下表现出最大延伸率为 390%的超塑性。然而,Li 在提高镁合金塑性的同时,却显著降低了合金的强度和耐腐蚀性能。此外,Li 元素的加入使熔炼过程中镁的蒸发与燃烧风险增大,提高了对冶金条件的要求。因此,Mg-Li 系合金仅应用于加速箱箱体、部分瞄准装置、环形件外罩等航空器部件和计算机壳体等高附加值零部件的制造。

## 1.2.2 变形镁合金微合金化的国内外研究现状

为了进一步提高变形镁合金的力学性能,研究者们通过塑性变形[56-60]或热处理[61-63]来细化合金组织、产生异构组织或析出强化相等多种方式形成强韧化效果。相比较而言,微合金化是提高镁合金综合力学性能较为经济有效的手段[64-77]。对于变形镁合金,微量合金化元素的添加将对镁合金的塑性变形行为、再结晶组织、增强相动态析出等产生显著影响[78-81]。因此,微合金化处理后的变形镁合金通常表现出较优异的综合力学性能。针对 Mg-Al、Mg-Zn、Mg-RE、Mg-Ca、Mg-Sn、Mg-Mn 等变形镁合金的微合金化,国内外研究者已做了较多的工作。

### 1. Mg-Al 系合金

Mg-Al 系合金是最常用的变形镁合金之一,表现出强度适中、塑性高、耐腐蚀性能好、材料成本低的特点[82]。Al 的加入改善了不同滑移体系临界剪切应力的各向异性,促进了非基面 ⟨*c* + *a*⟩ 滑移的激活,提高了镁合金的塑性[65, 83]。从基体析出的 *β*-Mg$_{17}$Al$_{12}$ 相提高了合金的强度[84]。随着微量 Zn、Ca、Sr、Si、Mn 和稀土元素的加入,*β* 相的形态、大小、数量和分布发生显著变化[84-93]。此外,合金元素的加入还可以形成一些新的第二相,提高合金热稳定性,抑制晶粒长大。

Zha 等[94]采用挤压、均匀化和多道次轧制相结合的方法制备了细晶 AZ31、AZ61 和 AZ91 合金。轧制后的 AZ31、AZ61 和 AZ91 板材具有相似的晶粒尺寸(3.0 μm)

---

① at%表示原子分数。

和细小的鹅卵石状 $\beta$-Mg$_{17}$Al$_{12}$ 相。但随着 Al 含量的增加，$\beta$-Mg$_{17}$Al$_{12}$ 相的数量也增加。与其他工艺制备的细晶 AZ91[95,96] 相比，挤压和多道次轧制制备的 AZ91[94] 具有较好的综合力学性能，其屈服强度（YS）约为 244 MPa，极限抗拉强度（UTS）约为 369 MPa，延伸率（EL）约为 12.9%。此外，Zhang 等[97]研究了大压下量衬板控轧制备的 Mg-Al-Zn 合金的组织和力学性能。与细晶 AZ31 和 AZ61 相比，衬板控轧 AZ91 呈双模态组织，具有较高的强度和较低的塑性。Trang 等[66]利用 Zn 和 Ca 沿晶界共偏聚效应设计了 Mg-3Al-1Zn-1Mn-0.5Ca（AZMX3110）合金。结果表明，AZMX3110 合金具有良好的成形性能［室温杯突值（IE）为 8 mm］和较高的屈服强度（219 MPa）。表 1-1 中列出了几种典型 Mg-Al-Zn 合金的室温力学性能。

**表 1-1　Mg-Al-Zn 合金拉伸力学性能（室温）**

| 合金种类 | 工艺 | 屈服强度/MPa | 抗拉强度/MPa | 延伸率/% | 参考文献 |
|---|---|---|---|---|---|
| AZ31 | 挤压 + 多道次轧制 | 201 | 289 | 22.2 | [94] |
| AZ31 | 大压下量衬板轧制 | 182 | 260 | 17.0 | [98] |
| AZ61 | 挤压 + 多道次轧制 | 205 | 327 | 18.0 | [94] |
| AZ61 | 大压下量衬板轧制 | 221 | 312 | 13.5 | [98] |
| Mg-7.6Al-4Zn | 时效 + 挤压 | 210 | 329 | 25.0 | [99] |
| AZ91 | 粉末冶金 + 挤压 | — | 518 | 6 | [95] |
| AZ91 | 挤压 + 多道次轧制 | 244 | 369 | 12.9 | [94] |
| AZ91 | 喷射成型 + 挤压 | — | 435 | 9 | [98] |
| AZ91 | 大压下量衬板轧制 | 246 | 370 | 14.0 | [98] |

Mn 的加入可以提高 Mg 合金的抗腐蚀性能、抗蠕变行为和阻尼性能。Mg-Al-Mn 合金中可以形成 $\alpha$-Mn 和 Al$_x$Mn$_y$ 强化相[66-70,100]。Hu 等[70]研究了挤压态 Mg-0.4Al-xMn（$x$ = 0，0.3，1.5，wt%）合金的组织和力学性能，结果表明 $\alpha$-Mn 和 Al$_8$Mn$_5$ 析出相改变了再结晶形核和晶粒长大行为。与具有完全动态再结晶组织的 Mg-0.4Al 合金相比，Mg-0.4Al-0.3 Mn 和 Mg-0.4Al-1.5Mn 合金呈现双模态晶粒特征。Mg-0.4Al-0.3Mn 合金的 YS、UTS 和 EL 分别为 239 MPa、262 MPa 和 30%，表现出良好的力学性能。

Mg-Al 系中加入 Ca 后，可在加工过程中形成具有较高热稳定性的 Al$_2$Ca、Mg$_2$Ca 和(Mg, Al)$_2$Ca 相，能够提高合金的室温和高温机械性能和蠕变抗力[101-105]。Jiang 等[105]研究了不同 Al 和 Ca 含量的 Mg-Al-Ca 合金的组织和力学性能，结果表明，当 Al 和 Ca 的添加量为 2.3 wt%和 1.7 wt%时，合金的力学性能最佳，其 YS、UTS 和 EL 分别为 275 MPa、324 MPa 和 10%。细小的动态再结晶晶粒、纳米片状析出相（30～50nm）以及在基体中高密度分布的亚微米级 $Al_2Ca$ 相（0.5～1.0 μm）是提高材料力学性能的主要因素。近年来，人们提出 Mg-Al-Ca-Mn 合金是一种极具发展潜力的高强度、低成本变形镁合金。Mn 的加入有利于 Al-Mn 析出相的形成，并形成含 Ca 的单层 Guinier-Preston（GP）区[106-108]。Nakata 等[108]开发了一种新的变形镁合金 Mg-1.3Al-0.3Ca-0.4 Mn（AXM10304），其挤压速度可达 24 m/min。研究发现，均匀分布的 GP 区有利于促进交滑移。此外，在变形过程中，GP 区不会成为微观空洞的形核点和传播位点，在后续的时效过程中能够有效抑制塑性降低。经时效硬化处理后，AXM10304 表现出良好的强度和塑性（YS 约为 287 MPa，EL 约为 20%）。因此，具有高速可挤压能力的高强塑性 Mg-Al-Ca-Mn 合金，是工业上可行的低成本变形镁合金的候选材料之一。

**2. Mg-Zn 系合金**

Mg-Zn 系合金作为一种具有较高强度的变形镁合金，引起了广泛的关注[109]。如表 1-2 所示，当 Zn 含量从 1.5 wt%[79]增加到 6.0 wt%[111, 112]时，屈服强度和延伸率明显增加。Mg-Zn 二元体系的 YS 值一般在 180 MPa 以下，EL 值在 20%以下。为了改善 Mg-Zn 二元体系的力学性能，添加合金元素开发新型 Mg-Zn 合金成为研究热点。表 1-2 给出了文献报道的 Mg-Zn 二元体系和多元体系的力学性能。

**表 1-2 部分 Mg-Zn 系合金力学性能**

| 合金种类 | 工艺 | 屈服强度/MPa | 抗拉强度/MPa | 延伸率/% | 参考文献 |
|---|---|---|---|---|---|
| Mg-1.5Zn | 450℃轧制，350℃退火 1 h | 110 | 190 | 12 | [79] |
| Mg-4Zn | 300℃挤压 | 118 | 223 | 15.4 | [111] |
| Mg-6Zn | 300℃挤压：5 mm/s，16：1（挤压比，后同） | 168 | 287 | 16.7 | [112] |
| Mg-0.21Zn-0.3Ca-0.14Mn | 300℃挤压：6 m/min，20：1 | 100 | 200 | 30 | [113] |
| Mg-0.53Zn-0.24Ca-0.27Mn | 300℃挤压：6 m/min，20：1 | 103 | 205 | 33 | [113] |
| Mg-0.71Zn-0.36Ca-0.07Mn | 300℃挤压：6 m/min，20：1 | 108 | 220 | 37 | [113] |
| Mg-2.4Zn-0.8Gd | 250℃挤压：2 mm/s，9：1 | 284 | 338 | 24.1 | [114] |
| Mg-1.21Zn-0.18Zr | 300℃轧制，300℃退火 | 206 | 244 | 22 | [115] |
| Mg-1.21Zn-0.18Zr-0.39Ca | 300℃轧制，300℃退火 | 197 | 253 | 28 | [115] |

续表

| 合金种类 | 工艺 | 屈服强度<br>/MPa | 抗拉强度<br>/MPa | 延伸率/% | 参考<br>文献 |
|---|---|---|---|---|---|
| Mg-0.8Zn-0.3Gd-0.2Ca | 320℃轧制，<br>350℃退火，<br>175℃时效 80 h | — | — | 40 | [116] |
| Mg-0.6Zn-0.5Ca | 350℃挤压，<br>300℃＋280℃双等通<br>道加工 | 370 | 373 | 7 | [117] |
| Mg-0.7Zn-0.2Zr-0.7Gd | 400℃热轧，<br>440℃退火 1h | 88 | 229 | 29 | [118] |
| Mg-2Zn-0.7Ca-1Mn | 300℃热挤压 | 229 | 278 | 10 | [119] |
| Mg-3Zn-0.5La-0.2Ca | 300℃挤压：5 mm/s，<br>16∶1 | 241 | 292 | 21.5 | [120] |
| Mg-2.5Zn-0.7Y-0.4Zr | 300℃挤压 | 329.3 | 347.1 | 12.8 | [121] |
| Mg-2Zn-1Ca | 300℃挤压：12∶1 | — | 283 | 29 | [122] |
| Mg-3Zn | 350℃挤压：<br>5 mm/s，16∶1 | 123 | 236 | 25.3 | [110] |
| Mg-3Zn-0.05Ce | 350℃挤压：<br>5 mm/s，16∶1 | 123 | 252 | 34.0 | [110] |
| Mg-1.5Zn-0.4 Mn-0.9LaMM | 300℃挤压：5 mm/s | 349 | 353 | 19.4 | [123] |
| Mg-5.3Zn-0.6Ca | 300℃挤压：<br>0.2 mm/s，17∶1 | 220.2 | 291.5 | 19.3 | [124] |
| Mg-5.3Zn-0.6Ca-0.5Ce/La | 300℃挤压：<br>0.2 mm/s，17∶1 | 270.2 | 311.1 | 14.8 | [124] |
| Mg-0.4Zn-1.0Zr-1.5Ca-0.8 Ti | 500℃固溶 7 h，<br>200℃时效 20 h | — | 145 | 3.2 | [125] |
| Mg-3Zn-0.9Y-0.6Nd-0.6Zr | 540℃固溶 8 h，<br>220℃油浴时效 | 161 | 262 | 15.2 | [126] |
| Mg-2Zn-0.4Gd | 310℃挤压 | 140 | 220 | 26 | [127] |
| Mg-2Zn-0.4Ce | 310℃挤压 | 190 | 260 | 18 | [127] |
| Mg-2Zn-0.4Y | 310℃挤压 | 160 | 240 | 30 | [127] |
| Mg-2Zn-0.4Nd | 310℃挤压 | 180 | 250 | 28 | [127] |
| Mg-1.5Zn-0.2Gd | 450℃轧制，<br>350℃退火 1 h | 97 | 210 | 27 | [79] |
| Mg-1.5Zn-0.2Y | 450℃轧制，<br>350℃退火 1 h | 130 | 230 | 22 | [79] |
| Mg-1.5Zn-0.2Ce | 450℃轧制，<br>350℃退火 1 h | 127 | 220 | 22 | [79] |

研究发现，添加 Ca 可以有效细化 Mg-Zn 合金晶粒尺寸，提高其力学性能[109]。在 300℃热挤压后，Mg-5.3Zn-0.6Ca 合金的 YS 约为 220.2 MPa，EL 约为 19.3%[124]。在相同的挤压温度下，在 Mg-2Zn 中加入 1 wt%的 Ca 可使 EL 提高至 29%[122]。此外，Horky 等[117]报道了 Mg-0.6Zn-0.5Ca 合金的 YS 和 EL 分别高达 370 MPa 和 7%，这是由于该合金具有细小的晶粒和较高的未再结晶率。Zr 也是一种有效提高 Mg-Zn 合金力学性能的重要元素。据报道，Mg-0.7Zn-0.2Zr-0.7Gd 合金经 400℃热轧和 440℃退火 1h 后，延伸率可达 29%[118]。

另外，添加稀土元素，如 Gd[114]、La[120, 123]、Ce[110, 128]、Y[127]和 Nd[127]也可以有效提高 Mg-Zn 合金的力学性能。Liu 等[79]研究了 Gd、Y 和 Ce 在 Mg-1.5Zn 合金中的影响，结果表明，添加 0.2 wt% Gd 可获得 27%的延伸率，添加 0.2 wt% Y 可获得 230 MPa 的极限抗拉强度，而 Mg-1.5Zn-0.2Ce 合金的极限抗拉强度约为 220 MPa，EL 约为 22%。此外，Ca、Mn、Zr、RE 元素共同添加也可有效提高力学性能。Jiang 等[113]研究了 Mg-Zn 合金中不同含量 Ca 和 Mn 的加入对力学性能的影响。结果表明，Ca 和 Mn 的添加量分别为 0.36 wt%和 0.07 wt%时，合金表现出高的塑性（EL 约为 37%）和中等的强度（UTS 约为 220 MPa）。Bazhenov 等[119]开发了具有良好力学性能的新型 Mg-2Zn-0.7Ca-1 Mn 合金。Xia 等[115]的研究结果表明，在 Mg-1.21Zn-0.18Zr 合金中添加 0.39 wt% Ca 可以提高 EL，而屈服强度略有下降，这主要归因于晶粒的 $c$ 轴从 ND 向 TD 倾斜，以及 $\langle c+a \rangle$ 滑移和拉伸孪晶的开启。研究表明[116]，挤压态 Mg-0.8Zn-0.3Gd-0.2Ca 合金的显微组织为细小的 $Mg_3Zn_3Gd_2$ 相、富含 Ca 和 Zn 原子的单层有序 GP 区以及特殊的圆形非基面织构。Ca 和 Gd 的复合微合金化促使 Mg-Zn 合金产生纳米析出相和非典型织构。同样地，挤压态 Mg-2.5Zn-0.7Y-0.4Zr 合金也存在细小的动态再结晶晶粒和高密度的纳米级析出相（$MgZn_2$ 和 W 相），这使合金的 YS 提高到 329.3 MPa，并保持较高的塑性（EL 约为 12.8%）[121]。

### 3. Mg-RE 系合金

（1）Mg-Gd 基合金：由于 Gd 在 Mg 中的溶解度高达 23.5 wt%（在 819K 时）[71]，因此，Gd 的加入有望产生显著的固溶强化效果[129]。据报道，含 10 wt% Gd 以上的镁合金在室温和高温下均表现出优异的力学性能，这主要是由于固溶强化和析出强化。然而，高 Gd 含量会增加合金的密度和成本，降低合金的塑性。因此，开发低 Gd 含量高性能 Mg-Gd 合金是合金化设计的目标。Stanford 等[130]报道当 Gd 的添加量低于 1 wt%时，能显著弱化再结晶织构强度，与此同时形成的 RE 织构组分（$\langle 11\bar{2}1 \rangle$//ED）使得沿挤压方向的 EL 高达约 30%[81]。Hu 等[131]通过挤压制备了不同 Gd 含量的 Mg-$x$Gd-0.6Zr（$x$ = 2, 4, 6）合金，研究表明，这些合金的 EL 均在 30%以上，其中 Mg-6Gd-0.6Zr 合金在高塑性的前提下仍然能够保持中等的强度（UTS 和 YS 分别达到 237 MPa 和 168 MPa）。

近年来，Mn、Ca、Zn、Ag、Ce 和 Nd 微合金化的 Mg-Gd 合金受到广泛研究。Wu 等[132]报道称，轧制 Mg-Gd-Zn 具有优异的延展性和可成形性。Zhao 等[133]研究了不同 Mn 含量对 Mg-2Gd 组织和力学性能的影响，结果表明，0.5 wt% Mn 的加入可使其完全再结晶，并获得较好的延展性。在 Mg-2Gd-0.5Zr 合金中添加 Zn 可同时有效改善屈服强度和抗拉强度[134]。其中，Mg-2Gd-0.5Zr-3Zn 表现出良好的强度和塑性的协同，YS、UTS 和 EL 分别为 285 MPa、314 MPa 和 24%。此外，Zhao 等[135]报道了在 Mg-1Gd 合金中加入 Zn 和 Ca 会明显细化 $\alpha$-Mg 基体组织，从而获得相对较高的强度。Lei 等[136]报道了 Nd 在挤压 Mg-4Gd-0.5Zr 合金中的作用，研究发现，Nd 的加入可以明显地细化晶粒和弱化织构，在提高屈服强度的同时，仍能保证较高的塑性。Sun 等[137]指出 Ag 的添加能显著提升 Mg-5.7Gd-1.9Ag合金的强度，其 YS 和 UTS 分别达到 300.1 MPa 和 382.6 MPa，而 EL 也在可接受范围内（约为 7.2%）。Zhao 等[138]研究了微量 Ce 的添加对 Mg-1Gd-0.5Zn 合金组织和拉伸性能的影响，结果表明，细小晶粒和大量 $Mg_{12}Ce$ 相是 Mg-1Gd-0.5Zn-1.2Ce板材高强度的主要原因。此外，加入 0.3 wt% Ce 的 Mg-1Gd-0.5Zn 的塑性增强，主要原因是基面滑移和锥面滑移的共同作用。表 1-3 列出了不同 Mg-Gd 合金在室温下的力学性能。

表 1-3    Mg-Gd 合金力学性能（室温）

| 合金种类 | 工艺 | 屈服强度/MPa | 抗拉强度/MPa | 延伸率/% |
|---|---|---|---|---|
| Mg-0.22Gd | 400 ℃ 热轧 + 380 ℃退火 1 h[130] | 120 | 190 | 6 |
| Mg-0.75Gd | | 145 | 210 | 12 |
| Mg-2.75Gd | | 160 | 205 | 21 |
| Mg-4.65Gd | | 165 | 210 | 26 |
| Mg-1Gd | 400 ℃ 热轧 + 350 ℃退火 1 h + 水淬[139] | 111 | 240 | 29.7 |
| Mg-1.55Gd | 530℃ 固溶处理 3 h + 560℃ 固溶处理 5 h + 450℃挤压[81] | 102 | 214 | 23.9 |
| Mg-6Gd-0.6Zr | 450℃挤压[131] | 168 | 237 | 30 |
| Mg-2Gd-1Zn | 500℃固溶处理 10 h + 430℃ 热轧 + 400℃退火 1 h[132] | 129.9 | 233.4 | 40.3 |
| Mg-3Gd-1Zn | | 130.6 | 220 | 40.3 |
| Mg-2Gd | 420℃挤压[133] | 115 | 189 | 49 |
| Mg-2Gd-0.5Mn | | 84 | 172 | 51 |
| Mg-2Gd-1.3Mn | | 132 | 206 | 45 |

续表

| 合金种类 | 工艺 | 屈服强度/MPa | 抗拉强度/MPa | 延伸率/% |
|---|---|---|---|---|
| Mg-2Gd-1.5Mn | | 154 | 219 | 42 |
| Mg-2Gd-2Mn | | 189 | 243 | 33 |
| Mg-2Gd-0.5Zr-3Zn | 440℃挤压[134] | 285 | 314 | 24 |
| Mg-1Gd | 500℃固溶处理 15 h + 450℃挤压[135] | 76 | 223 | 25.3 |
| Mg-1Gd-0.7Ca | | 92 | 201 | 13.2 |
| Mg-1Gd-0.7Zn | | 97 | 291 | 30.2 |
| Mg-1Gd-0.7Zn-0.7Ca | | 135 | 339 | 28.5 |
| Mg-1Gd-0.5Zn | 500℃固溶处理 15 h + 430℃挤压[138] | 103 | 288 | 28.5 |
| Mg-1Gd-0.5Zn-0.3Ce | | 107 | 323 | 33.6 |
| Mg-1Gd-0.5Zn-0.7Ce | | 115 | 351 | 28.9 |
| Mg-1Gd-0.5Zn-1.2Ce | | 131 | 351 | 24.1 |
| Mg-4Gd-0.5Zr | 510℃固溶处理 12 h + 450℃挤压[136] | 87.9 | 185.7 | 44.6 |
| Mg-4Gd-0.5Zr-0.5Nd | | 96.5 | 195.9 | 42.3 |
| Mg-4Gd-0.5Zr-1Nd | | 113.6 | 215.8 | 40.3 |
| Mg-4Gd-0.5Zr-1.5Nd | | 160.2 | 223.9 | 39.3 |
| Mg-5.7Gd-1.9Ag | 500℃固溶处理 24 h + 450℃热轧 + 200℃时效 30 h[137] | 300.1 | 382.6 | 7.2 |

（2）Mg-Y 基合金：Y 在 Mg 中的溶解度高达 12.4 wt%，且 Y 可以通过改变变形机制的相对激活能和再结晶机制之间的相互作用来降低 Mg 合金变形织构强度[80, 140, 141]。表 1-4 给出了典型 Mg-Y 合金在室温下的力学性能。Wu 等[72]报道了 Y 的加入对 Mg 在热挤压和退火过程中的组织演变有显著影响。随着 Y 的加入，锥面滑移的 CRSS 和轴比 $c/a$ 降低，锥面滑移激活使得 Mg-Y 合金获得高的塑性[142]。Zhou 等[73]研究了挤压态 Mg-3Y 合金的力学性能和变形行为，结果表明，采用普通挤压即可获得 33%的高延伸率，其主要的变形机制是基面滑移和拉伸孪生。Tekumalla 等[143]报道称，在纯 Mg 中加入 0.4 wt%～1.8 wt% Y 可同时提高强度和塑性。此外，Zhou 等[73]研究了 Mg-2.4Y-0.3Ca 合金的再结晶织构、组织和力学性能，Ca 和 Y 元素的共同作用改变了典型的强基面织构特征，显著降低了织构强度，从而使得该合金的延伸率达到 36.6%。

表 1-4 Mg-Y 合金力学性能（室温）

| 合金种类 | 工艺 | 屈服强度/MPa | 抗拉强度/MPa | 延伸率/% |
|---|---|---|---|---|
| Mg-0.4Y | 350℃挤压[143] | 120 | 176 | 7 |
| Mg-1Y | | 111 | 166 | 10 |
| Mg-1.8Y | | 109 | 167 | 31 |
| Mg-3Y | 350℃挤压[73] | 120 | 200 | 33 |
| Mg-2Y | 480℃固溶处理<br>12 h + 420℃挤压[72] | 92 | 189 | 21 |
| Mg-4Y | | 87 | 177 | 30 |
| Mg-2.4Y-0.3Ca | 400℃固溶处理<br>12 h + 350℃挤压[144] | 117 | 184 | 36.6 |

（3）Mg-Ce 基合金：590℃时，Ce 的固溶度约为 1.6 wt%，并随着温度的降低而降低[145]。在二元 Mg-Ce 体系中可以形成多种金属间相，如 $Mg_{12}Ce$、$Mg_3Ce$、$Mg_{41}Ce_5$、$Mg_2Ce$、$Mg_{39}Ce_5$ 和 $Mg_{3.6}Ce$[146, 147]。Mg-Ce 合金具有与 Mg-Nd 合金相似的析出顺序，即 SSSS→GP 区→$\beta''$→$\beta'$→$\beta$，其中 $\beta''$ 和 $\beta'$ 为亚稳相，$\beta$ 为平衡相[148]。通过对时效硬化 Mg-0.5Ce 合金析出行为的研究，Saito 等[149]也得出了类似的结论。此外，由于 Ce 在 Mg 中的平衡固溶度低于 Nd，因此其时效硬化响应预计会弱于 Nd。

Hadorn 等[150]研究了不同 Ce 含量对热轧 Mg 中织构演变的影响。研究发现，微量 Ce 的添加（<0.043at%）并不能改变 Mg-Ce 合金的典型基面织构特征，随着 Ce 的进一步添加，典型的基面织构逐渐转变为弱的稀土织构特征。采用原位电子背散射衍射（EBSD）技术研究了挤压态纯 Mg 和 Mg-0.5Ce 合金在压缩载荷下的孪晶行为[151]，结果表明，纯 Mg 中的大多数孪晶不符合施密特定律，这与晶体塑性模拟的结果相反。因此，研究者提出了一种修正的阈能判据来预测 Mg 和 Mg-Ce 合金中孪晶的形成。Jiang 等[152]研究了 Mg-0.5Ce 合金在较大温度范围和应变速率范围内的动态应变时效行为。

Pan 等[153]研制了一种新型轻量化微合金 Mg-Ce-Al 合金，其抗拉强度高达 365 MPa。如图 1-1 所示，在 Mg-Ce-Al 合金中的晶界和位错处均发现 Ce 和 Al 元素的共偏聚现象，此现象有利于晶粒细化，从而提高合金的强度。此外，Zn 和 Zr 的加入对 Mg-Ce 合金的力学性能有显著影响。Hu 等[154]报道了 300℃挤压态 Mg-0.8Ce-0.69Zn-0.03Zr 合金的 UTS 和 EL 分别约为 325 MPa 和 7%。而 350℃挤压的 Mg-2.8Ce-0.7Zn-0.7Zr 合金塑性提高，但强度相对较低，其 YS、UTS 和 EL 分别约为 222.4 MPa、257.8 MPa 和 12.0%[74]。

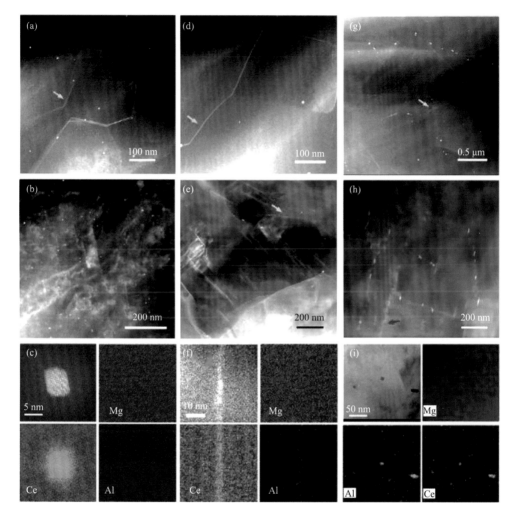

图 1-1 （a）～（f）AE300 和（g）～（i）AE300H 合金 HAADF-STEM 和相关面分布图结果[153]

此外，Ce 作为微合金化元素在其他镁合金中也被广泛应用。Zhao 等[138]研究了微量 Ce 对挤压 Mg-1Gd-0.5Zn 板材组织和拉伸性能的影响。结果表明，Mg-1Gd-0.5Zn-$x$Ce 板材中形成了 $Mg_{12}Ce$ 相，且随着 Ce 含量的增加，$Mg_{12}Ce$ 相的数量增加。从表 1-5 可以看出，挤压 Mg-1Gd-0.5Zn 板材中添加 Ce 后，YS 和 UTS 逐渐提高，这与晶粒细化和 $Mg_{12}Ce$ 析出相数量的增加有关。Lv 等[155]比较了 Ce 和 Nd 对 Mg-2.0Zn-1.0 Mn（ZM21）合金力学性能的微合金化效应，如表 1-6 所示，添加少量 0.4 wt%的 Ce 同时提高了 ZM21 的强度和塑性，而添加 Nd 则降低了 ZM21 的强度，提高了塑性。

表 1-5  挤压态 Mg-1Gd-0.5Zn-xCe 板材沿挤压方向和横向的拉伸力学性能（室温）[138]

| 合金种类 | 挤压方向 | | | 横向 | | |
|---|---|---|---|---|---|---|
| | 屈服强度/MPa | 抗拉强度/MPa | 延伸率/% | 屈服强度/MPa | 抗拉强度/MPa | 延伸率/% |
| Mg-1Gd-0.5Zn | 103±3.7 | 288±3.2 | 28.5±2.1 | 154±3.3 | 285±4.5 | 22.6±1.6 |
| Mg-1Gd-0.5Zn-0.3Ce | 107±2.8 | 323±3.8 | 33.6±1.2 | 158±2.9 | 288±2.7 | 21.5±1.5 |
| Mg-1Gd-0.5Zn-0.7Ce | 115±2.4 | 351±3.6 | 28.9±1.7 | 175±3.1 | 305±3.1 | 18.7±2.3 |
| Mg-1Gd-0.5Zn-1.2Ce | 131±2.1 | 351±2.5 | 24.1±1.1 | 185±2.3 | 320±3.2 | 16.8±2.4 |

表 1-6  挤压态 ZM21-xNd/Ce 合金力学性能（室温）[155]

| 合金种类 | 屈服强度/MPa | 抗拉强度/MPa | 延伸率/% |
|---|---|---|---|
| ZM21 | 171±0.9 | 251±1.2 | 13.7±0.1 |
| ZM21-0.4Nd | 148±1.1 | 235±0.7 | 28.8±2.0 |
| ZM21-0.4Ce | 185±0.6 | 261±0.8 | 19.2±0.4 |

### 4. Mg-Ca 系合金

Mg-Ca 系合金具有高成形性和低成本的显著优点，近年来受到了广泛关注[156]。挤压态 Mg-Ca 系合金已经得到了广泛的研究，如表 1-7 所示。Jeong 等[157]研究了 Ca 含量对挤压镁合金组织和力学性能的影响。研究认为，当 Ca 含量增加到 2 wt% 时，平均晶粒尺寸细化至 3.35 μm，UTS 提高至 252.8 MPa，EL 降低至 14.6%。

表 1-7  典型 Mg-Ca 系合金力学性能（室温）

| 合金种类 | 工艺 | 屈服强度/MPa | 极限抗拉强度/MPa | 延伸率/% | 参考文献 |
|---|---|---|---|---|---|
| Mg-1.2Ca | 350℃挤压，0.4 mm/s，20∶1 | 360 | 370 | 3.9 | [156] |
| Mg-1.2Ca | 350℃挤压，1 mm/s，20∶1 | 258 | 266 | 12.2 | [156] |
| Mg-1.2Ca | 350℃挤压，2.4 mm/s，20∶1 | 326 | 319 | 8.3 | [156] |
| Mg-0.4Ca | 350℃挤压，44~72 mm/min，16.9∶1 | 165.6 | 243.1 | 34 | [157] |
| Mg-1Ca | 350℃挤压，44~72 mm/min，16.9∶1 | 185.1 | 239.3 | 19.5 | [157] |
| Mg-2Ca | 350℃挤压，44~72 mm/min，16.9∶1 | 204.7 | 252.8 | 14.6 | [157] |
| Mg-3Ca | 350℃挤压，44~72 mm/min，16.9∶1 | 248.9 | 273.8 | 7.3 | [157] |

续表

| 合金种类 | 工艺 | 屈服强度/MPa | 极限抗拉强度/MPa | 延伸率/% | 参考文献 |
|---|---|---|---|---|---|
| Mg-1.0Ca-0.6Al | 250℃挤压，0.4 mm/s，20∶1 | 398 | 406 | 1.3 | [158] |
| Mg-1.0Ca-1.0Al | 250℃挤压，0.3 mm/s，20∶1 | 373 | 378 | 6.1 | [158] |
| Mg-0.84Ca-0.4Al-0.02Mn | 350℃挤压，0.86~1.41 mm/s，19.6∶1 | 185 | 239 | 19.5 | [157] |
| Mg-1.0Ca-0.5Sr | 275℃挤压，25∶1 | 304.3 | 307.4 | 10.4 | [159] |
| Mg-1.0Ca-0.5Sr | 340℃挤压，25∶1 | 202.7 | 234.9 | 18.3 | [159] |
| Mg-1.0Ca-0.5Sr | 400℃挤压，25∶1 | 157.2 | 215.1 | 18.7 | [159] |
| Mg-1.0Ca | 280℃挤压，2.5 m/min，25∶1 | 181 | 209 | 11.0 | [160] |
| Mg-1.0Ca-0.3Mn | 280℃挤压，2.5 m/min，25∶1 | 210 | 241 | 15.5 | [160] |
| Mg-1.0Ca-1.0Mn | | 305 | 322 | 18.2 | [160] |
| Mg-1.0Bi-1.0Zn-0.6Ca | 300℃挤压，16∶1 | 215 | 272 | 27.1 | [161] |
| Mg-1.0Al-1.0Ca-0.4Mn | 200℃挤压，1.0 mm/s，25∶1 | 445 | 453 | 5 | [162] |
| Mg-1.0Al-1.0Ca-0.4Mn | 200℃挤压，1.5 mm/s，25∶1 | 412 | 419 | 12 | [162] |
| Mg-1.0Al-1.0Ca-0.4Mn | 200℃挤压，2.0 mm/s，25∶1 | 386 | 396 | 13.2 | [162] |
| Mg-1.0Al-1.0Ca-0.4Mn | 200℃挤压，4.0 mm/s，25∶1 | 342 | 349 | 14.4 | [162] |
| Mg-1.0Al-1.0Ca-0.4Mn | 200℃挤压，7.0 mm/s，25∶1 | 249 | 301 | 17.6 | [162] |
| Mg-1.0Ca-1.0Zn-0.6Zr | 350℃挤压，0.1 mm/s，30∶1 | 314 | 306 | 11 | [75] |
| Mg-1.0Ca-1.0Zn-0.6Zr | 400℃挤压，0.1 mm/s，30∶1 | 262 | 291 | 11.7 | [75] |

　　微合金化元素对 Mg-Ca 体系的力学性能有显著影响，如表 1-7 所示。She 等[160]发现，在 Mg-1.0Ca（wt%）中加入 1 wt% Mn，YS 和 EL 分别提高至 305 MPa 和 18.2%，这主要归因于超细动态再结晶晶粒和环状纤维织构。在 Mg-1.0Ca 合金中加入 1 wt% Al，YS 增加到 373 MPa，但 EL 下降至 6.1%，这是由于形成高密度的 GP 区和纳米盘状 Al$_2$Ca 相[158]。此外，添加 0.5 wt% Sr 使得 YS 降低，并略微影响 EL[159]。为了提高 Mg-Ca 合金的综合力学性能，研究者进行了合金元素的复合添加，如 Zn，Bi，Al 和 Mn[75, 161]。添加 0.4 wt% Al 和 0.02 wt% Mn 可使 Mg-0.84Ca

合金的 EL 提高至 19.5%[157]。当 Al 和 Mn 含量分别增加到 1.0 wt%和 0.4 wt%时，Mg-1Ca 合金的 YS 最高提高至 445 MPa，但 EL 相对较低，仅为 5%[162]。Geng 等[75]发现 Mg-1.0Ca 合金添加 1 wt% Zn 和 0.6 wt% Zr 后，在 350℃挤压时表现出良好的综合力学性能（YS 约为 314 MPa，EL 约为 11%）。

### 5. Mg-Sn 系合金

Mg-Sn 系合金近年来引起了人们的广泛关注。对于 Mg-Sn 二元合金，Zhao 等[163]报道了随着 Sn 含量的增加，挤压态 Mg-Sn 二元合金的 YS 和 UTS 增加，这主要归因于晶粒细化和 $Mg_2Sn$ 相体积分数增加。挤压态 Mg-Sn 二元合金的断后延伸率随 Sn 的增加而降低，这是由于挤压态的 $Mg_2Sn$ 析出相成为裂纹源。表 1-8 总结了 Mg-Sn 二元合金的力学性能[163-167]。

**表 1-8　挤压态 Mg-Sn 二元合金力学性能（室温）**[163-167]

| 合金种类 | 挤压工艺 | 测试方向 | 屈服强度/MPa | 极限抗拉强度/MPa | 延伸率/% | 参考文献 |
|---|---|---|---|---|---|---|
| Mg-0.4Sn | 400℃，51∶1 | 0° | 97.4 | 198.7 | 7.8 | [167] |
|  |  | 45° | 104.6 | 206.6 | 8.6 |  |
|  |  | 90° | 121.8 | 229.5 | 8.7 |  |
| Mg-1Sn | 400℃，32∶1 | 0° | 103.9 | 218.7 | 12.9 | [164] |
|  |  | 90° | 136.3 | 253.2 | 8.9 |  |
| Mg-1Sn | 300℃，25∶1 | — | 157.7 | 238.8 | 19.8 | [163] |
| Mg-3Sn |  | — | 177.1 | 253.9 | 17.8 |  |
| Mg-5Sn |  | — | 218.4 | 268.3 | 11.2 |  |
| Mg-7Sn |  | — | 234.8 | 279.3 | 11.7 |  |
| Mg-2Sn | 260℃，20∶1 | — | 157.0 | 230.0 | 16.0 | [165] |
| Mg-6Sn | 300℃，25∶1 | — | 191.0 | 252.0 | 20.5 | [166] |

然而，Mg-Sn 二元合金的力学性能较低，限制了其广泛应用。Y 的加入对 Mg-Sn 合金的力学性能有显著影响。Qian 等[168]报道在 Mg-0.5Sn 中加入 Y 可以减小晶粒尺寸，改善织构，有利于非基面滑移激活。Mg-0.5Sn-0.3Y 合金沿挤压方向 YS 为 141.0 MPa，EL 为 30.3%，具有良好的力学性能。同样，Wang 等[167]报道称，当 0.7 wt% Y 加入 Mg-0.4Sn 时，EL 沿着挤压方向、45°方向和横向方向显著增强。特别是沿挤压方向，EL 从 7.8%大幅上升至 32.7%。Mg-0.4Sn-0.7Y 合金优异的 EL 归因于较高的晶界结合力、织构的改变、晶粒细化和柱面 $\langle a \rangle$ 滑移。

Zn 和 Ca 是提高镁合金塑性的有效合金元素。Wang 等[169]开发了一种新型

Mg-0.4Sn-0.7Y-0.7Zn 合金，相较于 Mg-0.4Sn-0.7Y 合金，其 YS 和 EL 均得到显著提升。Chai 等[164, 170]研究了 Ca 和 Zn 在 Mg-1Sn 合金中分别单独添加和复合添加对合金性能的影响。研究表明，Zn 的加入提高了合金的强度，而 Ca 的加入同时提高了合金的强度和塑性，这归因于晶粒细化和较弱的沿挤压方向倾斜织构。Ca 和 Zn 的复合添加激活了柱面滑移，增强了晶间应变传播能力，显著提高了 Mg-1Sn 合金的 EL。同样地，Pan 等[165]报道了当 Mg-2Sn 合金中加入 1 wt% Ca 和 2 wt% Zn 时，合金中出现了有利于晶粒尺寸细化的 MgSnCa、MgZnCa 和 MgZn$_2$ 相，改善了合金的 YS 和 EL；当 Ca 含量增加到 2 wt%时，Mg-2Sn-2Ca 的 YS 高达 358~443 MPa[171]。Zhang 等[172]在 Mg-2Sn-2Ca 的基础上，研制了一种新的 Mg-2Sn-2Ca-0.5 Mn 合金，其 YS 值高达 450.0 MPa，EL 提高至 5.0%。此外，在 Mg-Sn-Ca 三元合金中加入 Ce 也可细化晶粒尺寸，使 CaMgSn 转变为(Ca, Ce)MgSn 和 Mg$_{12}$Ce，其 EL 高达 27.6%[173]。

　　关于 Al 元素的影响，She 等[166]研究了一系列热挤压 Mg-$x$Al-5Sn-0.3 Mn 合金（$x$ = 1, 3, 6, 9, wt%）的力学性能。UTS 随 Al 含量的增加而增加，当 Al 含量为 9 wt% 时，UTS 达到 370.0 MPa。然而，Al 含量增加对 Mg-9.8Sn-1.2Zn 基合金的影响非常小[174]。在 Mg-2.5Sn-1.5Ca-$x$Al（$x$ = 2, 4, 9, wt%）合金中，当 Sn 含量相对较低时，增加 Al 含量可以减小晶粒尺寸，促进 ⟨a⟩ 和 ⟨c + a⟩ 位错，增加 Mg$_{17}$Al$_{12}$ 析出相的比例[175]。表 1-9 列出了上述 Mg-Sn 基合金的力学性能[164-175]。

表 1-9　Mg-Sn 基合金力学性能（室温）

| 合金种类 | 挤压工艺 | 测试方向 | 屈服强度/MPa | 极限抗拉强度/MPa | 延伸率/% | 参考文献 |
|---|---|---|---|---|---|---|
| Mg-0.5Sn-0.3Y | 400℃，41∶1 | 0° | 141.0 | 288.0 | 30.3 | [168] |
| | | 45° | 170.0 | 286.0 | 28.1 | |
| | | 90° | 188.0 | 302.0 | 28.0 | |
| Mg-0.4Sn-0.7Y | 400℃，51∶1 | 0° | 99.1 | 264.2 | 32.7 | [167] |
| | | 45° | 115.3 | 226.8 | 25.8 | |
| | | 90° | 124.9 | 236.7 | 24.7 | |
| Mg-0.4Sn-0.7Y-0.7Zn | 400℃，51∶1 | 0° | 188.4 | 252.1 | 33.1 | [169] |
| | | 45° | 130.3 | 221.8 | 47.2 | |
| | | 90° | 124.3 | 231.4 | 39.1 | |
| Mg-1Sn-0.5Zn | 400℃，32∶1 | 0° | 129.4 | 260.9 | 17.6 | [164] |
| | | 90° | 153.1 | 262.1 | 14.3 | |
| Mg-1Sn-0.7Ca | | 0° | 137.8 | 264.8 | 17.3 | |
| | | 90° | 209.3 | 293.7 | 10.3 | |
| Mg-1Sn-0.5Zn-0.5Ca | | 0° | 104.2 | 311.9 | 30.5 | |
| | | 90° | 188.9 | 295.6 | 12.9 | |

续表

| 合金种类 | 挤压工艺 | 测试方向 | 屈服强度/MPa | 极限抗拉强度/MPa | 延伸率/% | 参考文献 |
|---|---|---|---|---|---|---|
| Mg-1Sn-0.5Zn-0.5Ca | 360℃，32∶1 | — | 158.7 | 302.2 | 21.3 | [170] |
| Mg-1Sn-0.5Zn-1Ca | | — | 137.3 | 310.9 | 23.6 | |
| Mg-1Sn-0.5Zn-2Ca | | — | 180.7 | 300.0 | 17.9 | |
| Mg-2Sn-1Ca | 260℃，20∶1 | — | 269.0 | 305.0 | 6.0 | [165] |
| | 300℃，20∶1 | — | 207.0 | 230.0 | 12.0 | |
| Mg-2Sn-1Ca-2Zn | 260℃，20∶1 | — | 218.0 | 285.0 | 23 | |
| Mg-2Sn-2Ca | 220℃，20∶1 | — | 443.0 | 460.0 | 1.2 | [171] |
| | 240℃，20∶1 | — | 420.0 | 435.0 | 3.0 | |
| | 280℃，20∶1 | — | 386.0 | 414.0 | 5.8 | |
| | 320℃，20∶1 | — | 358.0 | 365.0 | 8.9 | |
| Mg-2Sn-2Ca-0.5 Mn | 260℃，20∶1 | — | 450.0 | 462.0 | 5.0 | [172] |
| Mg-1Sn-0.6Ca | 430℃，32∶1 | — | 93.3 | 244.6 | 21.9 | [173] |
| Mg-1Sn-0.6Ca-0.2Ce | | — | 96.8 | 263.6 | 27.6 | |
| Mg-1Sn-0.6Ca-0.5Ce | | — | 109.4 | 266.3 | 25.2 | |
| Mg-1Sn-0.6Ca-1Ce | | — | 104.2 | 261.9 | 22.2 | |
| Mg-5Sn-1Al-0.3 Mn | 300℃，25∶1 | — | 248.0 | 294.0 | 20.6 | [166] |
| Mg-5Sn-3Al-0.3 Mn | | — | 240.0 | 315.0 | 15.18 | |
| Mg-5Sn-6Al-0.3 Mn | | — | 232.0 | 346.0 | 15.66 | |
| Mg-5Sn-9Al-0.3 Mn | | — | 298.0 | 370.0 | 8.2 | |
| Mg-9.8Sn-3Al-1.2Zn | 250℃，20∶1 | — | 319.0 | 358.0 | 6.1 | [174] |
| | 300℃，20∶1 | — | 289.0 | 353.0 | 9.1 | |
| | 400℃，20∶1 | — | 214.0 | 315.0 | 11.0 | |
| Mg-2.5Sn-1.5Ca-2Al | 350℃，20∶1 | — | 130.0 | 248.0 | 12.5 | [175] |
| Mg-2.5Sn-1.5Ca-4Al | | — | 136.0 | 252.0 | 11.4 | |
| Mg-2.5Sn-1.5Ca-9Al | | — | 157.0 | 269.0 | 9.8 | |

## 6. Mg-Mn 系合金

Mn 是去除 Mg 合金中杂质最有效的元素之一[76, 77]。Mn 在 Mg 中的固溶度仅为 0.996 at%，且随温度的降低而进一步降低[166, 176, 177]。因此，在含 Mn 的 Mg 合金中存在纳米级的 $\alpha$-Mn 相。这些纳米级 $\alpha$-Mn 相可以有效细化铸态晶粒尺寸，抑制变形过程中的晶粒长大[77, 178-181]。

Mn 在 Mg 中溶解度较低，因此被广泛用作 Mg 合金中的微合金化元素[76, 176, 177, 182]。

She 等[177]研究了 Mn 含量对 Mg-Zn 合金性能的影响。随着 Mn 从 0 wt%增加到 1.82 wt%，YS 也相应地从 173 MPa 增加至 290 MPa，主要是细晶和 $\alpha$-Mn 析出相的影响。同样，在挤压 Mg-Ca 合金中，也报道了 Mn 的加入改善了强塑性平衡关系[176]。随着 Mn 含量增加到 0.82 wt%，动态再结晶晶粒的平均尺寸从 10 μm 减小至 1 μm，YS 从 181 MPa 增大至 305 MPa。Peng 等[182]报道了挤压态 Mg-1.0Gd-1.5 Mn 合金动态再结晶晶粒的平均晶粒尺寸为 1.2 μm，YS 为 280 MPa。Mn 在变形镁合金力学性能中有两个主要作用：①通过抑制热变形过程中动态再结晶晶粒的长大来细化动态再结晶晶粒尺寸，最终提高镁合金的强度[176, 183-186]；②$\alpha$-Mn 在 Mg 合金基面上析出，由于基面滑移主导了镁合金在室温下的变形，因此，在基面上析出的 $\alpha$-Mn 对镁合金的析出强化有明显的贡献[76, 176, 177, 182, 187]。表 1-10 列举了含 Mn 的镁合金的力学性能。

表 1-10　含 Mn 镁合金力学性能（室温）

| 合金种类 | 挤压工艺 | 屈服强度/MPa | 极限抗拉强度/MPa | 延伸率/% | 参考文献 |
|---|---|---|---|---|---|
| MA105 | 250℃，25∶1 | 343 | 349 | 21.3 | [76] |
| MA205 | 250℃，25∶1 | 293 | 300 | 28.3 | [76] |
| MA305 | 250℃，25∶1 | 274 | 279 | 48.9 | [76] |
| ZM20 | 280℃，25∶1 | 173 | 255 | 16 | [177] |
| ZM21 | 280℃，25∶1 | 256 | 291 | 23 | [177] |
| ZM22 | 280℃，25∶1 | 290 | 315 | 24 | [177] |
| Mg-0.3Al-0.2Ca-0.5 Mn | 350℃，20∶1 | 206 | | 29 | [188] |
| Mg-0.3Al-0.3Ca-0.2 Mn | 400℃，20∶1 | 136 | 203 | 29 | [188] |
| Mg-0.3Al-0.3Ca-0.8 Mn | 400℃，20∶1 | 190 | 229 | 24 | [189] |
| Mg-0.6Al-0.3Ca-0.3 Mn | 450℃，25∶1 | 165 | 232 | 14 | [190] |

## 1.3　变形镁合金的微合金化原理

### 1.3.1　微合金化对变形镁合金再结晶组织的作用

镁合金属于低堆垛层错能（stacking fault energy，SFE）金属，不易发生位错攀移和交滑移，导致大量的变形储存能驱动再结晶，而不易发生回复。与热变形各道次之间以及变形完毕后加热和冷却时所发生的静态再结晶相比，动态再结晶的特点是：动态再结晶要达到临界变形量和在较高的变形温度下才能发生；与静态再结晶相似,动态再结晶易在高能区域形核,例如,晶界及亚晶界形核、孪晶界形核、第二相形核等;动态再结晶转变为静态再结晶时无需孕育期;动态再结晶所需的时间随温度升高而缩短[25]。从再结晶方式而言,动态再结晶可分为非连续动态再结晶(discontinuous dynamic recrystallization,DDRX)和连续动态再结晶(continuous dynamic recrystallization,CDRX)。

## 1. 非连续动态再结晶

DDRX 通常发生在具有中低堆垛层错能合金的热变形过程中。发生 DDRX 过程的合金具有许多一般的特性,这些特性能够通过实验很好地反映。DDRX 的示意图如图 1-2 所示[191]。

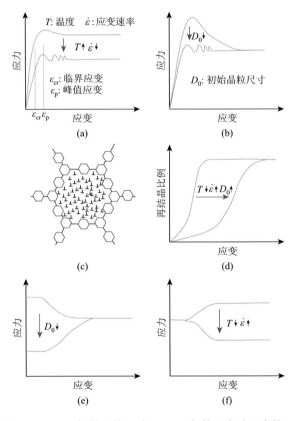

图 1-2  在变形条件($T$,$\dot{\varepsilon}$)和初始晶粒尺寸($D_0$)条件下实验观察的 DDRX 特点的变化:(a),(b)应力-应变响应显示从单峰过渡到多个峰;(c)DDRX 期间的项链结构;(d)变形条件和初始晶粒尺寸对再结晶动力学的影响;(e)平均粒径随初始 $D_0$ 的变化;(f)平均晶粒尺寸随变形条件的演变,其中趋于一个平台,其值为 $D_s$ [191]

（1）发生 DDRX 的前提条件是达到临界应变 $\varepsilon_{cr}$，其稍稍低于峰值应变 $\varepsilon_p$ [192]。临界应变和峰值应变均随 Zener-Hollomon 参数的减小而逐渐减小[193]。

（2）根据变形温度、应变速率和材料的初始晶粒尺寸，应力-应变响应可能出现单峰或多峰。稳态应力与 Zener-Hollomon 参数相关，与初始晶粒尺寸无关［图 1-2（a）和（b）][194]。

（3）DDRX 的形核通常始于已存在的晶界，当初始晶粒尺寸与再结晶晶粒尺寸之间存在较大差异时，就形成了等轴晶的项链结构[195]［图 1-2（c）]。

（4）随着初始晶粒尺寸的减小[30, 196]、应变速率的降低、变形温度的升高[193]，再结晶动力学过程加快［图 1-2（d）]。

（5）在 DDRX 过程中，晶粒尺寸向饱和值 $D_s$ 演化，而饱和值 $D_s$ 在再结晶过程中不发生变化。晶粒细化或粗化取决于初始晶粒尺寸和变形条件。稳态晶粒尺寸与 Zener-Hollomon 参数（或应力）之间的幂律关系经常被观察到[197]，即使在高 $Z$ 值情况下[193]［图 1-2（e）和（f）]。

### 2. 连续动态再结晶

Gourdet 等[198]的研究表明，变形过程中亚晶粒逐渐旋转可能形成具有大角度晶界（high angle grain boundaries，HAGBs）的新晶粒。在这种情况下，微观结构在整个材料中演化相对均匀，再结晶晶粒没有明显的成核和生长，属于 CDRX 的唯象分类。与 DDRX 相比，关于 CDRX 的研究要少得多，因为长期以来人们一直认为动态回复是高 SFE 金属中唯一的软化机制。另一个明显原因是，在电子背散射衍射技术出现之前，需要耗时的透射电镜衍射测量来表征取向差角。此外，完成甚至启动 CDRX 所需的大变形通常无法通过一般的实验室压缩或拉伸试验来实现。通过考虑四个不同方面[199-202]，可以总结出热变形观测到的 CDRX 的主要特征。

（1）应力-应变曲线：应力随应变增大而增大，在大应变下，稳态应力随着变形温度[201]的升高和应变速率[203]的降低而下降，而与初始晶粒尺寸[204]无关，如图 1-3（a）所示。Al 合金和 Mg 合金[201]的应力-应变曲线均为单峰，而不锈钢和铜的应力-应变曲线则没有明显的峰[205]。

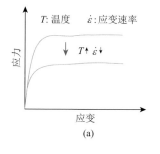

(a)

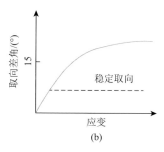

(b)

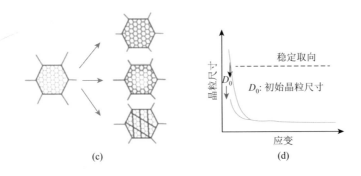

图 1-3　实验观察 CDRX 的典型特征示意图：（a）应力-应变曲线；（b）在高温下晶界取向差角引起的平均应变规律；（c）CDRX 形成机制，其中浅色线表示小角度晶界，深色线表示大角度晶界或者微剪切带；（d）平均晶粒尺寸演变规律[191]

（2）晶界取向差角诱导的平均应变：随着应变的增加，平均取向差角增加[199]。在较低应变下表现出稳定的取向差角，如图 1-3（b）所示。这个稳定值的增加或减少取决于变形温度和合金元素的含量。

（3）小角度晶界向大角度晶界的转变是通过在非常高的温度下小角度取向差角的均匀增加、通过晶界附近晶格的渐进旋转，或在大应变下微剪切带的形成来实现的，如图 1-3（c）所示。

（4）晶粒尺寸：平均晶粒尺寸随着变形程度的增大而减小，在大应变下达到"稳定值"［图 1-3（d）］，而一些稳定的原始晶粒在大应变下保持不变[198]。在大应变变形条件下，初始晶粒尺寸的减小可以显著加速晶粒细化动力学过程[204]，但是应变路径对 CDRX 动力学影响不大[198]。

晶粒间的畸变能差可以为动态再结晶提供驱动力，且无论在哪种动态再结晶机制下，晶粒的形核和长大与合金内位错密度以及分布有重要关系[206]。畸变晶粒晶界附近储存的位错多于晶粒内部，而再结晶晶粒区域局部应变及小角度晶界数量较少，位错在晶界处积累较多，变形储能较大，可为 DRX 形核提供驱动力。微合金化元素原子容易偏析并在晶界富集，通过产生拖曳效应可以抑制晶界迁移和晶粒旋转[207]。动态再结晶行为的影响因素主要包括堆垛层错能、热变形条件、材料的初始晶粒尺寸、溶质和第二相粒子等[191]。

层错能与动态再结晶的关系主要表现为以下两种：在回复过程中，位错湮灭和重新排列会降低材料储存的能量。对于铝合金、$\alpha$-铁和镍等层错能相对较大的材料，在高温变形期间，很容易发生快速动态再结晶，这通常会阻止位错积累以维持 DDRX。另外，低层错能会促进更宽的堆垛层错的形成，使交滑移或位错攀移更加困难，此类材料主要包括银、奥氏体不锈钢等[191]。对于这些材料，在变形发生动态回复过程中难以形成亚结构，位错密度会积累到较高的水平，最终当位错密度的局部差异足够大时会形成再结晶晶粒,这个动态过程也常发生在 DDRX。总之,层错能的改变会影响层错宽度,以改变位错分解的过程。较低的层错能会促进这种阻碍位错攀移和交滑移的分解反应,从而延迟阻碍动态再结晶[208]。

在 DDRX 期间,晶界是成核的首选位点,所以较大的初始晶粒尺寸提供的形核点就较少[196, 209]。对于 CDRX,原始晶粒尺寸对动态再结晶过程的影响较不明显。Belyakov 等[204]系统地研究了初始显微组织对 304 不锈钢晶粒细化的影响,发现初始晶粒尺寸更小的样品表现出更高的屈服应力,并且更快地达到峰值应力。AZ31 镁合金在 300℃下[210]和 Mg-8Gd-3Y-0.4Zr 镁合金在 400℃下[211]变形时发现较小的原始晶粒尺寸会加速晶粒细化的动力学过程,使小角度晶界的取向差角呈现更快增长。此外,有模拟结果也发现对于 CDRX 主导的变形,再结晶晶粒尺寸与原始晶粒尺寸没有相对更大的关系[201, 212]。不同金属材料热变形的实验结果证明,当 CDRX 进行到一定程度时,再结晶晶粒尺寸不依赖于初始晶粒尺寸[201, 204, 210-213]。

析出相与溶质对动态再结晶行为有重要影响。细小弥散的第二相会通过齐纳拖曳效应抑制晶界迁移,从而减缓动态再结晶过程中晶粒的形核和生长[214, 215]。相比之下,由于在变形区有较大的储能,粗大的第二相可以通过粒子激发形核(particle stimulated nucleation, PSN)机制加速动态再结晶[216]。但同时,细小析出相对 DRX 过程中的形核和晶界迁移产生影响,其对动态再结晶也会产生一定的抑制作用[217]。另外,溶质原子会产生拖曳效应降低晶界的移动性。在计算溶质效应对 DDRX 过程定量影响的 Cu-Sn 合金体系的模型中发现[218],Sn 延缓了 DDRX 的成核,Sn 原子可能偏析到亚晶界的位错附近并钉扎位错,而它们与空位的作用也会减缓再结晶动力学过程。合金中弥散分布的纳米析出相和固溶元素含量较高时,对合金动态再结晶的阻碍作用较强,这也促使合金呈现较小的动态再结晶比例。

总之,微合金化可以促使变形镁合金产生细小的再结晶组织。细晶强化主要通过细化合金晶粒尺寸从而提高合金综合力学性能,是最普遍的强化方式之一。细晶强化原理是晶界可以阻碍位错运动,晶粒尺寸越小,晶界越多,强化效果越明显。多晶镁合金屈服强度和平均晶粒尺寸符合霍尔-佩奇(Hall-Petch)关系[219]:

$$\sigma_y = \sigma_0 + kd^{-1/2} \tag{1-1}$$

式中,$\sigma_y$ 为合金屈服强度;$\sigma_0$ 为位错迁移间的摩擦应力;$k$ 为 Hall-Petch 斜率,与材料晶体学结构相关,相对于镁合金而言,$k$ 的取值为 185~420 MPa·$\mu$m$^{1/2}$;$d$ 为平均晶粒尺寸。

目前,镁合金晶粒细化的主要方法有变质处理和外场处理[220, 221]。将变质剂加入液态金属中,加快非自发形核,细化晶粒称为变质处理。而外场处理有快速冷却和机械振动两种。变形镁合金晶粒主要是对铸态镁合金通过大塑性变形使得在变形过程中发生动态再结晶,细化晶粒。位错在大塑性变形中发生严重缠结直接诱使动态再结晶,大幅降低再结晶晶粒大小,尺寸可达微米甚至纳米级别。此外，在热变形中细小第二相颗粒也可大量析出阻碍晶界长大，更大程度细化镁合金晶粒尺寸。

### 1.3.2 微合金化对变形镁合金第二相的作用

多相镁合金中，除镁基体外，第二相颗粒能均匀弥散分布于镁基体中，起到强化镁合金的效果。第二相颗粒强化合金的机理主要体现为：镁合金在塑性变形过程中，第二相颗粒与位错的相互作用能阻碍位错的运动，从而增强合金抗变形能力。第二相颗粒使位错塞积越严重，达到的强化效果越明显。Mg-Zn、Mg-RE、Mg-RE-Zn 和 Mg-Ag-RE 系镁合金一般形成较多第二相颗粒，使其具有较为显著的第二相强化效果[48, 222]。

析出相对合金产生的强化作用与析出相类型、大小、含量及其与基体界面密切相关。当析出相细小、分布弥散、与基体共格且高温稳定时会产生较好的析出强化效果。析出相的强化效果主要通过在变形过程中阻碍位错和孪晶的运动，可以基于 Orowan 绕过和切过机制来解释[223]。通过调控优化合金热处理和变形工艺可以改变合金时效析出行为从而增强析出强化效果，获得力学性能的提升。

对于析出相种类，不同的析出相自身特性不同，如熔点、弹性模量、与基体界面关系等，对力学性能的影响也将存在较大差异。Liu 等研究发现 Mg-Zn-Y-Sr 合金中析出的 S 相（$Mg_6Zn_2Sr_1$）相比于 W 相有更优越的高温稳定性，其产生的析出强化效果更能显著提高高温强度[224]。此外，Mg-Gd-Y-Zn 系合金中的长周期有序堆垛（LPSO）结构相也是一种有效的增强相，由于该析出相在热处理过程中能钉扎晶界阻碍晶粒长大[225, 226]，且合金中 18R 和 14H 结构的 LPSO 相与基体呈共格关系，在变形过程中能阻碍裂纹的产生和扩展[227]。此外，在热加工过程中通过高温和应力的耦合作用，LPSO 相可以通过粒子激发形核机制促进动态再结晶行为形成细晶组织[228]。

对于析出相尺寸，在变形过程中粗大的析出相聚集时会导致较大的应力集中，促进裂纹产生和扩展，使合金服役性能显著降低[217]。大量文献报道纳米级的析出相弥散分布于基体或集中分布在晶界处，对合金有显著的强化作用。例如，Li 等[229]发现在挤压 Mg-13Gd 合金中弥散分布于未再结晶区域的纳米级的 $\beta'$ 析出相在变形过程中可以有效钉扎位错和晶界。而对于粗大析出相，Park 等[230] 研究发现当 Sn 含量增加到 4 wt%时，由于粗大的 $Mg_2Sn$ 第二相成为裂纹源，其强度和塑性明显降低。

对于析出相含量，当析出相的自身性质较优越时，如热稳定性好、尺寸小、与基体共格等，随析出相数量的增加，合金的强化效果增强。大量文献通过调控变形工艺和合金含量控制析出相含量进而优化合金的高温力学性能。例如，Jafari 等[231]通过调整 Mg-Gd-3Y-0.5Z 合金中 Gd 元素含量控制合金中各相的含量，研究发现，当 Gd 含量增加时 $\beta'$ 相的数密度也随之增加，但当 Gd 含量为 10 wt%时，合金在室温下具有最大的抗拉强度，而 Gd 含量为 12 wt%时在高温下的抗拉强度最大。

准晶增强镁合金被认为是开发高强度轻量化镁合金的最有效方法之一。准晶相对于 LPSO 相和 W 相最大的优势是，它只需要添加少量的稀土元素便可形成，通过对合金成分的控制，采用常规铸造的方法即可获得原位生成的准晶增强镁合金。铸态准晶增强镁合金通过塑性变形和热处理的方式，使得准晶相细小均匀地分布在镁合金基体上，从而发挥更好的增强增韧作用，以获得高强度的变形镁合金。Shechtman 等[232]通过热挤压 + 时效处理获得了 YS 超过 350 MPa 的高强度 Mg-6Zn-1Y 合金。较高的屈服强度归因于沿晶界和基体内部形成的纳米尺寸的准晶相。Pierce 等[233]在挤压态 Mg-3.59Zn-0.23Er（at%）合金中获得了纳米准晶相颗粒，其发挥了显著的强化效果，YS、UTS 和 EL 分别为 192 MPa、319 MPa 和 22.3%。也有报道称，细小的准晶相粒子通过 PSN 效应促进动态再结晶，导致织构弱化和晶粒细化，从而增加合金的强度和延伸率[234, 235]。

### 1.3.3 微合金化对变形镁合金塑性变形行为的作用

众所周知，稀土元素 RE 如 Y、Ce 和 Gd 会改变和削弱变形挤压及轧制镁合金板材中形成的再结晶织构[78, 79]，这种织构被称为"稀土织构"，即〈$11\bar{2}1$〉平行于加工方向[80, 81]。Stanford 等[81]和 Guan 等[236, 237]提出，这种弱稀土织构成分与挤压或轧制过程中剪切带和双孪晶的取向形核有关。此外，稀土元素的添加还会改变镁及镁合金的 SFE，从而影响基面滑移与非基面滑移的临界分切应力的差异，即稀土元素的添加导致的 SFE 变化激活了非基面滑移[238-242]。例如，在纯 Mg 中加入 0.2 wt% Ce 可提高室温塑性和拉伸成形性能，这是由于 Ce 元素的添加导致 SFE 增加，使得柱面〈$a$〉滑移[238, 240]激活，为其室温塑性和成形性能起到了重要作用。相反，在 2%冷变形的 Mg-3Y（wt%）合金中通过透射电镜观察到大量的堆垛层错，表明 Y 元素的添加使得 Mg-3Y 合金中的 SFE 值降低，以致降低了锥体〈$c+a$〉滑移与基面滑移之间临界分切应力之比，更多的锥面〈$c+a$〉滑移被激活，进一步提高了 Mg-3Y 合金的塑性[239, 241, 242]。

当微量的 Ce 和 Y 元素加至 Mg-1.5Zn（wt%）合金中，Mg-1.5Zn-0.2Ce（ZE10，wt%）和 Mg-1.5Zn-0.2Y（ZW10，wt%）合金均表现出椭圆环形织构特征，最大极密度主要分布在沿横向（transverse direction，TD）倾斜约±35°位置，次大极密度主要分布在沿 RD 偏移±15°位置[243-245]。Kim 等[246]对冷轧 Mg-1.0Y（W1，wt%）

和 Mg-0.2Zn-1.0Y（ZW01，wt%）合金板在再结晶退火过程中的组织和织构演变进行了研究，揭示了 Zn 和 Y 添加量对再结晶织构形成的影响。他们指出，同时添加 Y 和 Zn 时，SFE 明显降低，即在 ZW01 合金中观察到（0001）基面层错，而在 W1 合金中则没有发现[246]。Zn 和 Y 原子在层错处偏聚，阻碍了位错在基面上的滑移，同时激活了非基面滑移，进一步诱发了非基面织构的形成。同时，在 Mg-Zn-Nd 合金中也观察到柱面 $\langle a \rangle$ 滑移引起的沿 TD 倾斜的非基面织构特征[246]。因此，与 Mg-RE 合金相比，Mg-Zn-RE 合金具有很大的改性和弱化基面织构的潜力。在室温二次变形过程中，基极的扩展在很大程度上增加了基面滑移的活度，使 Mg-Zn-RE 合金板的拉伸断后延伸率和 IE 值分别达到 30% 和 9 mm[243, 244]。结果表明，微量 RE 元素（≤1 wt%）的添加对室温下镁合金板材的塑性和成形性能的提高起着至关重要的作用。

Sn 元素的加入也显著降低了本征层错能与不稳定层错能的比例，导致不全位错能垒降低和堆垛层错的形成[247]。Suh 等[248]发现 Mg-3Al-1Sn（AT31，wt%）合金板材表现出较高的 IE 值（10.2 mm），这主要归因于柱面 $\langle a \rangle$ 滑移大量被激活，导致其在室温下具有高的成形性能。而 Sn 元素的添加促进非基面滑移的根本原因在于 Sn 元素能降低镁合金在室温变形过程中柱面 $\langle a \rangle$ 滑移与基面 $\langle a \rangle$ 滑移的临界分切应力之比，使得柱面 $\langle a \rangle$ 滑移在室温下的活性增强[248]。

研究表明，低含量 Mg-Al-Ca-Mn（AXM）合金体系由于具有超高速的可挤压性和快速的时效硬化效应，有望成为工业上可行的变形镁合金[108, 188, 189, 249]。例如，Nakata 等的研究表明，Mg-0.30Al-0.21Ca-0.47 Mn（AXM000，wt%）合金棒材的抗拉屈服强度为 206 MPa，在 350℃ 和 60 m/min 的挤出速度下，其拉伸断后延伸率为 29%。优化合金挤压速度和含量后，在 275℃ 挤压温度、24 m/min 挤出速度和后续 T5 处理的条件下，Mg-1.3Al-0.3Ca-0.4 Mn（AXM100，wt%）合金棒材提供了优异的拉伸屈服强度（287 MPa）和中等的拉伸断后延伸率（20%）[108]。此时，屈服强度的提升归因于 Al 和 Ca 元素富集形成的单原子层 GP 区有效地阻碍了位错滑移，显著增加了位错蠕变的抗力。除了 GP 区的形成，微量元素的添加也可在位错处产生偏聚现象，进而有效地钉扎可动位错[250]。例如，Bian 等[250]对 Mg-1.3Al-0.5Ca-0.7 Mn-0.8Zn（AXMZ1011，wt%）合金板材进行了退火处理，即经过 2% 预拉伸和 170℃、20 min 时效处理后，该合金表现出明显退火硬化现象。这是由于 Al、Zn 和 Ca 原子在基面 $\langle a \rangle$ 位错处产生共偏聚，进而起到位错钉扎的作用，有效提高了合金的强度。

除了位错滑移外，晶界滑动（grain boundary sliding，GBS）也是金属材料塑性变形的重要机制。在特定的条件下，如中温和高温范围内能够表现出良好的 GBS，并促进材料断后延伸率大幅度增加，即超塑性行为。在许多传统金属材料中，GBS 发生在 0.5 $T_m$ 温度以上，其中 $T_m$ 为熔点[251, 252]。另外，研究发现，即使在室温下，纯镁中也会出现部分 GBS，细晶的纯镁在室温低应变速率条件下表现出大于 100%的断后延伸率[253]。Zeng 等[254]证明了纯镁在室温下不经过合金化就可以变得非常容易成形。尽管纯镁表现出强织构类型，但通过冷轧仍然能够实现较高的轧制压下量，所得到的冷轧薄板又可以进一步成形而不开裂。实现高成形的原因主要是微米量级的晶粒尺寸，以及在较低应变速率条件下晶界滑动占主导地位，而不是通常的滑移和孪生。特殊合金元素的添加，例如，Mn 和 Li 原子在晶界处的偏聚，也起到了增强室温 GBS 的作用[255]。这些细晶二元合金在拉伸时的断后延伸率比细晶纯镁的断后延伸率更高。Somekawa 等[256]揭示了平均晶粒尺寸约为 20 μm 的低含量 Mg-0.1at% Mn 的合金表现出较高的成形性能。在相同的成形试验条件下，该合金的成形性能优于 Mg-Al-Zn 和 Mg-Y 合金。结果表明，GBS 的出现是改善镁合金室温成形性的有效变形机制。当平均晶粒尺寸降低至 2.5 μm 时，Mg-0.3at% Mn 合金在室温低应变速率下表现出更高的成形性能（8.2 mm）[257]。Mn 元素添加到纯镁中，在室温低应变速率变形条件下，细晶 Mg-0.3at% Mn 合金呈现出较高的应变速率敏感性，促使晶界滑动更加显著，提高室温成形性能。

### 1.3.4　微合金化对变形镁合金高温力学性能的作用

微合金化元素对镁合金高温力学性能的影响，一方面源于不同元素的原子尺寸差异和溶质原子在溶剂中的溶解度差异。因此，提高合金元素在合金中的固溶度可达到强化合金的目的。Mo 等[258]发现 Gd-Ca 团簇 Mg-0.5Gd-1.2Ca（at%）过饱和固溶体表现出近程有序结构，除了原子和模量错配强化外，还具有很强的局部有序强化效应。因此，在高温蠕变初期，Mg-0.5Gd-1.2Ca（at%）的组织几乎无变化，表现出高的热稳定性。

另一方面是促进合金中形成耐高温的析出相，增加位错运动障碍，抑制晶界滑移以及降低合金元素在基体中的扩散速率，从而提高合金室温和高温强度。Zhang 等[259]研究了不同含量的 La 和 Ca 对 Mg-4Zn-4Al-$x$La-$y$Ca（$x + y = 4$ wt%）合金析出相和力学性能的影响，高含量的 La 和 Ca 首先通过消耗 La 原子优先形成 $Al_2LaZn_2$ 相，然后 Al 与 Ca 反应形成 $Al_4Ca$，最后剩余的 Ca 与 Zn 和 Mg 反应形成 $Ca_2Mg_6Zn_3$ 相，该过程抑制了低熔点 Mg-Al 和 Mg-Zn-Al 共晶相形成，促使室温和 175℃下的拉伸强度均有所提高。Chen 等[260]在 Mg-6Al 合金中添加合金元素 Ca、Sm，相比于 Mg-6Al 合金，Ca、Sm 元素复合添加使合金中形成$(Mg, Al)_2Ca$、$Al_2Ca$ 和 $Al_2Sm$ 相，在 448K、473K 和 498K 下的抗拉强度分别提高了 50.32%、87.92%和 94.99%。Jafari 等[231]研究了不同 Gd 含量对 Mg-$x$Gd-3Y-0.5Zr（$x = 3$、6、10、12, wt%）高温拉伸性能的影响。结果表明，$\beta'$相数密度随 Gd 含量的增加明显提高，当 Gd 含量增加至 12 wt%时，Mg-12Gd-3Y-0.5Zr 合金的高温强度达到最大值，即使在 250℃下，合金抗拉强度仍超过 300 MPa。

## 参 考 文 献

[1]  刘红宾. 基于合金化改善镁合金强/韧性的研究 [D]. 大连：大连理工大学，2009.

[2]  陈振华. 镁合金 [M]. 北京：化学工业出版社，2004.

[3]  曾荣昌，柯伟，徐永波，等. Mg 合金的最新发展及应用前景 [J]. 金属学报，2001，37（7）：673-685.

[4]  Horstemeyer M，Yang N，Gall K，et al. High cycle fatigue of a die cast AZ91E-T4 magnesium alloy [J]. Acta Materialia，2004，52（5）：1327-1336.

[5]  Mert F，Özdemir A，Kainer K U，et al. Influence of Ce addition on microstructure and mechanical properties of high pressure die cast AM50 magnesium alloy [J]. Transactions of Nonferrous Metals Society of China，2013，23（1）：66-72.

[6]  Aghion E，Moscovitch N，Arnon A. Mechanical properties of die-cast magnesium alloy MRI 230D [J]. Journal of Materials Engineering and Performance，2009，18（7）：912-916.

[7]  Meng S J，Yu H，Fan S D，et al. Recent Progress and development in extrusion of rare earth free Mg alloys：a review [J]. Acta Metallurgica Sinica（English Letters），2019，32（2）：145-168.

[8]  Yang L J，Wei Y H，Hou L F，et al. Corrosion behaviour of die-cast AZ91D magnesium alloy in aqueous sulphate solutions [J]. Corrosion Science，2009，52（2）：345-351.

[9]  Yoo M H，Agnew S R，Morris J R，et al. Non-basal slip systems in HCP metals and alloys：source mechanisms [J]. Materials Science and Engineering A，2001，319：87-92.

[10]  Ostapovets A，Serra A. Slip dislocation and twin nucleation mechanisms in hcp metals [J]. Journal of Materials Science，2017，52（1）：533-540.

[11]  Wu Z，Yin B，Curtin W A. Energetics of dislocation transformations in hcp metals [J]. Acta Materialia，2016，119：203-217.

[12]  Ando S，Tonda H，Gotoh T. Molecular dynamics simulation of $\langle c+a \rangle$ dislocation core structure in hexagonal-close-packed metals [J]. Metallurgical and Materials Transactions A，2002，33（3）：823-829.

[13]  Zecevic M，Beyerlein I J，Knezevic M. Activity of pyramidal Ⅰ and Ⅱ $\langle c+a \rangle$ slip in Mg alloys as revealed by texture development [J]. Journal of the Mechanics and Physics of Solids，2018，111：290-307.

[14]  Yamashita A，Horita Z，Langdon T G. Improving the mechanical properties of magnesium and a magnesium alloy through severe plastic deformation [J]. Materials Science and Engineering A，2001，300（1）：142-147.

[15]  Murai T，Matsuoka S I，Miyamoto S，et al. Effects of extrusion conditions on microstructure and mechanical properties of AZ31B magnesium alloy extrusions [J]. Journal of Materials Processing Technology，2002，141（2）：207-212.

[16]  Watanabe H，Mukai T，Ishikawa K. Differential speed rolling of an AZ31 magnesium alloy and the resulting mechanical properties [J]. Journal of Materials Science，2004，39（4）：1477-1480.

[17]  Huang X，Suzuki K，Saito N. Microstructure and mechanical properties of AZ80 magnesium alloy sheet processed by differential speed rolling [J]. Materials Science and Engineering A，2008，508（1）：226-233.

[18]  Wang W，Cui G，Zhang W，et al. Evolution of microstructure，texture and mechanical properties of ZK60 magnesium alloy in a single rolling pass [J]. Materials Science and Engineering A，2018，724：486-492.

[19]  Zhang D F，Qi F G，Shi G L，et al. Effects of Mn content on microstructure and mechanical properties of

Mg-Zn-Mn wrought alloys [J]. Rare Metal Materials and Engineering，2010，39（12）：2205-2210.

[20]　Zhang D F，Qi F G，Shi G L，et al. Effects of Zn content and heat treatment on microstructures and mechanical properties of Mg-Zn-Mn wrought magnesium alloys [J]. Rare Metal Materials and Engineering，2011，40（3）：418-423.

[21]　Jiang J，Ni S，Yan H，et al. New orientations between $\beta'_2$ phase and α matrix in a Mg-Zn-Mn alloy processed by high strain rate rolling [J]. Journal of Alloys and Compounds，2018，750：465-470.

[22]　佘庆元，严红革，陈吉华，等. 锡对 Mg-5Zn-1 Mn 合金显微组织及拉伸性能的影响 [J]. 机械工程材料，2017，41（5）：1-6.

[23]　Wang Z D，Fang C F，Meng L G，et al. Microstructures and mechanical properties of high-strength Mg-Gd-Y-Zn-Zr alloy [J]. Transactions of Nonferrous Metals Society of China，2012，22（1）：1-6.

[24]　Zhou J，Yang H，Xiao J，et al. Optimizing LPSO phase to achieve superior heat resistance of Mg-Gd-Y-Zn-Zr alloys by regulating the Gd/Y ratios [J]. Journal of Materials Research and Technology，2023，25：4658-4673.

[25]　Yu Z，Xu C，Meng J，et al. Microstructure evolution and mechanical properties of as-extruded Mg-Gd-Y-Zr alloy with Zn and Nd additions [J]. Materials Science and Engineering A，2018，713：234-243.

[26]　Zhou X，Liu C，Gao Y，et al. Improved workability and ductility of the Mg-Gd-Y-Zn-Zr alloy via enhanced kinking and dynamic recrystallization [J]. Journal of Alloys and Compounds，2018，749：878-886.

[27]　Hadadzadeh A，Mokdad F，Amirkhiz B S，et al. Bimodal grain microstructure development during hot compression of a cast-homogenized Mg-Zn-Zr alloy [J]. Materials Science and Engineering A，2018，724：421-430.

[28]　胡耀波，姚青山，朱灿，等. Zn/Cu 质量比对挤压态 Mg-Zn-Cu-Ce 合金组织和性能的影响 [J]. 稀有金属材料与工程，2017，46（6）：1668-1673.

[29]　Chen J，Tan L，Etim I P，et al. Comparative study of the effect of Nd and Y content on the mechanical and biodegradable properties of Mg-Zn-Zr-$x$Nd/Y（$x = 0.5, 1, 2$）alloys [J]. Materials Technology，2018，33（10）：659-671.

[30]　Nugmanov D，Knezevic M，Zecevic M，et al. Origin of plastic anisotropy in（ultra）-fine-grained Mg-Zn-Zr alloy processed by isothermal multi-step forging and rolling：experiments and modeling [J]. Materials Science and Engineering A，2018，713：81-93.

[31]　卜志强，鲁若鹏，马军，等. 准晶 I -相增强 Mg-Zn-Y-Zr 合金组织与力学性能研究 [J]. 铸造技术，2018，39（2）：271-275.

[32]　陈宝东，郭锋，温静，等. Mg-Zn-Zr-Y 合金高温塑性变形本构模型及流变行为预测 [J]. 稀有金属材料与工程，2017，46（11）：3305-3310.

[33]　Lee J Y，Kim D H，Lim H K，et al. Effects of Zn/Y ratio on microstructure and mechanical properties of Mg-Zn-Y alloys [J]. Materials Letters，2005，59（29-30）：3801-3805.

[34]　Jiang W，Zou C，Huang H T，et al. Crystal structure and mechanical properties of a new ternary phase in Mg-Zn-Y alloy solidified under high pressure [J]. Journal of Alloys and Compounds，2017，717：214-218.

[35]　Singh A，Basha D A，Somekawa H，et al. Nucleation of recrystallized magnesium grains over quasicrystalline phase during severe plastic deformation of a Mg-Zn-Y alloy at room temperature [J]. Scripta Materialia，2017，134：80-84.

[36]　Gandel D S，Easton M A，Gibson M A，et al. CALPHAD simulation of the Mg-(Mn, Zr)-Fe system and experimental comparison with as-cast alloy microstructures as relevant to impurity driven corrosion of Mg alloys [J]. Materials Chemistry and Physics，2014，143（3）：1082-1091.

[37]　Zhang J，Zhang W，Yan C，et al. Corrosion behaviors of Zn/Al-Mn alloy composite coatings deposited on

magnesium alloy AZ31B（Mg-Al-Zn）[J]. Electrochimica Acta，2009，55（2）：560-571.

[38] Zhou G B，Liu Z L，Liu X Q，et al. Effects of Mn addition on corrosion resistance of Mg-5Al magnesium alloy [J]. Journal of Materials Engineering，2012，2（11）：12-17，22.

[39] Zhu M，Gong J，Wang S，et al. Effect of Mn on corrosion behavior of Mg-9Al-2Sn [J]. Corrosion Science and Protection Technology，2013，25（6）：477-482.

[40] Stanford N. The effect of calcium on the texture，microstructure and mechanical properties of extruded Mg-Mn-Ca alloys [J]. Materials Science and Engineering A，2010，528（1）：314-322.

[41] Stanford N，Barnett M. Effect of composition on the texture and deformation behaviour of wrought Mg alloys [J]. Scripta Materialia，2008，58（3）：179-182.

[42] Jian W W，Kang Z X，Li Y Y. Effect of hot plastic deformation on microstructure and mechanical property of Mg-Mn-Ce magnesium alloy [J]. Transactions of Nonferrous Metals Society of China，2007，17（6）：1158-1163.

[43] Boehlert C，Chen Z，Chakkedath A，et al. *In situ* analysis of the tensile deformation mechanisms in extruded Mg-1Mn-1Nd（wt%）[J]. Philosophical Magazine，2013，93（6）：598-617.

[44] Hort N，Huang Y，Fechner D，et al. Magnesium alloys as implant materials-principles of property design for Mg-RE alloys [J]. Acta Biomaterialia，2010，6（5）：1714-1725.

[45] Shin B S，Kwon J W，Bae D H. Microstructure and deformation behavior of a Mg-RE-Zn-Al alloy reinforced with the network of a Mg-RE phase [J]. Metals and Materials International，2009，15（2）：203-207.

[46] Mengucci P，Barucca G，Riontino G，et al. Structure evolution of a WE43 Mg alloy submitted to different thermal treatments [J]. Materials Science and Engineering A，2007，479（1）：37-44.

[47] Kim Y D，Kang N H，Jo I G，et al. Aging behavior of Mg-Y-Zr and Mg-Nd-Zr cast alloys [J]. Journal of Materials Science & Technology，2008，24（1）：80-84.

[48] Betsofen S Y，Volkova E，Shaforostov A. Effect of alloying elements on the formation of rolling texture in Mg-Nd-Zr and Mg-Li alloys [J]. Russian Metallurgy（Metally），2011，2011（1）：66-71.

[49] 杨艳玲. 挤压铸造 Mg-Nd（-Zr）合金工艺及凝固行为研究 [D]. 上海：上海交通大学，2010.

[50] Haferkamp H，Jaschik C，Juchmann P，et al. Entwicklung und eigenschaften von magnesium-lithium-legierungen [J]. Materialwissenschaft und Werkstofftechnik，2015，32（1）：25-30.

[51] 徐春杰，马涛，屠涛，等. 超轻 Mg-Li 合金强化方法研究现状及其应用 [J]. 兵器材料科学与工程，2012，35（2）：97-100.

[52] Éskin G. New light alloys and efficient technologies for making them（on the occasion of the tenth anniversary of the Russian Academy of Natural Sciences）[J]. Metallurgist，2002，46（1-2）：39-41.

[53] Sanschagrin A，Tremblay R，Angers R，et al. Mechanical properties and microstructure of new magnesium-lithium base alloys [J]. Materials Science and Engineering A，1996，220（1）：69-77.

[54] Song G S，Staiger M，Kral M. Some new characteristics of the strengthening phase in β-phase magnesium-lithium alloys containing aluminum and beryllium [J]. Materials Science and Engineering A，2004，371（1）：371-376.

[55] Wu R，Qu Z，Zhang M. Reviews on the influences of alloying elements on the microstructure and mechanical properties of Mg-Li base alloys [J]. Reviews on Advanced Materials Science，2010，24（3）：35-43.

[56] Zhang S，Hu L，Ruan Y，et al. Influence of bimodal non-basal texture on microstructure characteristics，texture evolution and deformation mechanisms of AZ31 magnesium alloy sheet rolled at liquid-nitrogen temperature [J]. Journal of Magnesium and Alloys，2023，11（7）：2600-2609.

[57] Stefanik A，Szota P，Mróz S，et al. Changes in the properties in bimodal Mg alloy bars obtained for various deformation patterns in the RSR rolling process [J]. Materials，2022，15（3）：954.

[58] Minárik P，Zemková M，Veselý J，et al. The effect of Zr on dynamic recrystallization during ECAP processing of Mg-Y-RE alloys [J]. Materials Characterization，2021，174：111033.

[59] Zhou T，Zhang Q，Li Q，et al. A simultaneous enhancement of both strength and ductility by a novel differential-thermal ECAP process in Mg-Sn-Zn-Zr alloy [J]. Journal of Alloys and Compounds，2022，889：161653.

[60] Figueiredo R B，Cetlin P R，Langdon T G. The processing of difficult-to-work alloys by ECAP with an emphasis on magnesium alloys [J]. Acta Materialia，2007，55（14）：4769-4779.

[61] Guan D，Rainforth W M，Ma L，et al. Twin recrystallization mechanisms and exceptional contribution to texture evolution during annealing in a magnesium alloy [J]. Acta Materialia，2017，126：132-144.

[62] Jäger A，Lukáč P，Gärtnerová V，et al. Influence of annealing on the microstructure of commercial Mg alloy AZ31 after mechanical forming [J]. Materials Science and Engineering A，2006，432（1）：20-25.

[63] Tian J，Deng J，Ma R，et al. Pre-control of annealing temperature on the uniformity of deformed structure of wrought magnesium alloy [J]. Materials Letters，2021，305：130820.

[64] Zhang Y，Jiang H，Kang Q，et al. Microstructure evolution and mechanical property of Mg-3Al alloys with addition of Ca and Gd during rolling and annealing process [J]. Journal of Magnesium and Alloys，2020，8（3）：769-779.

[65] Hwang J H，Zargaran A，Park G，et al. Effect of 1Al addition on deformation behavior of Mg [J]. Journal of Magnesium and Alloys，2020，9（2）：489-498.

[66] Trang T T T，Zhang J H，Kim J H，et al. Designing a magnesium alloy with high strength and high formability [J]. Nature Communications，2018，9（1）：1-6.

[67] Peng P，He X，She J，et al. Novel low-cost magnesium alloys with high yield strength and plasticity [J]. Materials Science and Engineering A，2019，766：138332.

[68] Yu Z，Tang A，Wang Q，et al. High strength and superior ductility of an ultra-fine grained magnesium-manganese alloy [J]. Materials Science and Engineering A，2015，648：202-207.

[69] Liao H，Zhan M，Li C，et al. Grain refinement of Mg-Al alloys inoculated by $MgAl_2O_4$ powder [J]. Journal of Magnesium and Alloys，2021，9（4）：1211-1219.

[70] Hu F，Zhao S，Gu G，et al. Strong and ductile Mg-0.4Al alloy with minor Mn addition achieved by conventional extrusion [J]. Materials Science and Engineering A，2020，795：139926.

[71] Das S K，Kang Y B，Ha T，et al. Thermodynamic modeling and diffusion kinetic experiments of binary Mg-Gd and Mg-Y systems [J]. Acta Materialia，2014，71：164-175.

[72] Wu B L，Zhao Y H，Du X H，et al. Ductility enhancement of extruded magnesium via yttrium addition [J]. Materials Science and Engineering A，2010，527（16）：4334-4340.

[73] Zhou N，Zhang Z，Jin L，et al. Ductility improvement by twinning and twin-slip interaction in a Mg-Y alloy [J]. Materials & Design，2013，56：966-974.

[74] Yu K，Li W，Zhao J，et al. Plastic deformation behaviors of a Mg-Ce-Zn-Zr alloy [J]. Scripta Materialia，2003，48（9）：1319-1323.

[75] Geng J，Nie J F. Microstructure and mechanical properties of extruded Mg-1Ca-1Zn-0.6Zr alloy [J]. Materials Science and Engineering A，2016，653：27-34.

[76] Peng P，Tang A，Wang B，et al. Achieving superior combination of yield strength and ductility in Mg-Mn-Al alloys via ultrafine grain structure [J]. Journal of Materials Research and Technology，2021，15：1252-1265.

[77] Fang X Y，Yi D Q，Nie J F，et al. Effect of Zr，Mn and Sc additions on the grain size of Mg-Gd alloy [J]. Journal

of Alloys and Compounds，2008，470（1）：311-316.

[78] Imandoust A，Barrett C D，Al-Samman T，et al. A review on the effect of rare-earth elements on texture evolution during processing of magnesium alloys [J]. Journal of Materials Science，2016，52（1）：1-29.

[79] Liu P，Jiang H，Cai Z，et al. The effect of Y，Ce and Gd on texture，recrystallization and mechanical property of Mg-Zn alloys [J]. Journal of Magnesium and Alloys，2016，4（3）：188-196.

[80] Stanford N. Micro-alloying Mg with Y，Ce，Gd and La for texture modification：a comparative study [J]. Materials Science and Engineering A，2010，527（10-11）：2669-2677.

[81] Stanford N，Barnett M R. The origin of "rare earth" texture development in extruded Mg-based alloys and its effect on tensile ductility [J]. Materials Science and Engineering A，2008，496（1）：399-408.

[82] Li Y K，Zha M，Jia H L，et al. Tailoring bimodal grain structure of Mg-9Al-1Zn alloy for strength-ductility synergy：co-regulating effect from coarse $Al_2Y$ and submicron $Mg_{17}Al_{12}$ particles [J]. Journal of Magnesium and Alloys，2021，9（5）：1556-1566.

[83] Kim K H，Hwang J H，Jang H S，et al. Dislocation binding as an origin for the improvement of room temperature ductility in Mg alloys [J]. Materials Science and Engineering A，2018，715：266-275.

[84] Chaudry U M，Hamad K，Ko Y G. Effect of calcium on the superplastic behavior of AZ31 magnesium alloy [J]. Materials Science and Engineering A，2021，815：140874 .

[85] Prasad S V S，Prasad S B，Verma K，et al. The role and significance of magnesium in modern day research：a review [J]. Journal of Magnesium and Alloys，2022，10（1）：1-61.

[86] Shi Z Z，Chen H T，Zhang K，et al. Crystallography of precipitates in Mg alloys [J]. Journal of Magnesium and Alloys，2021，9（2）：416-431.

[87] Baek S M，Lee S Y，Kim J C，et al. Role of trace additions of Mn and Y in improving the corrosion resistance of Mg-3Al-1Zn alloy [J]. Corrosion Science，2021，178：108998.

[88] Chelliah N M，Padaikathan P，Kumar R. Evaluation of electrochemical impedance and biocorrosion characteristics of as-cast and T4 heat treated AZ91 Mg-alloys in Ringer's solution [J]. Journal of Magnesium and Alloys，2019，7（1）：134-143.

[89] Li C，Yang S，Du J，et al. Synergistic refining mechanism of Mg-3%Al alloy refining by carbon inoculation combining with Ca addition [J]. Journal of Magnesium and Alloys，2020，8（4）：1090-1101.

[90] Ma C，Yu W，Pi X，et al. Study of Mg-Al-Ca magnesium alloy ameliorated with designed $Al_8Mn_4Gd$ phase [J]. Journal of Magnesium and Alloys，2020，8（4）：1084-1089.

[91] Qiu D，Zhang M X，Taylor J A. A novel approach to the mechanism for the grain refining effect of melt superheating of Mg-Al alloys [J]. Acta Materialia，2007，55（6）：1863-1871.

[92] Aliakbari Sani S，Ebrahimi G R，Kiani-Rashid A R. Hot deformation behavior and dynamic recrystallization kinetics of AZ61 and AZ61 + Sr magnesium alloys [J]. Journal of Magnesium and Alloys，2016，4（2）：104-114.

[93] Xu C，Wang J，Chen C，et.al. Initial micro-galvanic corrosion behavior between $Mg_2Ca$ and $\alpha$-Mg via quasi-*in situ* SEM approach and first-principles calculation [J]. Journal of Magnesium and Alloys，2023，11（3）：958-965.

[94] Zha M，Zhang H M，Wang C，et al. Prominent role of a high volume fraction of $Mg_{17}Al_{12}$ particles on tensile behaviors of rolled Mg-Al-Zn alloys [J]. Journal of Alloys and Compounds，2017，728：682-693.

[95] Zhang Z，Yu H，Chen G，et al. Correlation between microstructure and tensile properties in powder metallurgy AZ91 alloys [J]. Materials Letters，2011，65（17）：2686-2689.

[96] Li Y，Chen Y，Cui H，et al. Microstructure and mechanical properties of spray-formed AZ91 magnesium alloy [J]. Materials Characterization，2008，60（3）：240-245.

[97] Zhang H，Zha M，Tian T，et al. Prominent role of high-volume fraction $Mg_{17}Al_{12}$ dynamic precipitations on multimodal microstructure formation and strength-ductility synergy of Mg-Al-Zn alloys processed by hard-plate rolling（HPR）[J]. Materials Science and Engineering A，2021，808：140920.

[98] Zhang Z，Yuan L，Shan D，et al. The quantitative effects of temperature and cumulative strain on the mechanical properties of hot-extruded AZ80 Mg alloy during multi-directional forging [J]. Materials Science and Engineering A，2021，827：142036.

[99] Jung J G，Park S H，Yu H，et al. Improved mechanical properties of Mg-7.6Al-0.4Zn alloy through aging prior to extrusion [J]. Scripta Materialia，2014，93：8-11.

[100] Dobroň P，Drozdenko D，Fekete K，et al. The slip activity during the transition from elastic to plastic tensile deformation of the Mg-Al-Mn sheet [J]. Journal of Magnesium and Alloys，2021，9（3）：1057-1067.

[101] Bai J，Sun Y，Xue F，et al. Effect of Al contents on microstructures，tensile and creep properties of Mg-Al-Sr-Ca alloy [J]. Journal of Alloys and Compounds，2007，437（1）：247-253.

[102] Han L，Hu H，Northwood D O. Effect of Ca additions on microstructure and microhardness of an as-cast Mg-5.0 wt.%Al alloy [J]. Materials Letters，2008，62（3）：381-384.

[103] Homma T，Nakawaki S，Kamado S. Improvement in creep property of a cast Mg-6Al-3Ca alloy by Mn addition [J]. Scripta Materialia，2010，63（12）：1173-1176.

[104] Laser T，Hartig C，Nürnberg M R，et al. The influence of calcium and cerium mischmetal on the microstructural evolution of Mg-3Al-1Zn during extrusion and resulting mechanical properties [J]. Acta Materialia，2008，56（12）：2791-2798.

[105] Jiang Z，Jiang B，Yang H，et al. Influence of the $Al_2Ca$ phase on microstructure and mechanical properties of Mg-Al-Ca alloys [J]. Journal of Alloys and Compounds，2015，647：357-363.

[106] Bhattacharyya J J，Sasaki T T，Nakata T，et al. Determining the strength of GP zones in Mg alloy AXM10304，both parallel and perpendicular to the zone [J]. Acta Materialia，2019，171：231-239.

[107] Liu H，Sun C，Wang C，et al. Improving toughness of a $Mg_2Ca$-containing Mg-Al-Ca-Mn alloy via refinement and uniform dispersion of $Mg_2Ca$ particles [J]. Journal of Materials Science & Technology，2020，59：61-71.

[108] Nakata T，Xu C，Ajima R，et al. Strong and ductile age-hardening Mg-Al-Ca-Mn alloy that can be extruded as fast as aluminum alloys [J]. Acta Materialia，2017，130：261-270.

[109] Liu C，Chen X，Chen J，et al. The effects of Ca and Mn on the microstructure，texture and mechanical properties of Mg-4Zn alloy [J]. Journal of Magnesium and Alloys，2021，9（3）：1084-1097.

[110] Du Y，Zheng M，Jiang B. Comparison of microstructure and mechanical properties of Mg-Zn microalloyed with Ca or Ce [J]. Vacuum，2018，151：221-225.

[111] Jiang W，Wang J，Zhao W，et al. Effect of Sn addition on the mechanical properties and bio-corrosion behavior of cytocompatible Mg-4Zn based alloys [J]. Journal of Magnesium and Alloys，2019，7（1）：15-26.

[112] Du Y，Zheng M，Qiao X，et al. Effect of La addition on the microstructure and mechanical properties of Mg-6wt%Zn alloys [J]. Materials Science and Engineering A，2016，673：47-54.

[113] Jiang M G，Xu C，Nakata T，et al. High-speed extrusion of dilute Mg-Zn-Ca-Mn alloys and its effect on microstructure，texture and mechanical properties [J]. Materials Science and Engineering A，2016，678：329-338.

[114] Miao H，Huang H，Shi Y，et al. Effects of solution treatment before extrusion on the microstructure，mechanical properties and corrosion of Mg-Zn-Gd alloy in vitro [J]. Corrosion Science，2017，122：90-99.

[115] Xia N，Wang C，Gao Y，et al. Enhanced ductility of Mg-1Zn-0.2Zr alloy with dilute Ca addition achieved by activation of non-basal slip and twinning [J]. Materials Science and Engineering A，2021，813：141128.

[116] Yan H，Shao X H，Li H P，et al. Synergization of ductility and yield strength in a dilute quaternary Mg-Zn-Gd-Ca alloy through texture modification and Guinier-Preston zone [J]. Scripta Materialia，2022，207：114257.

[117] Horky J，Bryła K，Krystian M，et al. Improving mechanical properties of lean Mg-Zn-Ca alloy for absorbable implants via Double Equal Channel Angular Pressing（D-ECAP）[J]. Materials Science and Engineering A，2021，826：142002.

[118] Al-Samman T，Li X. Sheet texture modification in magnesium-based alloys by selective rare earth alloying [J]. Materials Science and Engineering A，2011，528（10）：3809-3822.

[119] Bazhenov V E，Li A V，Komissarov A A，et al. Microstructure and mechanical and corrosion properties of hot-extruded Mg-Zn-Ca-（Mn）biodegradable alloys [J]. Journal of Magnesium and Alloys，2020，9（4）：1428-1442.

[120] Wang X，Du Y，Liu D，et al. Significant improvement in mechanical properties of Mg-Zn-La alloy by minor Ca addition [J]. Materials Characterization，2020，160：110130.

[121] Xu Y，Li J，Qi M，et al. Enhanced mechanical properties of Mg-Zn-Y-Zr alloy by low-speed indirect extrusion [J]. Journal of Materials Research and Technology，2020，9（5）：9856-9867.

[122] Zareian Z，Emamy M，Malekan M，et al. Tailoring the mechanical properties of Mg-Zn magnesium alloy by calcium addition and hot extrusion process [J]. Materials Science and Engineering A，2020，774：138929.

[123] Hu K，Li C，Xu G，et al. Effect of extrusion temperature on the microstructure and mechanical properties of low Zn containing wrought Mg alloy micro-alloying with Mn and La-rich misch metal [J]. Materials Science and Engineering A，2018，742：692-703.

[124] Tong L B，Zhang Q X，Jiang Z H，et al. Microstructures，mechanical properties and corrosion resistances of extruded Mg-Zn-Ca-xCe/La alloys [J]. Journal of the Mechanical Behavior of Biomedical Materials，2016，62：57-70.

[125] Chen J，Sun Y，Zhang J，et.al. Effects of Ti addition on the microstructure and mechanical properties of Mg-Zn-Zr-Ca alloys [J]. Journal of Magnesium and Alloys，2015，3（2）：121-126.

[126] Feng S，Zhang W，Zhang Y，et al. Microstructure，mechanical properties and damping capacity of heat-treated Mg-Zn-Y-Nd-Zr alloy [J]. Materials Science and Engineering A，2014，609：283-292.

[127] Le Q C，Zhang Z Q，Shao Z W，et al. Microstructures and mechanical properties of Mg-2%Zn-0.4%RE alloys [J]. Transactions of Nonferrous Metals Society of China，2010，20：s352-s356.

[128] Shi H，Li Q，Zhang J，et al. Re-assessment of the Mg-Zn-Ce system focusing on the phase equilibria in Mg-rich corner [J]. Calphad，2020，68：101742.

[129] Gao L，Chen R S，Han E H. Effects of rare-earth elements Gd and Y on the solid solution strengthening of Mg alloys [J]. Journal of Alloys and Compounds，2009，481（1-2）：379-384.

[130] Stanford N，Atwell D，Barnett M R. The effect of Gd on the recrystallisation，texture and deformation behaviour of magnesium-based alloys [J]. Acta Materialia，2010，58（20）：6773-6783.

[131] Hu Y B，Deng J，Zhao C，et al. Microstructure and mechanical properties of Mg-Gd-Zr alloys with low gadolinium contents [J]. Journal of Materials Science，2011，46（17）：5838-5846.

[132] Wu D，Chen R S，Han E H. Excellent room-temperature ductility and formability of rolled Mg-Gd-Zn alloy sheets [J]. Journal of Alloys and Compounds，2011，509（6）：2856-2863.

[133] Zhao T，Hu Y，He B，et al. Effect of manganese on microstructure and properties of Mg-2Gd magnesium alloy [J]. Materials Science and Engineering A，2019，765：138292.

[134] Hu Y，Zhang C，Zheng T，et al. Strengthening effects of Zn addition on an ultrahigh ductility Mg-Gd-Zr magnesium alloy [J]. Materials，2018，11（10）：1942.

[135]　Zhao J, Jiang B, Yuan Y, et al. Influence of Ca and Zn synergistic alloying on the microstructure, tensile properties and strain hardening of Mg-1Gd alloy [J]. Materials Science and Engineering A, 2020, 785: 139344.

[136]　Lei B, Jiang B, Yang H, et al. Effect of Nd addition on the microstructure and mechanical properties of extruded Mg-Gd-Zr alloy [J]. Materials Science and Engineering A, 2021, 816: 141320.

[137]　Sun J, Li B, Yuan J, et al. Developing a high-performance Mg-5.7Gd-1.9Ag wrought alloy via hot rolling and aging [J]. Materials Science and Engineering A, 2021, 803: 140707.

[138]　Zhao J, Jiang B, Wang Q, et al. Influence of Ce content on the microstructures and tensile properties of Mg-1Gd-0.5Zn alloys [J]. Materials Science and Engineering A, 2021, 823: 141675.

[139]　Basu I, Al-Samman T. Triggering rare earth texture modification in magnesium alloys by addition of zinc and zirconium [J]. Acta Materialia, 2014, 67 (2): 116-133.

[140]　Agnew S R, Yoo M H, Tomé C N. Application of texture simulation to understanding mechanical behavior of Mg and solid solution alloys containing Li or Y [J]. Acta Materialia, 2001, 49 (20): 4277-4289.

[141]　Cottam R, Robson J, Lorimer G, et al. Dynamic recrystallization of Mg and Mg-Y alloys: crystallographic texture development [J]. Materials Science and Engineering A, 2008, 485 (1-2): 375-382.

[142]　Sugamata M, Hanawa S, Kaneko J. Structures and mechanical properties of rapidly solidified Mg-Y based alloys[J]. Materials Science and Engineering A, 1997, 226: 861-866.

[143]　Tekumalla S, Yang C, Seetharaman S, et al. Enhancing overall static/dynamic/damping/ignition response of magnesium through the addition of lower amounts (<2%) of yttrium [J]. Journal of Alloys and Compounds, 2016, 689: 350-358.

[144]　Zhou N, Zhang Z, Jin L, et al. Ductility improvement by twinning and twin-slip interaction in a Mg-Y alloy [J]. Materials & Design, 2014, 56: 966-974.

[145]　Omorl G, Matsuo S, Asada H. Precipitation Process in a Mg-Ce Alloy [J]. Transactions of the Japan Institute of Metals, 1975, 16 (5): 247-255.

[146]　Zhang X, Kevorkov D, Pekguleryuz M O. Study on the binary intermetallic compounds in the Mg-Ce system [J]. Intermetallics, 2009, 17 (7): 496-503.

[147]　Sun B Z, Zhang H X, Dong Y, et al. Rotational and translational domains of beta precipitate in aged binary Mg-Ce alloys [J]. Journal of Magnesium and Alloys, 2021, 9 (3): 1039-1056.

[148]　Nie J F. Precipitation and hardening in magnesium alloys [J]. Metallurgical and Materials Transactions A, 2012, 43 (11): 3891-3939.

[149]　Saito K, Kaneki H. TEM study of real precipitation behavior of an Mg-0.5at%Ce age-hardened alloy [J]. Journal of Alloys and Compounds, 2013, 574: 283-289.

[150]　Hadorn J P, Mulay R P, Hantzsche K, et al. Texture weakening effects in Ce-containing Mg alloys [J]. Metallurgical and Materials Transactions A, 2012, 44 (3): 1566-1576.

[151]　Mishra R K, Brahme A, Sabat R K, et al. Twinning and texture randomization in Mg and Mg-Ce alloys [J]. International Journal of Plasticity, 2019, 117: 157-172.

[152]　Jiang L, Jonas J J, Mishra R K. Dynamic strain aging behavior of a Mg-Ce alloy and its implications for extrusion [J]. Materials Science Forum, 2012, 706-709: 1193-1198.

[153]　Pan H, Xie D, Li J, et al. Development of novel lightweight and cost-effective Mg-Ce-Al wrought alloy with high strength [J]. Materials Research Letters, 2021, 9 (8): 329-335.

[154]　Hu L F, Gu Q F, Li Q, et al. Effect of extrusion temperature on microstructure, thermal conductivity and mechanical properties of a Mg-Ce-Zn-Zr alloy [J]. Journal of Alloys and Compounds, 2018, 741: 1222-1228.

[155] Lv B，Peng J，Peng Y，et al. The effect of addition of Nd and Ce on the microstructure and mechanical properties of ZM21 Mg alloy [J]. Journal of Magnesium and Alloys，2013，1（1）：94-100.

[156] Li J，Zhang A，Pan H，et al. Effect of extrusion speed on microstructure and mechanical properties of the Mg-Ca binary alloy [J]. Journal of Magnesium and Alloys，2021，9（4）：1297-1303.

[157] Jeong Y S，Kim W J. Enhancement of mechanical properties and corrosion resistance of Mg-Ca alloys through microstructural refinement by indirect extrusion [J]. Corrosion Science，2014，82：392-403.

[158] Xie D，Pan H，Li M，et al. Role of Al addition in modifying microstructure and mechanical properties of Mg-1.0 wt%Ca based alloys [J]. Materials Characterization，2020，169：110608.

[159] Henderson H B，Ramaswamy V，Wilson-Heid A E，et al. Mechanical and degradation property improvement in a biocompatible Mg-Ca-Sr alloy by thermomechanical processing [J]. Journal of the Mechanical Behavior of Biomedical Materials，2018，80：285-292.

[160] She J，Zhou S B，Peng P，et al. Improvement of strength-ductility balance by Mn addition in Mg-Ca extruded alloy [J]. Materials Science and Engineering A，2020，772：138796.

[161] Liu Y H，Cheng W L，Zhang Y，et al. Microstructure，tensile properties，and corrosion resistance of extruded Mg-1Bi-1Zn alloy: the influence of minor Ca addition [J]. Journal of Alloys and Compounds，2020，815：152414.

[162] Liu X Q，Qiao X G，Pei R S，et al. Role of extrusion rate on the microstructure and tensile properties evolution of ultrahigh-strength low-alloy Mg-1.0Al-1.0Ca-0.4 Mn（wt.%）alloy [J]. Journal of Magnesium and Alloys，2021，11（2）：553-561.

[163] Zhao C，Pan F，Zhao S，et al. Preparation and characterization of as-extruded Mg-Sn alloys for orthopedic applications [J]. Materials & Design，2015，70：60-67.

[164] Chai Y，Jiang B，Song J，et al. Effects of Zn and Ca addition on microstructure and mechanical properties of as-extruded Mg-1.0Sn alloy sheet [J]. Materials Science and Engineering A，2019，746：82-93.

[165] Pan H，Qin G，Xu M，et al. Enhancing mechanical properties of Mg-Sn alloys by combining addition of Ca and Zn [J]. Materials & Design，2015，83：736-744.

[166] She J，Pan F，Peng P，et al. Microstructure and mechanical properties of asextruded Mg-xAl-5Sn-0.3Mn alloys（x = 1, 3, 6 and 9）[J]. Materials Science and Technology，2015，31（3）：344-348.

[167] Wang Q，Shen Y，Jiang B，et al. A micro-alloyed Mg-Sn-Y alloy with high ductility at room temperature [J]. Materials Science and Engineering A，2018，735：131-144.

[168] Qian X Y，Zeng Y，Jiang B，et al. Grain refinement mechanism and improved mechanical properties in Mg-Sn alloy with trace Y addition [J]. Journal of Alloys and Compounds，2020，820：153122.

[169] Wang Q，Jiang B，Tang A，et al. Formation of the elliptical texture and its effect on the mechanical properties and stretch formability of dilute Mg-Sn-Y sheet by Zn addition [J]. Materials Science and Engineering A，2019，746：259-275.

[170] Chai Y，Jiang B，Song J，et al. Improvement of mechanical properties and reduction of yield asymmetry of extruded Mg-Sn-Zn alloy through Ca addition [J]. Journal of Alloys and Compounds，2019（c），782：1076-1086.

[171] Pan H，Qin G，Huang Y，et al. Development of low-alloyed and rare-earth-free magnesium alloys having ultra-high strength [J]. Acta Materialia，2018，149：350-363.

[172] Zhang A，Kang R，Wu L，et al. A new rare-earth-free Mg-Sn-Ca-Mn wrought alloy with ultra-high strength and good ductility [J]. Materials Science and Engineering A，2019，754：269-274.

[173] Chai Y，He C，Jiang B，et al. Influence of minor Ce additions on the microstructure and mechanical properties of Mg-1.0Sn-0.6Ca alloy [J]. Journal of Materials Science & Technology，2020，37（c）：26-37.

[174] Elsayed F R，Sasaki T T，Ohkubo T，et al. Effect of extrusion conditions on microstructure and mechanical properties of microalloyed Mg-Sn-Al-Zn alloys [J]. Materials Science and Engineering A，2013，588：318-328.

[175] Huang Q，Liu Y，Zhang A，et al. Age hardening responses of as-extruded Mg-2.5Sn-1.5Ca alloys with a wide range of Al concentration [J]. Journal of Materials Science & Technology，2020，38：39-46.

[176] She J，Peng P，Xiao L，et al. Development of high strength and ductility in Mg-2Zn extruded alloy by high content Mn-alloying [J]. Materials Science and Engineering A，2019，765（c）：138203.

[177] She J，Zhou S B，Peng P，et al. Improvement of strength-ductility balance by Mn addition in Mg-Ca extruded alloy [J]. Materials Science and Engineering A，2020，772：138796.

[178] Tong L B，Chu J H，Sun W T，et al. Development of high-performance Mg-Zn-Ca-Mn alloy via an extrusion process at relatively low temperature [J]. Journal of Alloys and Compounds，2020，825：153942.

[179] Hou C，Qi F，Ye Z，et al. Effects of Mn addition on the microstructure and mechanical properties of Mg-Zn-Sn alloys [J]. Materials Science and Engineering A，2020，774：138933.

[180] Nakata T，Xu C，Suzawa K，et al. Enhancing mechanical properties of rolled Mg-Al-Ca-Mn alloy sheet by Zn addition [J]. Materials Science and Engineering A，2018，737：223-229.

[181] Wang Q，Jiang B，Tang A，et al. Unveiling annealing texture formation and static recrystallization kinetics of hot-rolled Mg-Al-Zn-Mn-Ca alloy [J]. Journal of Materials Science & Technology，2020，43：104-118.

[182] Peng P，Tang A，She J，et al. Significant improvement in yield stress of Mg-Gd-Mn alloy by forming bimodal grain structure [J]. Materials Science and Engineering A，2021，803：140569.

[183] Wang K，Wang J，Huang S，et al. Enhanced mechanical properties of Mg-Gd-Y-Zn-Mn alloy by tailoring the morphology of long period stacking ordered phase [J]. Materials Science and Engineering A，2018，733：267-275.

[184] Wang K，Wang J，Dou X，et al. Microstructure and mechanical properties of large-scale Mg-Gd-Y-Zn-Mn alloys prepared through semi-continuous casting [J]. Journal of Materials Science & Technology，2020，52：72-82.

[185] Wang Q，Jiang B，Liu L，et al. Reduction per pass effect on texture traits and mechanical anisotropy of Mg-Al-Zn-Mn-Ca alloy subjected to unidirectional and cross rolling [J]. Journal of Materials Research and Technology，2020，9（5）：9607-9619.

[186] Su N，Wu Y J，Chang Z Y，et al. Selective variant growth of precipitates in an as-extruded Mg-Gd-Zn-Mn alloy [J]. Materials Letters，2020，272：127853.

[187] Karudesh E，Aneesh J，Francis A，et al. Effect of Mn and Ca on mechanical，corrosion and surface roughness of Mg-5Sn alloy [J]. Materialstoday：Proceedings，doi.org/10.1016/j.matpr.2023.11.154.

[188] Nakata T，Mezaki T，Xu C，et al. Improving tensile properties of dilute Mg-0.27Al-0.13Ca-0.21 Mn（at.%）alloy by low temperature high speed extrusion [J]. Journal of Alloys and Compounds，2015，648：428-437.

[189] Nakata T，Xu C，Matsumoto Y，et al. Optimization of Mn content for high strengths in high-speed extruded Mg-0.3Al-0.3Ca（wt%）dilute alloy [J]. Materials Science and Engineering A，2016，673：443-449.

[190] Cihova M，Schäublin R，Hauser L B，et al. Rational design of a lean magnesium-based alloy with high age-hardening response [J]. Acta Materialia，2018，158：214-229.

[191] Huang K，Logé R E. A review of dynamic recrystallization phenomena in metallic materials [J]. Materials & Design，2016，111：548-574.

[192] Sakai T，Jonas J J. Overview no. 35 dynamic recrystallization：mechanical and microstructural considerations [J]. Acta Metallurgica，1984，32（2）：189-209.

[193] Dehghan-Manshadi A，Barnett M R，Hodgson P. Hot deformation and recrystallization of austenitic stainless steel：part I . dynamic recrystallization [J]. Metallurgical and Materials Transactions A，2008，39A（6）：1359-1370.

[194] Blaz L，Sakai T，Jonas J. Effect of initial grain size on dynamic recrystallization of copper [J]. Metal Science，1983，17（12）：609-616.

[195] Ponge D，Gottstein G. Necklace formation during dynamic recrystallization：mechanisms and impact on flow behavior [J]. Acta Materialia，1998，46（1）：69-80.

[196] El Wahabi M，Gavard L，Montheillet F，et al. Effect of initial grain size on dynamic recrystallization in high purity austenitic stainless steels [J]. Acta Materialia，2005，53（17）：4605-4612.

[197] Fernández A I，Uranga P，López B，et al. Dynamic recrystallization behavior covering a wide austenite grain size range in Nb and Nb-Ti microalloyed steels [J]. Materials Science and Engineering A，2003，361（1）：367-376.

[198] Gourdet S，Montheillet F. An experimental study of the recrystallization mechanism during hot deformation of aluminium [J]. Materials Science and Engineering A，2000，283（1）：274-288.

[199] Sitdikov O，Sakai T，Goloborodko A，et al. Grain refinement in coarse-grained 7475 Al alloy during severe hot forging [J]. Philosophical Magazine，2005，85（11）：1159-1175.

[200] Drury M R，Humphreys F J. The development of microstructure in Al-5%Mg during high temperature deformation [J]. Acta metallurgica，1986，34（11）：2259-2271.

[201] Gourdet S，Montheillet F. A model of continuous dynamic recrystallization [J]. Acta Materialia，2003，51（9）：2685-2699.

[202] Tóth L S，Estrin Y，Lapovok R，et al. A model of grain fragmentation based on lattice curvature [J]. Acta Materialia，2010，58（5）：1782-1794.

[203] Huang Y，Humphreys F J. Measurements of grain boundary mobility during recrystallization of a single-phase aluminium alloy [J]. Acta Materialia，1999，47（7）：2259-2268.

[204] Belyakov A，Tsuzaki K，Miura H，et al. Effect of initial microstructures on grain refinement in a stainless steel by large strain deformation [J]. Acta Materialia，2003，51（3）：847-861.

[205] Belyakov A，Gao W，Miura H，et al. Strain-induced grain evolution in polycrystalline copper during warm deformation [J]. Metallurgical and Materials Transactions A，1998，29（12）：2957-2965.

[206] Ravi Kumar N V，Blandin J J，Desrayaud C，et al. Grain refinement in AZ91 magnesium alloy during thermomechanical processing [J]. Materials Science and Engineering A，2003，359（1）：150-157.

[207] Zhang Q，Li Q，Chen X，et al. Effect of Sn addition on the deformation behavior and microstructural evolution of Mg-Gd-Y-Zr alloy during hot compression [J]. Materials Science and Engineering A，2021，826：142026.

[208] 贺品舒. 挤压和时效对 Mg-Al-Sn-Zn 合金显微组织及力学性能的影响 [D]. 哈尔滨：哈尔滨工程大学，2019.

[209] Sah J，Richardson G，Sellars C. Grain-size effects during dynamic recrystallization of nickel [J]. Metal Science，1974，8（1）：325-331.

[210] Chang C I，Lee C J，Huang J C. Relationship between grain size and Zener-Holloman parameter during friction stir processing in AZ31 Mg alloys [J]. Scripta materialia，2004，51（6）：509-514.

[211] Wu W，Jin L，Dong J，et al. Effect of initial microstructure on the dynamic recrystallization behavior of Mg-Gd-Y-Zr alloy [J]. Materials Science and Engineering A，2012，556：519-525.

[212] Hallberg H，Wallin M，Ristinmaa M. Modeling of continuous dynamic recrystallization in commercial-purity aluminum [J]. Materials Science and Engineering A，2010，527（4）：1126-1134.

[213] Takigawa Y，Honda M，Uesugi T，et al. Effect of initial grain size on dynamically recrystallized grain size in AZ31 magnesium alloy [J]. Materials Transctions，2008，49（9）：1979-1982.

[214] Nes E，Ryum N，Hunderi O. On the Zener drag [J]. Acta metallurgica，1985，33（1）：11-22.

[215] Huang K，Logé R E. Zener Pinning [M]. Oxford：Elsevier，2016.

[216] Humphreys F，Kalu P. Dislocation-particle interactions during high temperature deformation of two-phase aluminium alloys [J]. Acta Metallurgica，1987，35（12）：2815-2829.

[217] Huang K，Marthinsen K，Zhao Q，et al. The double-edge effect of second-phase particles on the recrystallization behaviour and associated mechanical properties of metallic materials [J]. Progress in Materials Science，2018，92：284-359.

[218] Cram D G，Fang X Y，Zurob H S，et al. The effect of solute on discontinuous dynamic recrystallization [J]. Acta Materialia，2012，60（18）：6390-6404.

[219] She J，Zhan Y. High volume intermetallics reinforced Ti-based composites *in situ* synthesized from Ti-Si-Sn ternary system [J]. Materials Science and Engineering A，2011，528（10）：3871-3875.

[220] Liu X，Osawa Y，Takamori S，et al. Grain refinement of AZ91 alloy by introducing ultrasonic vibration during solidification [J]. Materials Letters，2008，62（17）：2872-2875.

[221] Qian M，Cao P. Discussions on grain refinement of magnesium alloys by carbon inoculation [J]. Scripta Materialia，2005，52（5）：415-419.

[222] Nie J F. Effects of precipitate shape and orientation on dispersion strengthening in magnesium alloys [J]. Scripta Materialia，2003，48（8）：1009-1015.

[223] 熊竟成. Mg-Gd-Y 系合金时效析出行为研究 [D]. 北京：北京有色金属研究总院，2015.

[224] Liu J，Peng X，Li M，et al. Effect of Sr addition on microstructure and elevated temperature mechanical properties of Mg-3Zn-1Y alloy [J]. Materials Science and Engineering A，2016，655：331-338.

[225] Huang S，Wang J，Hou F，et al. Effect of Gd and Y contents on the microstructural evolution of long period stacking ordered phase and the corresponding mechanical properties in Mg-Gd-Y-Zn-Mn alloys [J]. Materials Science and Engineering A，2014，612：363-370.

[226] Zhang S，Liu W，Gu X，et al. Effect of solid solution and aging treatments on the microstructures evolution and mechanical properties of Mg-14Gd-3Y-1.8 Zn-0.5 Zr alloy [J]. Journal of Alloys and Compounds，2013，557：91-97.

[227] Shao X H，Yang Z Q，Ma X L. Strengthening and toughening mechanisms in Mg-Zn-Y alloy with a long period stacking ordered structure [J]. Acta Materialia，2010，58（14）：4760-4771.

[228] Hagihara K，Kinoshita A，Sugino Y，et al. Effect of long-period stacking ordered phase on mechanical properties of Mg97Zn1Y2 extruded alloy [J]. Acta Materialia，2010，58（19）：6282-6293.

[229] Li R G，Li H R，Pan H C，et al. Achieving exceptionally high strength in binary Mg-13Gd alloy by strong texture and substantial precipitates [J]. Scripta Materialia，2021，193：142-146.

[230] Park S H，Jung J G，Yoon J，et al. Influence of Sn addition on the microstructure and mechanical properties of extruded Mg-8Al-2Zn alloy [J]. Materials Science and Engineering A，2015，626：128-135.

[231] Jafari N H R，Wu G，Liu W，et al. Effect of Gd content on high temperature mechanical properties of Mg-Gd-Y-Zr alloy [J]. Materials Science and Engineering A，2016，651：840-847.

[232] Shechtman D，Blech I，Gratias D，et al. Metallic phase with long-range orientational order and no translational symmetry [J]. Physical Review Letters，1984，53（20）：1951.

[233] Pierce F，Poon S，Guo Q. Electron localization in metallic quasicrystals [J]. Science，1993，261（5122）：737-739.

[234] Fang X，Wu S，Lü S，et al. Microstructure evolution and mechanical properties of quasicrystal-reinforced Mg-Zn-Y alloy subjected to ultrasonic vibration [J]. Materials Science and Engineering：A，2017，679：372-378..

[235] Luo Z，Zhang S，Tang Y，et al. Quasicrystals in as-cast Mg-Zn-RE alloys [J]. Scripta Metallurgica et Materialia，1993，28（12）：1513-1518.

[236] Guan D，Rainforth W M，Gao J，et al. Individual effect of recrystallisation nucleation sites on texture weakening in a magnesium alloy：part 1-Double twins [J]. Acta Materialia，2017，135：14-24.

[237] Guan D，Rainforth W M，Gao J，et al. Individual effect of recrystallisation nucleation sites on texture weakening in a magnesium alloy：part 2-Shear bands [J]. Acta Materialia，2018，145：399-412.

[238] Sabat R K，Brahme A P，Mishra R K，et al. Ductility enhancement in Mg-0.2%Ce alloys [J]. Acta Materialia，2018，161：246-257.

[239] Sandlöbes S，Zaefferer S，Schestakow I. On the role of non-basal deformation mechanisms for the ductility of Mg and Mg-Y alloys [J]. Acta Materialia，2011，59（2）：429-439.

[240] Chino Y，Kado M，Mabuchi M. Enhancement of tensile ductility and stretch formability of magnesium by addition of 0.2 wt%（0.035at%）Ce [J]. Materials Science and Engineering A，2008，494（1-2）：343-349.

[241] Sandlöbes S，Pei Z，Friák M，et al. Ductility improvement of Mg alloys by solid solution：*ab initio* modeling，synthesis and mechanical properties [J]. Acta Materialia，2014，70：92-104.

[242] Sandlöbes S，Friák M，Zaefferer S，et al. The relation between ductility and stacking fault energies in Mg and Mg-Y alloys [J]. Acta Materialia，2012，60（6-7）：3011-3021.

[243] Chino Y，Huang X，Suzuki K，et al. Influence of Zn concentration on stretch formability at room temperature of Mg-Zn-Ce alloy [J]. Materials Science and Engineering A，2010，528（2）：566-572.

[244] Chino Y，Sassa K，Mabuchi M. Texture and stretch formability of a rolled Mg-Zn alloy containing dilute content of Y [J]. Materials Science and Engineering A，2009，513：394-400.

[245] Cai Z X，Jiang H T，Tang D，et al. Texture and stretch formability of rolled Mg-Zn-RE（Y，Ce，and Gd）alloys at room temperature [J]. Rare Metals，2013，32（5）：441-447.

[246] Kim Y M，Mendis C，Sasaki T，et al. Static recrystallization behaviour of cold rolled Mg-Zn-Y alloy and role of solute segregation in microstructure evolution [J]. Scripta Materialia，2017，136：41-45.

[247] Muzyk M，Pakiela Z，Kurzydlowski K J. Generalized stacking fault energy in magnesium alloys：density functional theory calculations [J]. Scripta Materialia，2012，66（5）：219-222.

[248] Suh B C，Kim J H，Bae J H，et al. Effect of Sn addition on the microstructure and deformation behavior of Mg-3Al alloy [J]. Acta Materialia，2017，124：268-279.

[249] Nakata T，Mezaki T，Ajima R，et al. High-speed extrusion of heat-treatable Mg-Al-Ca-Mn dilute alloy [J]. Scripta Materialia，2015，101：28-31.

[250] Bian M Z，Sasaki T T，Nakata T，et al. Bake-hardenable Mg-Al-Zn-Mn-Ca sheet alloy processed by twin-roll casting [J]. Acta Materialia，2018，158：278-288.

[251] Hiroyuki W，Toshiji M，Koichi I，et al. Realization of high-strain-rate superplasticity at low temperatures in a Mg-Zn-Zr alloy [J]. Materials Science and Engineering A，2001，307（1）：119-128.

[252] Kim W J，Chung S W，Chung C S，et al. Superplasticity in thin magnesium alloy sheets and deformation mechanism maps for magnesium alloys at elevated temperatures [J]. Acta Materialia，2001，49（16）：3337-3345.

[253] Somekawa H，Mukai T. Hall-Petch breakdown in fine-grained pure magnesium at low strain rates [J]. Metallurgical and Materials Transactions A，2014，46（2）：894-902.

[254] Zeng Z，Nie J F，Xu S W，et al. Super-formable pure magnesium at room temperature [J]. Nature Communications，2017，8（1）：972.

[255] Somekawa H，Singh A，Mukai T，et al. Effect of alloying elements on room temperature tensile ductility in magnesium alloys [J]. Philosophical Magazine，2016，25（96）：2671-2685.

[256] Somekawa H，Kinoshita A，Kato A. Effect of alloying elements on room temperature stretch formability in Mg

alloys [J]. Materials Science and Engineering A，2018，732：21-28.

[257] Somekawa H，Kinoshita A，Kato A. Great room temperature stretch formability of fine-grained Mg-Mn alloy [J]. Materials Science and Engineering A，2017，697：217-223.

[258] Mo N，Mccarroll I，Tan Q Y，et al. Understanding solid solution strengthening at elevated temperatures in a creep-resistant Mg-Gd-Ca alloy [J]. Acta Materialia，2019，181（c）：185-199.

[259] Zhang W Q，Xiao W L，Wang F，et al. Development of heat resistant Mg-Zn-Al-based magnesium alloys by addition of La and Ca：microstructure and tensile properties [J]. Journal of Alloys and Compounds，2016，684：8-14.

[260] Chen Y H，Wang L P，Feng Y C，et al. Effect of Ca and Sm combined addition on the microstructure and elevated-temperature mechanical properties of Mg-6Al alloys [J]. Journal of Materials Engineering Performance，2019，28（5）：2892-2902.

# 第2章

## Sn 和 Y 微合金化对镁合金组织
## 与性能的影响

## 2.1 ▷ 引言

　　钇（Y）元素在镁中的最大固溶度约为 11 wt%，且 Y 在镁合金中能够形成多种强化相，产生 GP 区强化基体，故 Y 的添加能使镁合金产生明显的固溶强化或析出强化。Gao 等[1]通过实验得出了室温下 Y 元素的含量（Y 在 0.20at%～1.88at%之间）与 Mg-Y 二元合金力学性能的函数关系，发现随着 Y 元素增加，合金硬度遵循 "$HV_{0.5}(kg/mm^2) = 31.12 + 13.23a_Y$（at%）" 的规律；屈服强度则满足 "$\sigma_{0.2} = c^n$"，$c$ 为溶质原子的浓度，而 $n = 1/2$ 或 $1/3$。Sandlöbes 等[2-6]结合第一性原理通过计算与实验深入地探讨了固溶的 Y 元素提高镁合金延伸率的原因，认为 Y 的添加能大大地降低镁晶体基面$\langle a \rangle$滑移与锥面$\langle c+a \rangle$滑移的非稳定层错能，因此在变形后的 Mg-Y 合金中能观察到大量的$\langle c+a \rangle$位错线。另外，冷变形后的 Mg-3Y 合金中出现了均匀分布的压缩孪晶与二次孪晶，说明 Y 元素能降低镁合金压缩孪生与二次孪生的临界分切应力（CRSS）。然而，不同 Y 含量对变形镁合金动态再结晶组织、稀土织构的形成及力学性能的影响仍需系统研究。

　　Mg-Sn 镁合金的研究始于 20 世纪 30 年代。1969 年，Planken 等[7, 8]对 Mg-Sn 二元合金的固溶时效行为进行了研究，发现析出相 $Mg_2Sn$ 只是 "卧躺" 在 $\alpha$-Mg 基面上，并没有比较明显的时效强化效果。当时的研究者对 Mg-Sn 系镁合金没有足够的认识，导致在这之后的相当长时间内，Mg-Sn 镁合金的相关研究基本属于空白。由于汽车轻量化的要求，汽车相关行业迫切需要开发出新型高性能的镁合金，Mg-Sn 镁合金重新得到了国内外研究者的重视，并取得了一定的研究成果。例如，Liu 等[9-11]研究了 Mg-(1～10)wt%Sn 合金的显微组织、力学性能以及抗蠕变行为,发现随着 Sn 含量的增加,镁合金的二次枝晶间距减小。结果表明,Mg-5 wt% Sn 合金的综合力学性能最好,Mg-10 wt% Sn 合金的抗蠕变性能最好,甚至要优于 AE42(Mg-4Al-2RE)合金。然而,对 Sn、Y 元素如何协同强化变形镁合金并未深入系统研究。因此,本章分别介绍作者团队单独添加 Y 元素及复合添加 Sn、Y 元素对挤压态 Mg 合金显微组织及力学性能的影响,为高性能微合金化 Mg-Sn-Y 合金的开发提供实验与理论基础。

## 2.2　Y 微合金化二元 Mg-$x$Y 合金

### 2.2.1　二元 Mg-$x$Y 合金制备

#### 1. 合金设计与熔炼

熔炼用原材料为纯镁、Mg-30Y(wt%)中间合金。熔炼之前,模具和坩埚都需要在内壁涂上氮化硼以防止粘模。熔炼工艺如下。

(1)将镁锭在 150℃下预热 30 min 后加入经过预热的电阻炉中,并加热升温,至 600℃时通入保护气氛($CO_2$ + 0.1 vol%~0.7 vol% $SF_6$)。同时,将模具放到热处理炉中在 200℃下进行充分预热,待浇铸时再取出。

(2)炉温升至 740℃保温直至镁锭完全熔化,清除熔体表面熔渣和坩埚底部熔渣,随后加入去掉氧化皮的中间合金,保温 15~20 min 使中间合金完全熔化,用六氯乙烷进行精炼,精炼后打渣。

(3)对完全熔化的熔体进行适当搅拌,使合金元素分布均匀,随后将炉温降至 730℃静置 15~20 min,最后浇铸至模具(内径 85 mm,高 350 mm)。

所得合金铸锭的表面质量较好,未见明显的冷隔、皱皮和裂纹等铸造缺陷,合金锭坯的成分如表 2-1 所示。为了获得高质量的挤压坯料和满足挤压筒对铸锭尺寸的要求,铸锭被切割为外径 80 mm、高 70 mm 表面光亮的圆锭坯。

表 2-1　合金成分设计

| 合金 | 设计成分 | | 实际成分 | |
| --- | --- | --- | --- | --- |
| | 原子百分比/% | 质量百分比/% | 原子百分比/% | 质量百分比/% |
| Mg-$x$Y | 0.1 | 0.4 | 0.04 | 0.14 |
| | 0.3 | 1.1 | 0.24 | 0.88 |
| | 0.5 | 1.8 | 0.45 | 1.64 |
| | 0.7 | 2.5 | 0.67 | 2.41 |

### 2. 固溶处理

在 480～540℃下保温 4～16 h 对铸锭进行热处理工艺优化。固溶工艺确定后，再对挤压用的铸锭进行固溶处理，使合金元素固溶到合金基体中，使合金元素分布均匀化。

### 3. 挤压工艺

挤压前，将锭坯放进保温炉内在 300～350℃下加热保温 2 h，使锭坯温度均匀。采用 XJ-500 卧式挤压机进行常规板材对称挤压，最大挤压力为 500 T，挤压筒工作尺寸为内径 85 mm、长 450 mm，挤压速度为 1.2～2.5 m/min，挤压板尺寸为宽 56 mm、厚 2 mm 和宽 65 mm、厚 2 mm 两种规格。

## 2.2.2  显微组织表征与性能测试

### 1. 金相显微组织观察

为了观察合金板材的金相显微组织，利用 Olympus GX41 光学显微镜（optical microscope，OM）对合金板材沿截面 ED-ND 面金相观察。具体步骤包括利用线切割在合金板材上切出长×宽×高为 15 mm×10 mm×$x$（mm）的小方块，其中方块的高度 $x$ 视具体的挤压（轧制）板材的厚度而定；接着在不同型号的金相砂纸 280#、400#、600#、800#、1000#以及 1200#上进行粗磨和细磨；随后进行抛光处理；最后进行试样金相的腐蚀。金相腐蚀剂配方为苦味酸 1.5 g，乙酸 5 mL，乙醇 25 mL。

### 2. 扫描电镜观察

利用装配有能量色散光谱仪（energy dispersive spectrometer，EDS）及背散射电子（back scattering electron，BSE）能谱仪的 TESCAN VEGA 3 LMH 扫描电子显微镜（scanning electron microscope，SEM）对合金板材中的第二相的分布、数量和化学组成进行分析。SEM 观察试样的制备方法与 OM 试样相同。

### 3. 物相和宏观晶粒取向分析

利用 Rigaku D/Max 2500 X 射线衍射仪（X-ray diffractometer，XRD）进一步确定合金中的第二相的具体化学成分以及合金板材的宏观晶粒取向（宏观织构）。XRD 试样的制备方法与 OM 试样基本相同。

### 4. 微观晶粒取向分析

利用 JEOL-7800F 电子背散射衍射（electron back scattered diffraction，EBSD）

技术对合金/合金板材的微观晶体取向（微观织构）进行分析。EBSD 试样的制备过程包括试样打磨（经过 280#、400#、600#、800#、1000#和 1200#砂纸）和试样电解抛光。电解抛光的电压为 20V，电流为 0.03A，温度为−25℃以及电解抛光时间为 60 s。电解抛光液是 AC2。AC2 的配方为 100 mL 异丙醇、800 mL 乙醇、18.5 mL 蒸馏水、10 g 8-羟基喹啉、75 g 柠檬酸、41.5 g 硫氰酸钠和 15 mL 高氯酸。EBSD 测定的步长设置为 0.5 μm。所有 EBSD 数据均使用 Channel 5 软件进行分析。

### 5. 透射电镜观察

利用 FEI TECNAI G2 F20 透射电镜（transmission electron microscope，TEM）对合金在挤压（轧制）过程中的位错类型和第二相进行表征。TEM 试样的制备包括机械切割（从 TWZ000 合金中切出厚度为 100～200 μm 的小片试样）、磨样（用不同型号的金相砂纸，将试样磨至 60 μm 左右的厚度，试样表面尽可能保持光滑平整）、冲样（可在冲样机上冲出直径 3 mm 的小圆片）和离子减薄（将厚度为 60 μm 左右的试样放入离子减薄设备中进行减薄，直至试样可适用于透射电镜观察的厚度为止）。

### 6. 室温力学性能和成形性能测试

为了测试挤压或者轧制退火态合金沿板材的 ED（RD）、45°以及 TD 方向的力学性能，从挤压或者轧制退火板材上加工出标距为 12 mm、宽度为 6 mm 和厚度为 2 mm 或者 1 mm 的试样。利用 CMT6305-300KN 通用万能试验机对试样进行室温拉伸试验，应变速率为 $10^{-3}$ $s^{-1}$。在每个方向上拉伸试验重复三次，以确保重复性。塑性应变比（$r$ 值）是试样在某个方向上拉伸 10%应变下的试样宽度方向上的应变（$\varepsilon_t$）与试样厚度方向上的应变（$\varepsilon_w$）之比，根据《金属材料 薄板和薄带塑性应变比（$r$ 值）的测定》（GB/T 5027—2007）进行测定和计算。

为了测试挤压或者轧制退火态合金板材在室温下的杯突成形能力，采用 WDW-300 杯突试验机进行杯突成形性能的实验。采用直径为 20 mm 的半球形冲头，在室温下以 3 mm/min 的冲头速度对合金板材进行 Erichsen 杯突成形性能的测试，以确定试样的可成形能力。每个样品被加工成一个 50 mm×50 mm 的方块，每组重复测试三次，以确保数据的准确性。试验过程中半球形冲头所能达到的最大成形深度，就是板材的杯突值（IE）。

## 2.2.3　Y 微合金化对镁合金动态再结晶组织的影响

Mg-$x$Y（$x$ = 0.14 wt%、0.88 wt%、1.64 wt%和 2.41 wt%，分别用 Y1～Y4 表

示）挤压板的纵截面（ED-ND）心部显微组织如图 2-1 所示。板材在厚度方向主要由细小的再结晶晶粒、少量变形粗晶以及挤压流线组成。由于挤压温度较高，大于 0.5 倍合金熔点，合金挤压过程中表现出高的塑性变形能力，同时伴随着加工硬化和动态软化。第一性原理计算[12 18]得出 Y 元素的添加可以降低镁合金的稳定层错能。单个 Y 原子的加入可以降低镁合金固溶体的层错能，使合金的动态再结晶过程更易发生，充分细化变形组织。随着固溶体中 Y 含量的增加，挤压板晶粒尺寸没有明显的规律性，分别约为 10.3 μm、6.5 μm、13.7 μm 和 9.1 μm，在 Y 含量为 0.88 wt%时获得最小的晶粒尺寸。经过高温固溶后，不同 Y 含量的合金组织平均晶粒尺寸均在 200 μm 左右，即固溶处理为不同 Y 含量的合金提供了晶粒尺寸几乎相同的大铸锭。随着挤压的进行，Mg-Y 合金发生了动态再结晶，导致显著的晶粒细化。理论上，Y 元素的固溶降低了合金基面的稳定和非稳定层错能，使位错运动的阻力增大，不宜其交滑移和攀移的发生。位错极易在点阵畸变、晶界等障碍物处聚集、缠结，产生大量的变形储存能，促进动态再结晶的发生。固溶处理后，影响合金动态再结晶的因素需要考虑固溶效果和第二相形貌、大小与分布。合金元素固溶于基体后，会在位错和晶界等缺陷处聚集，阻碍位错的运动和晶界的移动；同时对原子扩散有一定的阻碍作用，从而提高合金的再结晶温度，降低加工软化效率。但由于材料的挤压温度较高，其影响有所减小。第二相颗粒则因尺寸和分布的不同表现出相反的作用。当第二相以大尺寸弥散分布

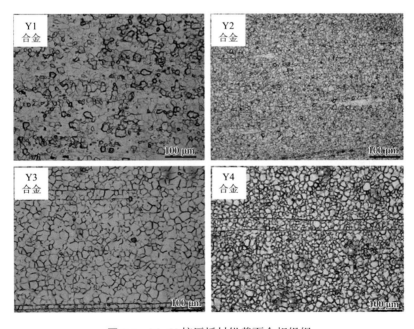

图 2-1　Mg-Y 挤压板材纵截面金相组织

于基体中时，再结晶能在其表面形核，促进再结晶的进行；当第二相以小尺寸密集分布于基体中时，则会阻碍再结晶的进行。因此，Y1 和 Y2 主要受固溶效果的影响。Y2 在变形过程中可以储存更多的再结晶形核能，其晶粒尺寸最小。Y3 和 Y4 由于受该温度下合金元素在镁中的最大固溶度影响，第二相含量较 Y1 和 Y2 要多，其变形行为也受制于第二相。固溶态 Y4 中第二相颗粒的尺寸和数量比 Y3 中的更大更多，且更分散，为再结晶的形核提供了条件。Y3 在固溶和第二相颗粒的共同作用下，表现出较差的动态再结晶效果，出现了晶粒粗化的现象。

图 2-2 展示了挤压板的第二相扫描图。除了挤压流线上分布的破碎点状第二相外，其余第二相以颗粒状形式弥散分布于晶界附近。与固溶处理后的第二相观察结果类似，随着 Y 含量的增加，合金中的第二相含量增加，尺寸增大。Y1 合金中主要弥散分布着平均尺寸 420 nm 左右的点状第二相和极少量 2.3 μm 左右的颗粒状第二相。Y2 中的点状相平均尺寸稍微有所增加，为 450 nm，颗粒状第二相最大尺寸达 5.5 μm。Y 含量继续增加，在 Y3 中出现了两极分化。颗粒状第二相的尺寸最大增加至 8 μm，点状相平均尺寸下降至 390 nm，且点状相数量也有所下降。在 Y4 合金中，颗粒相和点状相尺寸接近，最大 2.2 μm，最小 185 nm，且颗粒相数量明显增加。通过 XRD 物相验证，如图 2-3 所示，Y1 和 Y2 挤压板中检测不到 $Mg_{24}Y_5$ 相颗粒，Y3 和 Y4 中的 $Mg_{24}Y_5$ 相颗粒含量明显增加。

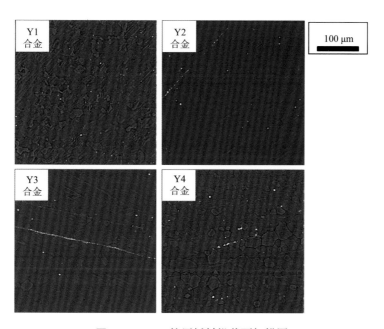

图 2-2　Mg-Y 挤压板材纵截面扫描图

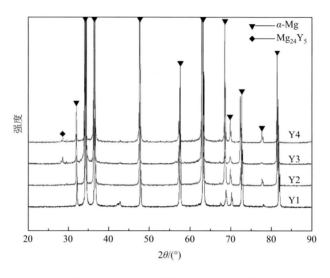

图 2-3　Mg-Y 挤压板 XRD 物相分析

## 2.2.4　Y 微合金化对稀土织构形成的影响

图 2-4 展示了 Mg-Y 系合金挤压板 ED-ND 面心部组织的反极图（IPF）。挤压坯料经高温固溶后，大量 Y 原子溶于基体中，并在其周围晶格上产生压缩应力，引起大量的晶格畸变。该点阵缺陷的形成为后续挤压过程中位错的形核与增殖提供了条件。热挤压成形后，板材的基极均由 ND 方向向 ED 方向发生偏转而形成双峰织构。Y1 合金具有均匀性和对称性较好的双峰织构。基面织构沿 ED 方向发生 28°的偏转，并在 TD 方向 39.3°附近出现织构组分。挤压板基极沿 ED 往 TD 方向偏转 18.7°和 50.3°，且偏离 ND 方向 30°，其最大极密度值为 7.58。由此说明，大部分晶粒的 $c$ 轴与 ND 方向呈 30°夹角。织构均匀性较好，各向异性得到有效控制。此外，在 {10$\bar{1}$0} 柱面投影图上出现了明显的沿 TD 方向和板面 45°方向的择优取向，降低了合金的各向异性。Y2 合金基面最大极密度分布于 ED 方向的 22°~37°之间，其值随 Y 含量的增加而增加，直至 10.41。挤压板沿 ED 方向表现为基面滑移软取向，沿 TD 方向为基面滑移硬取向。随着 Y 含量的继续增加，Y3 的最大极密度分布于 ED 方向的 25°~40°之间，其值增加至15.54，且沿 TD 方向具有较好的对称关系。在 Y4 合金中，基面织构继续沿 ED 方向偏转，最大极密度分布于 ED 方向的 34°~47°之间，其值降低至 7.93。较Y2 和 Y3，Y4 的织构沿 TD 方向发生了明显的拉长，并出现了⟨10$\bar{1}$0⟩//TD 择优取向。

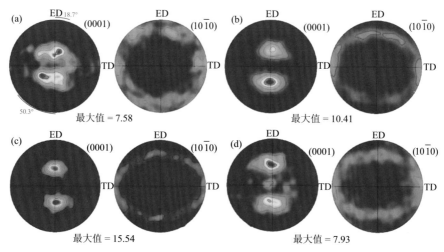

图 2-4　Mg-Y 系合金挤压板材的织构分析：（a）Y1；（b）Y2；（c）Y3；（d）Y4

### 2.2.5　Y 微合金化对镁合金室温力学性能的影响

图 2-5 展示了沿与挤压方向呈 0°（ED 方向）、45°和 90°（TD 方向）试样的室温拉伸真应力-真应变曲线，具体数值如表 2-2 所示。在 Y1 合金中，由于其基面织构的基极沿 0°向 90°偏转较多，且晶粒取向分布较为均匀，因而随着取样角度的增加，越靠近 90°方向，合金的屈服强度越低，延伸率越高，但是其变化值都不大，合金表现出较好的各向同性。Y2 合金组织细小，基面织构沿 ED 方向偏转，呈现 ED 方向滑移软取向，TD 方向滑移硬取向。因此，其在 0°方向的变形更加容易，合金具有更低的屈服强度和更高的塑性，断后延伸率高达 35.2%。而在 90°方向的塑性比其他方向稍差，断后延伸率为 26.8%，对应的屈服强度为 157 MPa，抗拉强度为 280 MPa。基于有限的晶粒细化效果和基面织构强度增加，Y3 合金具有较强的各向异性。其沿 0°方向和 90°方向的延伸率分别为 31.8%和

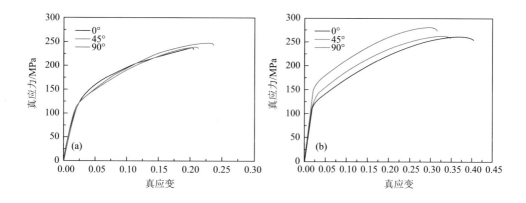

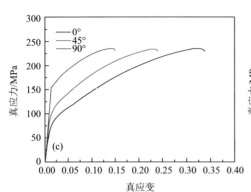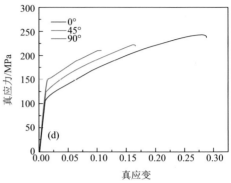

图 2-5　Mg-Y 二元合金挤压板的真应力-真应变曲线：（a）Y1；（b）Y2；（c）Y3；（d）Y4

10.5%，对应屈服强度从 85 MPa 增加至 148 MPa。Y 含量继续增加，固溶引起的增塑效果越来越小。Y4 沿 ED 方向的延伸率只有 24.1%，对应的屈服强度为 107 MPa。

表 2-2　Mg-Y 合金板的断后延伸率、屈服强度和抗拉强度

| 合金 | 方向 | 断后延伸率/% | 屈服强度/MPa | 抗拉强度/MPa |
|---|---|---|---|---|
| Y1 | 0° | 18 | 121 | 238 |
| | 45° | 18.8 | 117 | 250 |
| | 90° | 21.6 | 109 | 247 |
| Y2 | 0° | 35.2 | 116 | 262 |
| | 45° | 29.7 | 126 | 262 |
| | 90° | 26.8 | 157 | 280 |
| Y3 | 0° | 31.8 | 85 | 234 |
| | 45° | 26.3 | 110 | 239 |
| | 90° | 10.5 | 148 | 225 |
| Y4 | 0° | 24.1 | 107 | 234 |
| | 45° | 14.2 | 114 | 210 |
| | 90° | 7.2 | 147 | 206 |

## 2.3　Sn、Y 微合金化 Mg-Sn-Y 合金

Sn 元素对纯镁力学行为的影响研究表明，当 Sn 在 Mg 中的固溶量为 2.5 wt%时，合金的成形性能最佳[19]。因此，为了获得强韧一体化的 Mg 合金，本节首先在 Mg-2.5Sn 的基础上微量添加合金元素 Y，研究 Y 元素对 Mg-2.5Sn 合金力学行为的影响。实验结果表明由于 Sn 含量较高，微量添加的 Y 元素基本上与 Mg、Sn 生成第二

相，Y 元素改善成形性能的作用无法完全发挥出来。故在 Mg-0.5Sn 的基础上再微量添加 Y 元素，考察在 Sn 含量较低时，Y 元素对 Mg-Sn 显微组织及力学行为的影响。

### 2.3.1　微合金化 Mg-(0.5, 2.5)Sn-0.3Y 合金的制备

合金制备过程所采用的原料为工业纯镁（99.9 wt%）、工业纯锡（99.99 wt%）与 Mg-18 wt% Y 中间合金。熔炼/挤压工艺、组织观察、力学性能测定、XRD 物相分析与织构分析方法详见前文。

为了分析 Mg-0.5Sn-0.3Y 合金在凝固过程中 α-Mg 与第二相析出的先后顺序，利用差示扫描量热法（differential scanning calorimetry，DSC），使用仪器为德国梅特勒同步热分析仪（型号为 NETZSCH STA449F3）。在 DSC 测试过程中，升温速度为 15℃/min，最高升温至 700℃，保温 10 min，然后以 5℃/min 的速度降至室温，整个测试过程在高纯氩气气氛中进行。去除氧化皮后的试样质量约为 0.045 mg。实验合金的实际成分如表 2-3 所示。

表 2-3　**Mg-Sn 系合金的实际成分（wt%）**

| 合金 | Mg | Sn | Y | Mn |
|---|---|---|---|---|
| Mg-0.5Sn | 余量 | 0.55 | — | 0.27 |
| Mg-0.5Sn-0.3Y | 余量 | 0.48 | 0.33 | 0.25 |
| Mg-2.5Sn | 余量 | 2.38 | — | 0.18 |
| Mg-2.5Sn-0.3Y | 余量 | 2.75 | 0.25 | 0.18 |

### 2.3.2　Sn 和 Y 微合金化对镁合金显微组织的影响

图 2-6 为 Mg-2.5Sn 与 Mg-2.5Sn-0.3Y 合金的二次电子与背散射电子图。从图 2-6 中可以看出，微量添加 Y 可以影响 Mg-2.5Sn 铸态合金中第二相的形貌及分布。Mg-2.5Sn 合金中的第二相均为层片状，较多的片层聚集成一个有一定尺寸的圆形第二相，而添加 Y 之后，第二相则表现为长杆状或短杆状，且一些长杆状的第二相交叉成树枝状。

图 2-7 为 Mg-2.5Sn 与 Mg-2.5Sn-0.3Y 合金的 XRD 图谱。从图 2-7 中可以看出，Mg-2.5Sn 合金中的第二相只有 $Mg_2Sn$ 相，而添加 Y 之后，合金中出现了一种新相。由图 2-8 中 EDS 分析可知，Mg-2.5Sn-0.3Y 合金中第二相的 Y 与 Sn 的原子比均接近 1∶1。据文献报道[20, 21]，Mg-Sn-Y 三元合金中极易出现 Mg-Sn-Y 三元相，该相中 Sn 与 Y 的原子比也接近 1∶1，但其晶体结构及完整的晶体学数据至今仍未被报道。因此，可以推测 Mg-2.5Sn-0.3Y 合金中出现的新相为 Mg-Sn-Y 三元相。

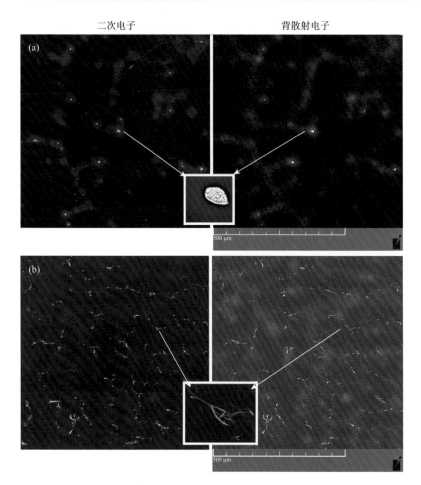

图 2-6　铸态合金扫描电镜图片：（a）Mg-2.5Sn；（b）Mg-2.5Sn-0.3Y

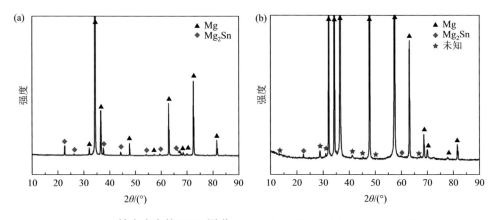

图 2-7　铸态合金的 XRD 图谱：（a）Mg-2.5Sn；（b）Mg-2.5Sn-0.3Y

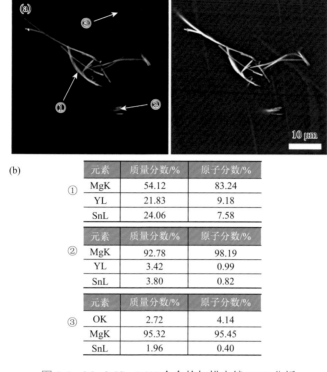

(b)

| 元素 | 质量分数/% | 原子分数/% |
|---|---|---|
| MgK | 54.12 | 83.24 |
| YL | 21.83 | 9.18 |
| SnL | 24.06 | 7.58 |

①

| 元素 | 质量分数/% | 原子分数/% |
|---|---|---|
| MgK | 92.78 | 98.19 |
| YL | 3.42 | 0.99 |
| SnL | 3.80 | 0.82 |

②

| 元素 | 质量分数/% | 原子分数/% |
|---|---|---|
| OK | 2.72 | 4.14 |
| MgK | 95.32 | 95.45 |
| SnL | 1.96 | 0.40 |

③

图 2-8　Mg-2.5Sn-0.3Y 合金的扫描电镜 EDS 分析

（a）扫描电镜图；（b）（a）中对应点的 EDS 分析结果

　　图 2-9 为挤压态 Mg-2.5Sn 与 Mg-2.5Sn-0.3Y 合金的金相显微组织图。统计后发现，Mg-2.5Sn 与 Mg-2.5Sn-0.3Y 平均晶粒尺寸分别约为 15.4 μm 和 13.6 μm。Y 元素的添加使得挤压态 Mg-2.5Sn 合金的晶粒细化了约 12%。

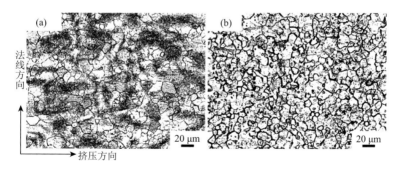

图 2-9　挤压态合金的显微组织：（a）Mg-2.5Sn；（b）Mg-2.5Sn-0.3Y

　　图 2-10 为 Mg-0.5Sn 与 Mg-0.5Sn-0.3Y 合金的二次电子与背散射电子图。从

图 2-10 中可以看出，Mg-0.5Sn 合金中基本没有第二相，添加 0.3 wt%的 Y 元素之后，合金中出现了较多短杆状及颗粒状的第二相。此外，可以看出微量添加的 Y 对 Mg-0.5Sn 铸态合金晶粒尺寸的影响并不明显。

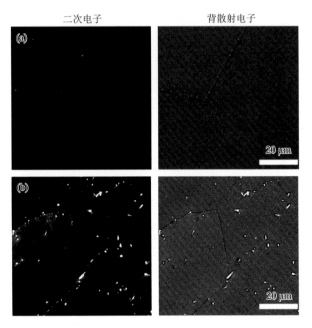

图 2-10　铸态合金二次电子及背散射电子扫描电镜图片：（a）Mg-0.5Sn；（b）Mg-0.5Sn-0.3Y

　　图 2-11 为挤压态 Mg-0.5Sn 与 Mg-0.5Sn-0.3Y 合金的金相显微组织图。从图 2-11 中可以看出，微量添加的 Y 元素虽对铸态合金的晶粒尺寸没有明显影响，但对挤压态合金的晶粒尺寸的影响很大。挤压态 Mg-0.5Sn 合金添加 0.3 wt%的 Y 元素后，平均晶粒尺寸由 18.5 μm 细化到约 4.2 μm，细化率达到 77%，且尺寸也变得较为均匀。将挤压态合金进行二次电子与背散射电子 SEM 观察，如图 2-12 所示。从图 2-12 中可以看出，挤压态 Mg-0.5Sn-0.3Y 合金晶粒内部存在较多弥散细小的颗粒状第二相。

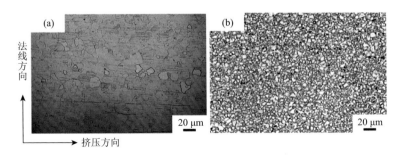

图 2-11　挤压态合金的显微组织：（a）Mg-0.5Sn；（b）Mg-0.5Sn-0.3Y

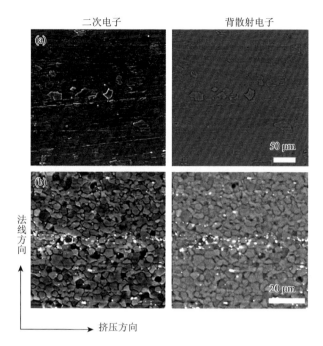

图 2-12　挤压态合金二次电子及背散射电子扫描电镜图片：（a）Mg-0.5Sn；（b）Mg-0.5Sn-0.3Y

图 2-13 为 Mg-0.5Sn 与 Mg-0.5Sn-0.3Y 合金的 XRD 图谱。结果显示，未添加 Y 元素的 Mg-0.5Sn 合金由 $\alpha$-Mg 相组成；添加 0.3 wt%的 Y 后，合金中出现了 $Sn_3Y_5$ 相。因此可以初步判定图 2-10（b）与图 2-12（b）中的亮白色的化合物为 $Sn_3Y_5$ 相。通过 EDS 分析（图 2-14）发现，在扫描电镜图片中第二相的 Y 与 Sn 的质量比均接近 5∶3，因此可以判断，Mg-0.5Sn-0.3Y 合金中的第二相主要为 $Sn_3Y_5$ 相。

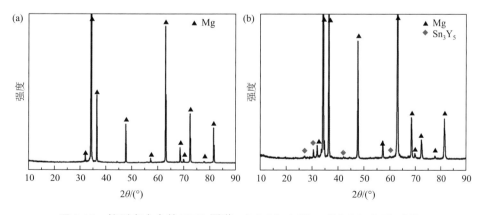

图 2-13　挤压态合金的 XRD 图谱：（a）Mg-0.5Sn；（b）Mg-0.5Sn-0.3Y

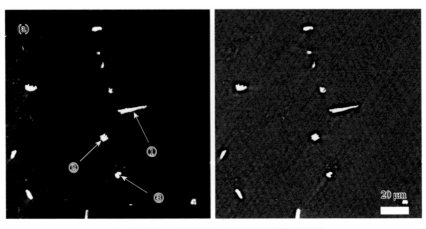

① 

| 元素 | 质量分数/% | 原子分数/% |
|---|---|---|
| MgK | 48.57 | 79.25 |
| YL | 31.86 | 14.22 |
| SnL | 19.57 | 6.54 |

② 

| 元素 | 质量分数/% | 原子分数/% |
|---|---|---|
| MgK | 45.69 | 77.22 |
| YL | 34.28 | 15.84 |
| SnL | 20.02 | 6.93 |

③ 

| 元素 | 质量分数/% | 原子分数/% |
|---|---|---|
| MgK | 40.31 | 73.07 |
| YL | 38.28 | 18.98 |
| SnL | 21.40 | 7.95 |

图 2-14　Mg-0.5Sn-0.3Y 合金扫描电镜 EDS 分析

（a）扫描电镜图；（b）（a）中对应点的 EDS 分析结果

### 2.3.3　Sn 和 Y 微合金化对镁合金力学性能的影响

图 2-15 为微量 Y 元素对挤压态 Mg-2.5Sn 合金力学性能的影响，相关力学性能数据列于表 2-4 中。从图 2-15 和表 2-4 中可以看出，在 Mg-2.5Sn 的基础上添加 0.3 wt%的 Y 之后，材料三个方向的延伸率均有一定的提高。屈服强度方面，Mg-2.5Sn 挤压板材沿 TD 的屈服强度比沿 ED 和 45°方向分别高出 84 MPa 与 62 MPa；微量添加 Y 之后，沿 TD 的屈服强度由原来的 218 MPa 下降至 161 MPa，而沿 ED 有所上升，最终使得三个方向屈服强度值相差在 20 MPa 以内。与此相似，添加 Y 元素使得板材各方向上的抗拉强度更为接近。由图 2-15 真应力-真应变曲线得出，Mg-2.5Sn-0.3Y 挤压板材沿三个方向室温拉伸曲线的重合性明显优于 Mg-2.5Sn 挤压板材，这说明 Y 元素的添加可有效地改善 Mg-2.5Sn 挤压板材的各向异性。

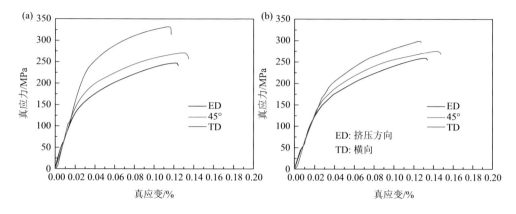

图 2-15　挤压态合金的真应力-真应变曲线：（a）Mg-2.5Sn；（b）Mg-2.5Sn-0.3Y

表 2-4　挤压态板材沿 ED、45°方向及 TD 的室温拉伸力学性能 1

| 合金 | 抗拉强度/MPa | | | 屈服强度/MPa | | | 延伸率/% | | |
|---|---|---|---|---|---|---|---|---|---|
| | 挤压方向 | 45° | 横向 | 挤压方向 | 45° | 横向 | 挤压方向 | 45° | 横向 |
| Mg-2.5Sn-真 | 247 | 270 | 331 | 134 | 156 | 218 | 10.3 | 11.4 | 9.0 |
| Mg-2.5Sn-工程 | 218 | 238 | 296 | 133 | 148 | 212 | 11.2 | 12.2 | 9.4 |
| Mg-2.5Sn-0.3Y-真 | 259 | 275 | 298 | 143 | 152 | 161 | 11.6 | 11.8 | 10.2 |
| Mg-2.5Sn-0.3Y-工程 | 227 | 238 | 263 | 132 | 145 | 158 | 12.0 | 13.4 | 11.0 |

　　但从总体力学性能数据上看，Y 的添加仅使 Mg-2.5Sn 挤压板材三个方向延伸率由原始的 10.3%、11.4%与 9.0%提高到了 11.6%、11.8%与 10.2%，最大提高的数值仅为 1.3 个百分点。可以看出，Y 元素的添加对塑性的贡献似乎并未完全发挥出来。这可能是由于 Mg-2.5Sn-0.3Y 合金中 Sn 含量较高，此时 Sn 元素极易与 Y 元素及基体生成化合物，使得合金中基本上无固溶的 Y 原子或 Sn 原子，导致二者对塑性的改善效果不明显。

　　图 2-16 为微量添加的 Y 对铸态 Mg-0.5Sn 合金力学性能的影响。从图 2-16 中可以看出，微量的 Y 元素对铸态 Mg-Sn 合金的综合力学性能有积极的作用。但铸态 Mg-0.5Sn 和 Mg-0.5Sn-0.3Y 合金晶粒尺寸较大，故二者的延伸率均较低。但由图 2-17 的铸态力学性能柱状图可以看出，Y 的添加使得 Mg-0.5Sn 合金的延伸率提高了近一倍，抗拉强度也由 102 MPa 提高到 114 MPa。

　　对于挤压态 Mg-0.5Sn 合金，微量添加的 Y 元素对其力学性能的改善更为明显。图 2-18 为挤压态 Mg-0.5Sn 与 Mg-0.5Sn-0.3Y 合金的真应力-真应变曲线，测得的力学性能数据统计见表 2-5。从图 2-18 和表 2-5 中可以看出，Mg-0.5Sn-0.3Y

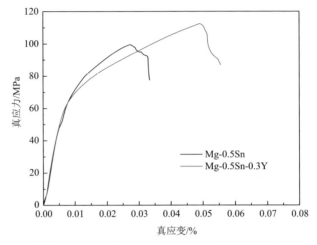

图 2-16 铸态 Mg-0.5Sn 与 Mg-0.5Sn-0.3Y 合金的真应力-真应变曲线

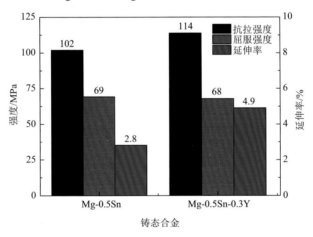

图 2-17 铸态 Mg-0.5Sn 与 Mg-0.5Sn-0.3Y 合金的力学性能柱状图

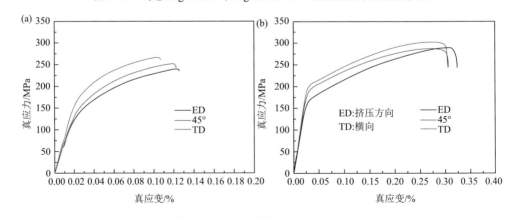

图 2-18 挤压态合金的真应力-真应变曲线：（a）Mg-0.5Sn；（b）Mg-0.5Sn-0.3Y

挤压板材三个方向上的各项力学性能均高于 Mg-0.5Sn。其中，延伸率的改善最为明显，Mg-0.5Sn-0.3Y 挤压板材沿三个方向（ED、45°方向、TD）的延伸率分别为 30.3%、28.1% 和 28.0%，相对于 Mg-0.5Sn 挤压板材分别提高了约 191%、181% 和 229%。抗拉强度也有明显提高，添加 Y 元素后，板材沿三个方向的抗拉强度分别提高了 49 MPa、35 MPa 和 36 MPa。

**表 2-5　挤压态板材沿 ED、45°方向和 TD 的室温拉伸力学性能 2**

| 合金 | 抗拉强度/MPa | | | 屈服强度/MPa | | | 延伸率/% | | |
|---|---|---|---|---|---|---|---|---|---|
| | 挤压方向 | 45° | 横向 | 挤压方向 | 45° | 横向 | 挤压方向 | 45° | 横向 |
| Mg-0.5Sn-真 | 239 | 251 | 266 | 130 | 137 | 157 | 10.4 | 10.0 | 8.5 |
| Mg-0.5Sn-工程 | 212 | 224 | 240 | 123 | 137 | 155 | 11.4 | 11.7 | 9.1 |
| Mg-0.5Sn-0.3Y-真 | 288 | 286 | 302 | 141 | 170 | 188 | 30.3 | 28.1 | 28.0 |
| Mg-0.5Sn-0.3Y-工程 | 217 | 225 | 256 | 132 | 169 | 167 | 36.6 | 33.5 | 33.4 |

### 2.3.4　Sn 和 Y 微合金化变形镁合金的晶粒细化机理

金属材料的晶粒细化可以有效地提高材料的强度和塑性。通过图 2-10 与图 2-11 可知，铸态的 Mg-0.5Sn 合金与 Mg-0.5Sn-0.3Y 合金的晶粒尺寸相差不大，但挤压过后，Mg-0.5Sn-0.3Y 合金的组织远细于 Mg-0.5Sn 合金，细化程度达到 77%。因此，接下来将分别从铸态和挤压态两个方面分析 Y 元素对 Mg-0.5Sn 合金显微组织的影响。

影响铸态镁合金晶粒细化的重要因素主要有两个，一个是溶质元素的溶质效应（solute effect），另一个是基体中第二相的异质形核[22]。溶质效应指的是金属熔体在凝固过程中，合金元素可以富集在固-液界面前沿，形成成分过冷区，从而阻碍枝晶的生长。不同的溶质元素阻碍晶粒生长的效果不同，其作用效果用生长抑制因子（growth restriction factor，GRF）表示。

$$GRF = \sum_i m_i c_{o,i} (k_i - 1) \tag{2-1}$$

式中，$m_i$ 为合金相图中液相线的斜率；$c_{o,i}$ 为溶质原子的浓度；$k_i$ 为该合金元素在合金体系中的溶质分配系数。通常对镁合金而言，GRF 值越大，晶粒细化效果越明显。表 2-6 为镁合金中常用的合金元素在 Mg 中的 GRF 值。从表 2-6 中可以看出，Sn 与 Y 在 Mg 中的 GRF 值分别只有 1.47 与 1.70，因此二者对镁合金的晶粒细化效果并不明显。

**表 2-6 镁合金中不同溶质元素的液相线斜率（$m$）、溶质分配系数（$k$）和生长抑制因子**

| 元素 | 液相线斜率 | 溶质分配系数 | 生长抑制因子 |
|------|-----------|-------------|-------------|
| Zr | 6.9 | 6.55 | 38.29 |
| Ca | −12.67 | 0.05 | 11.94 |
| Si | −9.25 | 0.00 | 9.25 |
| Ni | −6.13 | 0.00 | 6.13 |
| Zn | −6.04 | 0.12 | 5.13 |
| Cu | −5.37 | 0.02 | 5.28 |
| Ge | −4.41 | 0.00 | 4.41 |
| Al | −6.87 | 0.37 | 4.32 |
| Sc | 4.02 | 1.99 | 3.96 |
| Sr | −3.53 | 0.006 | 3.51 |
| Ce | −2.86 | 0.04 | 2.74 |
| Yb | −3.07 | 0.17 | 2.53 |
| Y | −3.40 | 0.5 | 1.70 |
| Sn | −2.41 | 0.39 | 1.47 |
| Sb | −2.75 | 0.62 | 1.03 |

合金元素加入熔体中生成的第二相可作为基体结晶形核的质点，其形核能力可以决定基体结晶开始时有效晶核的数量。根据金属结晶理论[23]，当镁基体与溶液中的第二相之间满足析出时间、尺寸形貌及晶体学错配度三个条件时，第二相可以作为镁基体异质形核的核心。这三个条件分别为：①在凝固过程中，第二相必须先于基体析出；②第二相析出后不能大面积地团聚，尺寸不能太大；③第二相与镁基体存在一定的晶体学关系。

通过 2.3.2 节的分析可知，Mg-0.5Sn-0.3Y 合金中的第二相主要是 $Sn_3Y_5$ 相，该相在铸态合金中以短杆状分布于晶粒内部。为了分析 Mg-0.5Sn-0.3Y 合金在凝固过程中基体与第二相析出的先后顺序，利用 DSC 仪测试得到了合金的凝固放热曲线，如图 2-19 所示。从图 2-19 中可以看出，DSC 曲线上出现了两个明显的放热峰，第一个峰始于 647℃，在 642℃ 达到峰值；第二个峰始于 545℃，在 524℃ 达到峰值。镁的理论结晶温度为 650℃，不在图 2-19 中两个峰范围内。但据合金凝固原理[24]，液态合金要发生形核长大是需要一定的过冷度的，因而相应的相变温度将低于理论凝固温度，故 DSC 曲线中的第一个峰应为 $\alpha$-Mg 结晶时的放热峰。第二个峰则是 $Sn_3Y_5$ 相析出时的放热峰。因此，Mg-0.5Sn-0.3Y 合金的凝固路径可描述如下：

$$液相 \rightarrow (647℃)\alpha\text{-}Mg \rightarrow (545℃)Sn_3Y_5$$

这表明，$Sn_3Y_5$ 相是在 $\alpha$-Mg 相结晶之后析出的，因此在凝固过程中，$Sn_3Y_5$ 相无法作为 $\alpha$-Mg 相异质形核的核心。

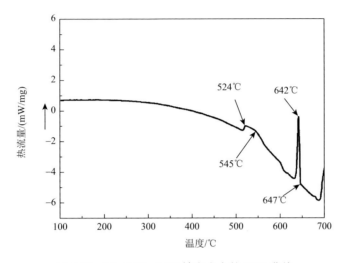

图 2-19　Mg-0.5Sn-0.3Y 铸态合金的 DSC 曲线

从图 2-10 与图 2-12 中可以看出，Mg-0.5Sn-0.3Y 合金经过 400℃挤压变形后，$Sn_3Y_5$ 相在挤压力的作用下发生破碎，呈细小的颗粒状，因此该相在动态再结晶的过程中可以作为异质形核的核心，但还需要进一步验证。

Zhang 等[25-30]提出的边-边匹配模型（edge-to-edge matching model）可预测合金体系中金属间化合物能否作为有效的晶粒细化剂。该模型简明清晰，且能直接通过基体与第二相的晶体学数据预测二者的取向关系，在实验中观察到的具体例子验证了该模型的适用性和普遍性[31-33]。边-边匹配模型认为，当一种化合物与基体的最密排原子方向或近密排原子方向的原子错配度（$f_r$）小于 10%，定义匹配的晶向为匹配方向；且最密排面或近密排面的晶面错配度（$f_d$）小于 10% 时（严格的边界条件为 6%），定义匹配的晶面为匹配面；同时保证匹配方向存在于匹配面上，此时便认为这种化合物可以作为一种有效的晶粒细化剂。$f_r$ 与 $f_d$ 可分别由以下公式得到[28, 29]：

$$f_d = \left| \frac{d_M - d_P}{d_M} \right| \times 100\% \tag{2-2}$$

$$f_r = \left| \frac{r_M - r_P}{r_M} \right| \times 100\% \tag{2-3}$$

式中，$d_M$、$d_P$ 分别为基体和第二相的晶面间距；$r_M$、$r_P$ 分别为基体和第二相的原子间距。通过验证，边-边匹配模型在挤压态合金中仍然适用[33-35]。所以要验证

Sn₃Y₅相在挤压过程中能否作为 $\alpha$-Mg 相动态再结晶异质形核的核心，关键是要找到 $\alpha$-Mg 基体与 Sn₃Y₅ 相的匹配面与匹配方向。

查找 PDF 卡片中的晶体学数据库[36]发现，$\alpha$-Mg 与 Sn₃Y₅ 均为 HCP 结构，且 $\alpha$-Mg 的三个最密排面或近密排面为 $\{10\bar{1}1\}_{Mg}$、$\{10\bar{1}0\}_{Mg}$ 和 $\{0002\}_{Mg}$，而 Sn₃Y₅ 的最密排面或近密排面为 $\{21\bar{3}1\}_{Sn_3Y_5}$、$\{11\bar{2}2\}_{Sn_3Y_5}$ 和 $\{21\bar{3}3\}_{Sn_3Y_5}$。因此，根据式（2-2）计算得到了四组晶面错配度小于 6% 的晶面，结果见表 2-7。

表 2-7  $\alpha$-Mg 与 Sn₃Y₅ 相之间的晶面错配度小于 6% 的匹配晶面

| 晶面对 | $\{10\bar{1}0\}_{Mg}$ / $\{21\bar{3}1\}_{Sn_3Y_5}$ | $\{0002\}_{Mg}$ / $\{11\bar{2}2\}_{Sn_3Y_5}$ | $\{0002\}_{Mg}$ / $\{21\bar{3}1\}_{Sn_3Y_5}$ | $\{10\bar{1}0\}_{Mg}$ / $\{11\bar{2}2\}_{Sn_3Y_5}$ |
|---|---|---|---|---|
| 晶面错配度/% | 2.65 | 0.96 | 1.73 | 5.33 |

在匹配面上的原子有两种排列方式：直线型与 Z 字型。在进行原子错配度的计算时，通常是基体的直线型原子与第二相的直线型原子匹配，而二者的 Z 字型原子相互匹配。对于直线型原子排列，当排列的原子为同类原子且间距相同时，原子间距是指相邻两个原子之间的距离；而当排列的原子种类不同或间距不等时，原子间距则是指一个周期内原子距离除以原子间距的数目。对于 Z 字型原子排列，原子间距是指"有效的原子间距"，如图 2-20 所示[37]。Z 字型原子排列的原子必须保证其中心至直线的垂直距离小于原子的半径，并保证匹配方向的直线穿过所有 Z 字型排列的原子，如图 2-21 所示[38]。在 Z 字型原子排列中，假设 A、B 和 C 原子为排列中的一组重复单元，在满足原子 A 与 B 在直线上的同时，还须满足以下条件：①至少有 2 个原子接触（如原子 A 和 C），另外 2 个原子接触或几乎接触（如原子 C 和 B）；②连线 AC 和 AB 的夹角 $\alpha \leqslant 30°$；③连线 AC 和 CB 的夹角 $\beta \geqslant 120°$；④连线 $CD \leqslant r$（$r$ 为 C 原子的半径）。

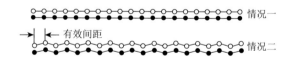

图 2-20  直线型原子排列和 Z 字型原子排列方式示意图[37]

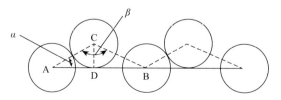

图 2-21  Z 字型原子排列满足条件的示意图[38]

$\alpha$-Mg 为典型的 HCP 结构，根据 HCP 晶体原子排列的规律，得到 $\{0002\}_{\text{Mg}}$ 与 $\{10\overline{1}0\}_{\text{Mg}}$ 两个晶面的原子排列，如图 2-22（a）与（b）所示。$\text{Sn}_3\text{Y}_5$ 相的晶体学数据如表 2-8 所示。根据这些晶体学数据，可绘制出 $\{21\overline{3}1\}_{\text{Sn}_3\text{Y}_5}$ 及 $\{11\overline{2}2\}_{\text{Sn}_3\text{Y}_5}$ 两个晶面的原子排列，如图 2-22（c）与（d）所示。图 2-22 上标示出的晶向为直线型排列。

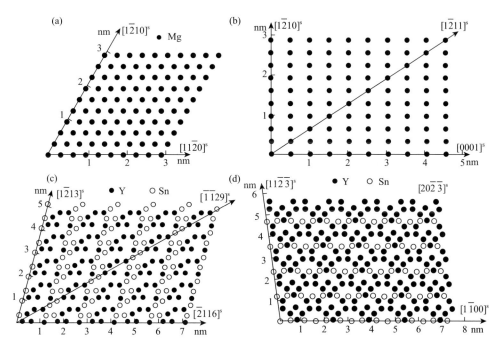

图 2-22 基体与第二相特定晶面的原子排列：（a）$\{0002\}_{\text{Mg}}$；（b）$\{10\overline{1}0\}_{\text{Mg}}$；（c）$\{21\overline{3}1\}_{\text{Sn}_3\text{Y}_5}$；
（d）$\{11\overline{2}2\}_{\text{Sn}_3\text{Y}_5}$

表 2-8　$\text{Sn}_3\text{Y}_5$ 相的晶体学数据

| 空间群 | 晶体结构 | Pearson 参数 | 晶格常数 | 原子坐标 |
|---|---|---|---|---|
| $P6_3/mcm$ | 六方 | hP16 | $a = b = 8.902$；$c = 6.536$ | Sn（0.61, 0, 0.25）；Y1（0.33, 0.67, 0）；Y2（0.25, 0, 0.25） |

根据边-边匹配模型中的式（2-3）计算得到了两组原子错配度小于 10% 的晶向，并将结果列入表 2-9 中。综上所述，可以得到 $\alpha$-Mg 与 $\text{Sn}_3\text{Y}_5$ 的晶体学关系，即：$\langle 0001 \rangle_{\text{Mg}}^{\text{s}} // \langle 11\overline{2}9 \rangle_{\text{Sn}_3\text{Y}_5}^{\text{s}}$；$\langle 0001 \rangle_{\text{Mg}}^{\text{s}} // \langle \overline{2}116 \rangle_{\text{Sn}_3\text{Y}_5}^{\text{s}}$；$\langle 0001 \rangle_{\text{Mg}}^{\text{s}} // \langle 11\overline{2}3 \rangle_{\text{Sn}_3\text{Y}_5}^{\text{s}}$。

通过以上的分析可以发现，$\text{Sn}_3\text{Y}_5$ 相不仅尺寸、分布上满足 Mg-0.5Sn-0.3Y 合金在挤压过程中动态再结晶时异质形核的要求，该相与镁基体在晶体学上的错配度也较小，满足晶体学的要求。因此，$Sn_3Y_5$ 相可以作为 Mg-0.5Sn-0.3Y 合金动态再结晶时异质形核的核心，也就是说，Mg-0.5Sn-0.3Y 挤压板材晶粒极为细小的原因是 $Sn_3Y_5$ 相在挤压过程中作为动态再结晶异质形核的核心，促进晶粒形核。

表 2-9   α-Mg 与 $Sn_3Y_5$ 相之间的原子错配度小于 10%的匹配晶向

| 原子方向对 | $\langle 0001 \rangle_{Mg}^x / \langle \overline{1}\,\overline{1}29 \rangle_{Sn_3Y_5}^x$ | $\langle 0001 \rangle_{Mg}^x / \langle \overline{2}116 \rangle_{Sn_3Y_5}^x$ | $\langle 0001 \rangle_{Mg}^x / \langle 11\overline{2}3 \rangle_{Sn_3Y_5}^x$ |
|---|---|---|---|
| 原子错配度/% | 3.38 | 0.04 | 7.28 |

在基体与第二相的晶体学关系中，$\{10\overline{1}0\}_{Mg}$ 与 $\{11\overline{2}2\}_{Sn_3Y_5}$ 两个晶面是近似平行的关系，但二者之间仍存在一定的角度。为了进一步优化 $α$-Mg 与 $Sn_3Y_5$ 的晶体学关系，引入了张文征教授等[39-42]提出的 $\Delta g$ 理论[39-42]。该理论认为，自然条件下生成的第二相有选择择优界面和位向关系的五维自由度。但是对于固定镁基体的第二相生长，其界面方位是一定的，第二相只能选择特定的位向关系和界面。第二相择优选择界面的原则如下[39]。

（1）第二相的择优界面通常有一定的周期性。

（2）基体与第二相可通过特定的位向关系使得界面上至少存在一对匹配良好的原子最密排方向。

（3）除以上两条规律之外，择优界面在倒易空间内至少有一组 $\Delta g$ 相互平行，且垂直于该界面。

$\Delta g$ 指的是基体与第二相的倒易矢量之差，在 $α$-Mg 与 $Sn_3Y_5$ 系统中则表示为 $g_{Mg}$ 和 $g_{Sn_3Y_5}$ 之差。在统一的直角坐标系下，$g_{Mg}$ 和 $g_{Sn_3Y_5}$ 满足以下关系：

$$g_{Sn_3Y_5} = (A^{-1})g_{Mg} \tag{2-4}$$

式中，$A$ 为变换矩阵。此时 $\Delta g$ 可以写为

$$\Delta g = g_{Mg} - g_{Sn_3Y_5} = T^{\mathrm{T}}g_{Mg} \tag{2-5}$$

式中，$T = I - A^{-1}$。最后，将倒易空间的数值转化为正空间的矢量关系：

$$x_{Sn_3Y_5} = Ax_{Mg} \tag{2-6}$$

对应一组平行 $\Delta g$ 的变换矩阵应为不变线应变，且此时 $|T| = 0$。实际计算 $A$ 的步骤如下。

首先，在倒空间中选取 Mg 与 $Sn_3Y_5$ 不在同一面上的三组相关倒易矢量，相关倒易矢量选取基于两个原则：选取指数较低的倒易矢量；至少存在两组 $\Delta g$ 接近平行。分别将相关矢量写成矩阵 $G_{Mg}^{Mg} = \left[ g_{Mg1}^{Mg} g_{Mg2}^{Mg} g_{Mg3}^{Mg} \right]^{\mathrm{T}}$ 和 $G_{Sn_3Y_5}^{Sn_3Y_5} = \left[ g_{Sn_3Y_5 1}^{Sn_3Y_5} g_{Sn_3Y_5 2}^{Sn_3Y_5} g_{Sn_3Y_5 3}^{Sn_3Y_5} \right]^{\mathrm{T}}$。

其次，在倒易空间内选取一个直角坐标系，将 $G_{Mg}^{Mg\mathrm{T}}$ 和 $G_{Sn_3Y_5}^{Sn_3Y_5\mathrm{T}}$ 中的倒易矢量在

坐标系中标出。图 2-23 为沿着 $[0001]_{Mg}//[11\overline{2}3]_{Sn_3Y_5}$ 晶带轴上的倒易点阵，得到相应的 $G_{Mg}=\left[g_{Mg1}g_{Mg2}g_{Mg3}\right]^T$ 和 $G_{Sn_3Y_5}^{Sn_3Y_5}=\left[g_{Sn_3Y_51}g_{Sn_3Y_52}g_{Sn_3Y_53}\right]^T$。对应的矢量在统一的一个直角坐标系中。

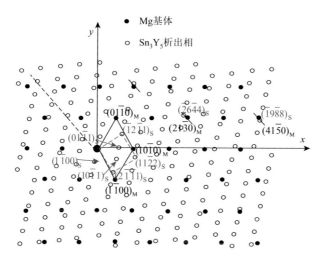

图 2-23　Mg 与 Sn$_3$Y$_5$ 相沿着 $[0001]_{Mg}//[11\overline{2}3]_{Sn_3Y_5}$ 晶带轴模拟的衍射斑，平行的短线表示 $\Delta g$，最长虚线表示惯习面；晶面上标出的 "M" 代表 Mg，"S" 代表 Sn$_3$Y$_5$

最后，为获得满足 $\Delta g$ 平行法则的位向关系，将 Sn$_3$Y$_5$ 相对应晶带轴的倒易点阵绕 $z$ 轴转动，直至其满足不变线应变的条件，最终使得 $|T|=0$。此时便可求出变换矩阵 $A$。计算变换矩阵 $A$ 所用到的转换公式在相关文献中已给出[42]。

沿着 $[0001]_{Mg}//[11\overline{2}3]_{Sn_3Y_5}$ 晶带轴模拟了基体与第二相的衍射斑。将镁基体的衍射斑固定不动，对 Sn$_3$Y$_5$ 相的衍射斑进行小角度的旋转之后得到了图 2-23。在图 2-23 的直角坐标系中，$x$ 轴与 $y$ 轴分别平行于镁基体的 $(100)_{Mg}$ 与 $(\overline{1}20)_{Mg}$，即 $(10\overline{1}0)_{Mg}$ 与 $(\overline{1}2\overline{1}0)_{Mg}$，$z$ 轴平行于 $[0001]_{Mg}$ 方向，即晶带轴的方向。其他相关点的选取如图 2-23 所示。为了使镁基体与 Sn$_3$Y$_5$ 相在倒易空间内的位置满足 $\Delta g$ 平行法则，让 Sn$_3$Y$_5$ 相绕 $z$ 轴旋转。为方便计算，将 Sn$_3$Y$_5$ 相转动的初始位置设定为 $(11\overline{2}2)_{Sn_3Y_5}$ 平行于 $x$ 轴。

当 Sn$_3$Y$_5$ 相绕 $z$ 轴转动至 $(10\overline{1}0)_{Mg}$ 与 $(11\overline{2}2)$ 夹角为 –14.98° 时，可使 $|T|=0$ 的条件成立，此时的位向满足 $\Delta g$ 平行法则[43, 44]。图 2-23 中将相关点连接起来的短线就是相应的 $\Delta g$，从图 2-23 中可以看出这些 $\Delta g$ 是互相平行的，这些短线均与图 2-23 中的虚线平行，该虚线表示的平面称为惯习面。最后得到 Mg 和 Sn$_3$Y$_5$ 晶体学关系的优化结果为：$\langle 0001\rangle_{Mg}//\langle 11\overline{2}3\rangle_{Sn_3Y_5}$；$(10\overline{1}0)_{Mg}$ 与 $(11\overline{2}2)_{Sn_3Y_5}$ 成 –14.98°。

### 2.3.5　Sn 和 Y 微合金化变形镁合金的强韧化机理

由 2.3.3 节可知，微量添加合金元素 Y 之后，Mg-0.5Sn 挤压板材沿 ED 上的强度提高了 49 MPa，延伸率提高了 191%，而对于 Mg-2.5Sn-0.3Y 挤压板材，虽然各向异性较 Mg-2.5Sn 有所提高，但综合力学性能远不及 Mg-0.5Sn-0.3Y。Y 元素对 Mg-0.5Sn 综合力学性能的改善效果远大于 Mg-2.5Sn，原因主要有以下两点：①在 Mg-0.5Sn 中添加 0.3 wt%的 Y 元素后，Sn 元素主要以三种形式存在于 Mg-0.5Sn-0.3Y 合金中，其一，固溶于镁基体中；其二，与 Y 元素生成 $Sn_3Y_5$ 相；其三，极少量形成 $Mg_2Sn$ 相。此时 Y 元素则以两种形式存在，一部分与 Sn 元素生成 $Sn_3Y_5$ 相，另一部分固溶于镁基体中。而在 Mg-2.5Sn 中添加相同含量的 Y 元素后，Y 几乎完全与 Mg、Sn 发生反应，生成 $Mg_2Sn$ 相或 Mg-Sn-Y 三元相。因此，Y 元素对成形性能的贡献非常小，这就使得 Mg-2.5Sn-0.3Y 挤压板材的延伸率不及 Mg-0.5Sn-0.3Y。②对比挤压态 Mg-0.5Sn-0.3Y 与 Mg-2.5Sn-0.3Y 合金的显微组织，可以发现，前者的晶粒尺寸不到后者的 1/3，较细的晶粒使得前者的强度及塑性均高于后者。

Mg-0.5Sn-0.3Y 合金中的 Sn 元素与 Y 元素均有部分固溶于镁基体中，通过前期对镁合金临界剪切强度的计算可知，这两个元素固溶于镁合金之后，均能降低镁合金非基面滑移与基面滑移的临界剪切应力的比值[19, 45]。这说明微量添加 Y 元素至 Mg-0.5Sn 合金后，合金在变形过程中非基面滑移所占的比重将会增加，这一点可通过宏观织构表现出来。图 2-24 是 Mg-0.5Sn 与 Mg-0.5Sn-0.3Y 挤压板材 (0002) 基面与 $(10\bar{1}0)$ 柱面的宏观织构图。从图 2-24 中可以看出，Mg-0.5Sn 挤压板材表现出较强的基面织构，最大极密度为 12.70，且 $(10\bar{1}0)$ 柱面上呈现的是相对随机的织构分布。这说明 Mg-0.5Sn 合金挤压过程中的变形模式以基面滑移为主，从而导致晶粒的 $c$ 轴几乎都与 ND 平行。这种强基面织构的板材对后续的塑性变形极为不利[46-48]。板材在进行室温拉伸时，沿 ED 及 TD 变形的施密特因子较大，沿 45°方向上的施密特因子较小，从而使其表现出强烈的各向异性。从表 2-5 列出的挤压态 Mg-0.5Sn 合金的力学性能数据可以看出，Mg-0.5Sn 挤压板材在沿 TD 方向的屈服强度明显大于 45°方向，且三个方向的延伸率均较低。

由图 2-24 可以看出，微量添加 Y 元素后，挤压板材 (0002) 面极图的最大极密度弱化了近 50%，同时弱取向织构的范围变宽。这说明有较多晶粒的 $c$ 轴沿 TD 发生了偏转。最大极密度的位置仍然在中心，说明 Mg-0.5Sn-0.3Y 合金在挤压过程中仍然以基面滑移为主。除此之外，Mg-0.5Sn-0.3Y 挤压板材在 $(10\bar{1}0)$ 柱面极图沿 ED 出现了明显的择优取向。这说明板材的大部分晶粒绕 $c$ 轴发生了转动，

使得 $(10\bar{1}0)$ 柱面与 TD-ND 面平行。基面织构的弱化以及柱面织构的有序化，再加上晶粒细化，使得 Mg-0.5Sn-0.3Y 挤压板材表现出优异的综合力学性能。

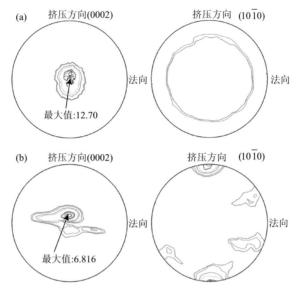

图 2-24　挤压板材的宏观织构：（a）Mg-0.5Sn 合金；（b）Mg-0.5Sn-0.3Y 合金

为了进一步解释 Mg-0.5Sn-0.3Y 挤压板材拥有优异力学性能的原因，同时分析板材在室温拉伸时的塑性变形行为，绘制了 Mg-0.5Sn 与 Mg-0.5Sn-0.3Y 挤压板材在室温拉伸时的加工硬化率曲线，如图 2-25 所示。从图 2-25 中可以看出，Mg-0.5Sn 与 Mg-0.5Sn-0.3Y 挤压板材在室温拉伸下的加工硬化行为有明显的差异：①经历的阶段不同。Mg-0.5Sn 合金的加工硬化率曲线只有一个阶段；而

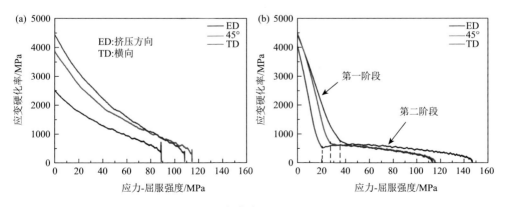

图 2-25　挤压态合金的加工硬化率曲线：（a）Mg-0.5Sn；（b）Mg-0.5Sn-0.3Y

Mg-0.5Sn-0.3Y 合金的则分为两个阶段，分别为加工硬化率随着应力急剧下降的第一阶段和平缓下降的第二阶段。②第一阶段的起始加工硬化率不同，斜率不同。Mg-0.5Sn 合金三个方向上的起始加工硬化率相差较大，而 Mg-0.5Sn-0.3Y 合金的相差较小，且 Mg-0.5Sn-0.3Y 合金第一阶段比 Mg-0.5Sn 合金陡峭得多。

经历不同的加工硬化阶段，说明二者在室温拉伸时经历的塑性变形机制不同。结合织构分析，Mg-0.5Sn 挤压板材有着较强的基面织构，三个方向上的室温拉伸均可看作板材受到垂直于晶粒 $c$ 轴方向的拉应力，这种情况下基面滑移的施密特因子几乎为零，极难发生基面滑移。此时 Mg-0.5Sn 挤压板材只能发生柱面 $\langle a \rangle$ 滑移。然而，室温下镁合金柱面 $\langle a \rangle$ 滑移的 CRSS 较高，使得板材进一步塑性变形较困难，这就是图 2-25（a）中三个方向的加工硬化率曲线的斜率均较小的原因。对于 Mg-0.5Sn-0.3Y 合金，其较弱的基面织构决定了板材有着一定数量非基面取向的晶粒，在沿三个方向进行室温拉伸时，非基面取向的晶粒发生基面滑移的施密特因子较大，较容易发生基面滑移。因此，该合金在屈服后发生了基面 $\langle a \rangle$ 滑移。室温下，镁合金基面 $\langle a \rangle$ 滑移的 CRSS 较低，使得板材的塑性变形较容易进行，这就是图 2-25（b）中三个方向上的加工硬化率曲线的第一阶段斜率均较大的原因。

Mg-0.5Sn-0.3Y 合金在加工硬化率曲线的第一阶段以基面滑移为主，在基面滑移以及拉伸力偶作用下晶粒发生转动，使得非基面取向的晶粒转变为具有基面织构特征的晶粒。此时的晶粒取向已不利于基面滑移，因而进入第二阶段。与 Mg-0.5Sn 合金的第一阶段类似，此时 Mg-0.5Sn-0.3Y 合金中的基面取向的晶粒只能发生柱面 $\langle a \rangle$ 滑移，下一步变形变得困难，因此第二阶段曲线明显要比第一阶段平缓得多。

Mg-0.5Sn 合金在室温拉伸时只经历了 CRSS 较高的柱面 $\langle a \rangle$ 滑移，而 Mg-0.5Sn-0.3Y 合金则经历了 CRSS 较低的基面 $\langle a \rangle$ 滑移与 CRSS 较高的柱面 $\langle a \rangle$ 滑移。较多的滑移系提供了较多的位错，从而减小变形抗力，就使得后者的室温延伸率明显高于前者。

## 2.4 总结

本章研究了 Y 微合金化、Sn 和 Y 元素复合微合金化对挤压变形镁合金组织和性能的影响。首先，对比分析了不同含量二元挤压态 Mg-Y 合金的组织、织构以及室温力学性能。然后，系统研究了微量 Y 元素对 Mg-2.5Sn 及 Mg-0.5Sn 挤压板材显微组织及力学行为的影响，同时利用边-边匹配模型分析了 Mg-0.5Sn-0.3Y 挤压板材的晶粒细化机理。主要结论如下。

（1）Mg-Y 挤压态合金基面织构均沿 ED 方向发生偏转形成双峰织构。随 Y 含量的增加，基面织构沿 ED 方向的偏转角逐渐增大，强度先增加后减小。固溶效果最好的 Y1 合金基极沿 ED 往 TD 方向偏转 18.7°～50.3°，且偏离 ND 方向 30°，即晶粒 c 轴与 ND 方向夹角为 30°。合金织构分布较为分散，且具有良好的对称性，力学性能也表现出良好的各向同性。同时，在 $\{10\overline{1}0\}$ 柱面投影图上出现了明显的沿 TD 方向的择优取向。综合力学性能最好的是 Y2 合金，其沿 ED 方向延伸率高达 35.2%，最小延伸率在 TD 方向也有 26.8%。

（2）在 Mg-2.5Sn 合金中添加 0.3 wt%的 Y 元素后，挤压板材的晶粒细化了约12%，板材沿 ED、45°方向、TD 上的延伸率由原始的 10.3%、11.4%与 9%提高到了 11.6%、11.8%与 10.2%。在 Mg-0.5Sn 合金的基础上添加相同含量的 Y 元素后，挤压板材的晶粒细化了约 77%，板材三个方向上的强度及延伸率均有明显的改善，沿 ED、45°方向与 TD 上的延伸率分别为 30.3%、28.1%和 28.0%，抗拉强度分别为 288 MPa、286 MPa 和 302 MPa，且各向异性明显降低。

（3）Y 元素对 Mg-2.5Sn 合金综合力学性能的改善效果远不如其对 Mg-0.5Sn 合金的改善效果，其原因在于：①Mg-2.5Sn-0.3Y 合金中的 Y 元素全部与 Mg、Sn 发生反应，Y 元素固溶无法有效提高合金的性能；②Mg-2.5Sn-0.3Y 挤压板材晶粒尺寸的大小约为 Mg-0.5Sn-0.3Y 挤压板材的 3 倍。Mg-0.5Sn-0.3Y 挤压板材的显微组织与力学性能得到明显改善的主要原因在于：①$Sn_3Y_5$ 颗粒在再结晶过程中的晶粒细化作用（板材晶粒尺寸只有约 4 μm）；②在镁基体中固溶的 Sn 与 Y 均能降低镁基体非基面滑移与基面滑移的 CRSS 比值，促进非基面滑移开启，从而改善合金的塑性。

## 参 考 文 献

[1]　Gao L，Chen R S，Han E H. Solid solution strengthening behaviors in binary Mg-Y single phase alloys [J]. Journal of Alloys and Compounds，2009，472（1）：234-240.

[2]　Sandlöbes S，Zaefferer S，Schestakow I. On the role of non-basal deformation mechanisms for the ductility of Mg and Mg-Y alloys [J]. Acta Materialia，2011，59（2）：429-439.

[3]　Sandlöbes S，Friák M，Dick A，et al. Complementary TEM and ab ignition study on the ductilizing effect of Y in solid solution Mg-Y alloys [C]. The 9th International Conference on Magnesium Alloys and Their Applications，2012：467-472.

[4]　Sandlöbes S，Friák M，Zaefferer S，et al. The relation between ductility and stacking fault energies in Mg and Mg-Y alloys [J]. Acta Materialia，2012，60（6-7）：3011-3021.

[5]　Sandlöbes S，Friák M，Neugebauer J，et al. Basal and non-basal dislocation slip in Mg-Y [J]. Materials Science and Engineering A，2013，576：61-68.

[6]　Sandlöbes S，Pei Z，Friák M，et al. Ductility improvement of Mg alloys by solid solution：*ab initio* modeling，synthesis and mechanical properties [J]. Acta Materialia，2014，70：92-104.

[7]　Planken V D J. Precipitation hardening in magnesium-tin alloys [J]. Journal of Materials Science，1969，4（10）：

927-929.

[8] Planken V D J，Deruyttere A. Solution hardening of magnesium single crystals by tin at room temperature [J]. Acta Metallurgica，1969，17（4）：451-454.

[9] Liu H M，Chen Y G，Tang Y B. The microstructure，tensile properties，and creep behavior of as-cast Mg-（1-10）%Sn alloys [J]. Journal of Alloys and Compounds，2007，440（1-2）：122-126.

[10] 刘红梅. Mg-5 wt%Sn 合金固溶时效机理和价电子结构的研究 [D]. 成都：四川大学，2007.

[11] 刘红梅，陈云贵，唐永柏，等. 热处理对 Mg-5 wt%Sn 合金组织与显微硬度的影响 [J]. 材料热处理学报，2007，28（1）：92-95.

[12] Uesugi T，Kohyama M，Kohzu M，et al. Effects of solute atoms on the stacking fault energy in magnesium from first principles [C]. The Proceedings of The Computational Mechanics Conference，2002，15：175-176.

[13] Zu Q，Guo Y F，Tang X Z. Analysis on dissociation of pyramidal Ⅰ dislocation in magnesium by generalized-stacking-fault energy [J]. Acta Metallurgica Sinica（English Letters），2015，28（7）：876-882.

[14] Zhang Q，Fan T W，Fu L，et al. *Ab-initio* study of the effect of rare-earth elements on the stacking faults of Mg solid solutions [J]. Intermetallics，2012，29：21-26.

[15] Muzyk M，Pakiela Z，Kurzydlowski K J. Generalized stacking fault energy in magnesium alloys：density functional theory calculations [J]. Scripta Materialia，2012，66（5）：219-222.

[16] Moitra A，Kim S G，Horstemeyer M F. Solute effect on the ⟨a + c⟩ dislocation nucleation mechanism in magnesium [J]. Acta Materialia，2014，75：106-112.

[17] Moitra A，Kim S G，Horstemeyer M F. Solute effect on basal and prismatic slip systems of Mg [J]. Journal of Physics-Condensed Matter，2014，26（44）：445004.

[18] Luo S Q，Tang A T，Pan F S，et al. Effect of mole ratio of Y to Zn on phase constituent of Mg-Zn-Zr-Y alloys [J]. Transactions of Nonferrous Metals Society of China，2011，21（4）：795-800.

[19] Zeng Y，Shi O，Jiang B，et al. Improved formability with theoretical critical shear strength transforming in Mg alloys with Sn addition [J]. Journal of Alloys and Compounds，2018，764：555-564.

[20] Gorny A，Bamberger M，Katsman A. High temperature phase stabilized microstructure in Mg-Zn-Sn alloys with Y and Sb additions [J]. Journal of Materials Science，2007，42（24）：10014-10022.

[21] Zhao H D，Qin G W，Ren Y P，et al. Microstructure and tensile properties of as-extruded Mg-Sn-Y alloys [J]. Transactions of Nonferrous Metals Society of China，2010，20：s493-s497.

[22] 陈振华. 变形镁合金 [M]. 北京：化学工业出版社，2005.

[23] 崔忠圻，刘北兴. 金属学与热处理原理 [M]. 哈尔滨：哈尔滨工业大学出版社，2007.

[24] Vítek V. Intrinsic stacking faults in body-centred cubic crystals [J]. Philosophical Magazine，1968，18（154）：773-786.

[25] Zhang M X，Kelly P M. Crystallography and morphology of Widmanstätten cementite in austenite [J]. Acta Materialia，1998，46（13）：4617-4628.

[26] Zhang M X，Kelly P M. Morphology and crystallography of Mg24Y5 precipitate in Mg-Y alloy [J]. Scripta Materialia，2003，48（4）：379-384.

[27] Zhang M X，Kelly P M，Qian M，et al. Crystallography of grain refinement in Mg-Al based alloys [J]. Acta Materialia，2005，53（11）：3261-3270.

[28] Zhang M X，Kelly P M. Edge-to-edge matching and its applications. part Ⅰ. Application to the simple HCP/BCC system [J]. Acta Materialia，2005，53（4）：1073-1084.

[29] Zhang M X，Kelly P M. Edge-to-edge matching and its applications. part Ⅱ. Application to Mg-Al，Mg-Y and

Mg-Mn alloys [J]. Acta Materialia, 2005, 53 (4): 1085-1096.

[30] Zhang M X, Kelly P M. Crystallographic features of phase transformations in solids [J]. Progress in Materials Science, 2009, 54 (8): 1101-1170.

[31] Jiang B, Zeng Y, Zhang M X, et al. The effect of addition of cerium on the grain refinement of Mg-3Al-1Zn cast alloy [J]. Journal of Materials Research, 2013, 28 (19): 2694-2700.

[32] Zeng Y, Jiang B, Huang D H, et al. Effect of Ca addition on grain refinement of Mg-9Li-1Al alloy [J]. Journal of Magnesium and Alloys, 2013, 1 (4): 297-302.

[33] Zeng Y, Jiang B, Zhang M X, et al. Effect of $Mg_{24}Y_5$ intermetallic particles on grain refinement of Mg-9Li alloy [J]. Intermetallics, 2014, 45: 18-23.

[34] Mcqueen H J. Development of dynamic recrystallization theory [J]. Materials Science and Engineering A, 2004, 387: 203-208.

[35] Jiang B, Zeng Y, Zhang M X, et al. Effects of Sn on microstructure of as-cast and as-extruded Mg-9Li alloys [J]. Transactions of Nonferrous Metals Society of China, 2013, 23 (4): 904-908.

[36] JCPDS. International Centre for Diffraction Data PCPDFWIN[EB/OL]. http://id.loc.gov/authorities/names/ n78034812, 2002.

[37] Zhang M X, Kelly P M, Easton M A, et al. Crystallographic study of grain refinement in aluminum alloys using the edge-to-edge matching model [J]. Acta Materialia, 2005, 53 (5): 1427-1438.

[38] 曹晔, 钟宁, 王晓东, 等. 边-边匹配晶体学模型及其应用: HCP/FCC 体系晶体学位向关系的预测 [J]. 上海交通大学学报, 2007, 41 (4): 586-591.

[39] Zhang W Z, Ye F, Zhang C, et al. Unified rationalization of the Pitsch and T-H orientation relationships between Widmanstätten cementite and austenite [J]. Acta Materialia, 2000, 48 (9): 2209-2219.

[40] 叶飞, 张文征, 张驰, 等. 魏氏组织渗碳体与奥氏体的 Pitsch 和 T-H 位向关系 [J]. 金属学报, 2000, 36 (7): 673-678.

[41] Ye F, Zhang W Z. Coincidence structures of interfacial steps and secondary misfit dislocations in the habit plane between Widmanstätten cementite and austenite [J]. Acta Materialia, 2002, 50 (11): 2761-2777.

[42] 朱玉满, 张文征, 叶飞. $\beta$-FeSi₂/Si 薄膜位向关系的计算 [J]. 材料科学与工程学报, 2003, 21 (5): 635-639.

[43] Zhang W Z, Purdy G R. O-lattice analyses of interfacial misfit. I. General considerations [J]. Philosophical Magazine, 1993, 68 (2): 279-290.

[44] Zhang W Z, Purdy G R. O-lattice analyses of interfacial misfit. II. Systems containing invariant lines [J]. Philosophical Magazine, 1993, 68 (2): 291-303.

[45] Sun K, Zeng Y, Yin D, et al. Quantitative study on slip/twinning activity and theoretical critical shear strength of Mg alloy with Y addition [J]. Materials Science and Engineering A, 2020, 792: 139801.

[46] Hwang Y M, Tzou G Y. Analytical and experimental study on asymmetrical sheet rolling [J]. International Journal of Mechanical Sciences, 1997, 39 (3): 289-303.

[47] Hwang Y M, Tzou G Y. An analytical approach to asymmetrical hot-sheet rolling considering the effects of the shear stress and internal moment at the roll gap [J]. Journal of Materials Processing Technology, 1995, 52 (2-4): 399-424.

[48] 杨青山. 镁合金挤压板材的组织及力学性能研究 [D]. 重庆: 重庆大学, 2013.

# 第3章

## 微合金化 Mg-Sn-Y-Zn 合金的组织与性能

Mg-Sn 基合金具有良好的高温抗蠕变性能,近年来引起了人们的广泛关注。最近的研究表明,Mg-Sn 基合金可以充分应用于诸如挤压等热机械加工。大量的研究工作主要集中在通过添加如 Ca[1]、Al[2]、Zn[3]、Ag[4]、Cu[5] 和 RE[6] 等合金元素来提高含有高含量 Sn 元素的 Mg-Sn(Sn>1 wt%)基合金的抗拉强度。然而,对于提高 Mg-Sn 基合金的延伸率和杯突成形性能的讨论很少。Suh 等[7]研究了 Mg-1Sn-3Al(wt%)合金在室温下的杯突成形性能,指出 Mg-1Sn-3Al 合金呈现出很高的 IE 值(约为 10 mm)。综上所述,低含量 Mg-Sn-RE 合金在室温下具有高塑性和高杯突成形性能的潜力。

此外,在 Mg-Sn-RE 合金中,除 RE 元素外,Zn 元素的添加对拉伸成形性能的提高也起着至关重要的作用。Kim 等[8]研究发现,加入微量的 Zn(Zn≤1.0 wt%)元素形成了沿 TD 方向分布的织构类型,提高了 Mg-0.2 wt% Ce 合金在室温下的杯突成形性能。同时,Zn 元素对提高合金的强度也有积极的影响。Tang 等[9]指出,在 Mg-5.0 wt% Sn 合金中添加 Zn 元素,生成了大量细小的 $Mg_2Sn$ 和 MgZn 相,起到了弥散强化的作用。因此,本章一方面系统对比研究微合金化 Mg-0.4Sn-0.7Y(TW00,wt%)合金和商业 AZ31 合金在热挤压和热轧退火条件下的组织、织构以及室温力学和成形性能;另一方面,将微量的 Zn 元素加入 TW00 合金中,期望获得较高杯突成形性能的同时,提高其拉伸力学性能。

## 3.2 微合金化 Mg-Sn-Y 合金

### 3.2.1 微合金化 Mg-Sn-Y 合金的制备

本节采用国产的中频感应炉设备制备微量 Mg-Sn-Y 合金。所用的实验原材料为纯 Mg 锭（≥99.99%）、纯 Sn 颗粒（≥99.8%）和 Mg-30 wt% Y 中间合金。具体的熔炼过程如下：在 $SF_6$ 气体和 $CO_2$ 混合气体（混合体积比是 1∶99）保护气氛下，进行合金熔炼，熔炼温度设置为 730℃；依次放入原材料，搅拌并静置 5 min；待原材料完全熔化后，在 730℃静置 20 min，然后将熔体浇注入预热至 250℃的钢模中，在空气中冷却后获得所需的合金铸锭。采用日本岛津公司生产的 XRF-1800 CCDE 型 X 射线荧光光谱仪，测定出合金铸锭的实际化学成分为 Mg-0.4Sn-0.7Y（TW00，wt%）。

利用线切割将铸造的 TW00 合金和商业的 AZ31 合金（作为对照组）切成直径为 80 mm，高度为 60 mm 的圆柱铸锭。在挤压前，圆柱铸锭将在 400℃下进行 12 h 的均匀化处理。然后将铸锭放入 XJ-500 卧式挤压机进行挤压。挤压温度为 400℃，挤压速度为 3 mm/s，挤压比为 52∶1。挤压后获得厚度为 2 mm 的 TW00 挤压板材。另外，将铸造的 TW00 合金和商业的 AZ31 合金加工成矩形板进行轧制。在轧制前，试样在 400℃下进行 12 h 的均匀化处理。轧辊预热至 160℃。试样在 400℃预热 15 min 后进行轧制，每道工序的轧制压下量为 20%。每道工序结束后，将轧制试样重新加热至 400℃并保持 5 min，以保持轧制温度的一致性。反复轧制后，试样由原来的厚度 3 mm 变为 1 mm 的轧制薄板。轧制后的板材分别在 250℃、300℃、350℃和 400℃退火 1 h，然后经过水淬，获得轧制退火态 TW00 和 AZ31 板材。制备流程如图 3-1 所示。

### 3.2.2 微合金化 Mg-Sn-Y 合金再结晶组织和织构

图 3-2 对比了挤压态 TW00 和 AZ31 板材的显微组织和织构特征。挤压态 TW00 和 AZ31 板材分别被命名为 TW00-E 和 AZ31-E 板材。从图 3-2 中可以观察到 AZ31-E 板材发生不完全动态再结晶。显微组织由沿 ED 方向的粗大变形晶粒和细小的动态再结晶晶粒组成，其平均晶粒尺寸约为 9 μm。TW00-E 板材表现出均匀的完全动态再结晶组织特征，平均晶粒尺寸约为 12 μm。此外，与典型的强基面织构 AZ31 板材相比，由于稀土元素 Y 的添加，TW00-E 板材在（0002）极图上呈现出明显的双峰织构特征。其最大极密度沿 ED 方向发生±20°偏移，最大极密度为 15.32。这种双峰织构是典型的 Mg-RE 合金挤压或轧制后的织构特征[10]。

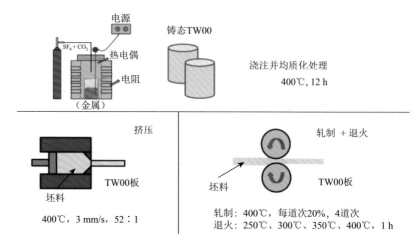

图 3-1 挤压 TW00 板材和轧制退火 TW00 板材的制备流程

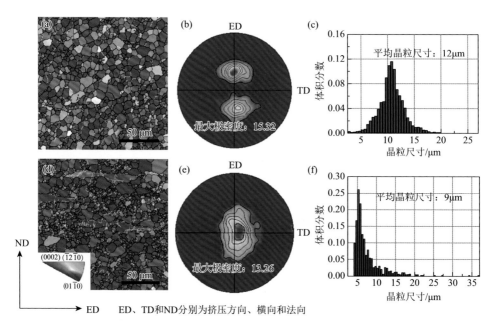

图 3-2 TW00-E 和 AZ31-E 板材的组织和织构特征：（a）、（d）TW00-E 和 AZ31-E 板材的 EBSD 图；（b）、（e）TW00-E 和 AZ31-E 板材的（0002）极图；（c）、（f）TW00-E 和 AZ31-E 板材的晶粒尺寸分布图

  图 3-3（a）和（b）为热轧 TW00 和 AZ31 板材在 ED-TD 面上的显微组织。热轧 TW00 和 AZ31 板材分别被命名为 TW00-R 和 AZ31-R 板材。从图 3-3（a）中可以观察到，TW00-R 板材的显微组织中包含大量的孪晶和变形晶粒。但是，在 AZ31-R 板材中，细小的动态再结晶晶粒占主要部分，仅观察到极少孪晶，如

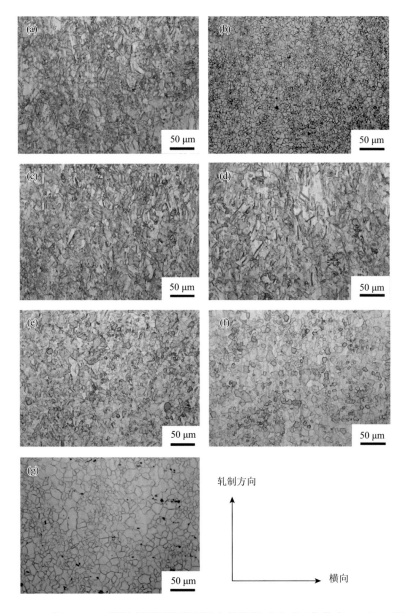

图 3-3　TW00-R 和 AZ31-R 板材在不同温度下退火的组织:(a)、(b)热轧态 TW00-R 和 AZ31-R
板材的金相组织;(c)～(f)不同温度下退火的 TW00-RA-250、TW00-RA-300、TW00-RA-350、
TW00-RA-400 板材的金相组织;(g)在 400℃退火后,AZ31-RA-400 板材的金相组织

图 3-3（b）所示。这样显著的晶粒细化主要是由于热轧过程中的动态再结晶和热
轧间歇预热过程中的静态再结晶的共同作用。显然,两种热轧合金存在不同的
变形和再结晶行为,这是由不同的合金元素所造成的差异。在 Sanjari 等的研究

中[6]，热轧 Mg-Zn-Ce 合金中也含有较多的孪晶、变形晶粒和剪切带，而在热轧 AZ31 合金的组织中，这些变形组织完全消失，取而代之的则是完全的动态再结晶晶粒。这个结果与观察到的现象是一致的。

图 3-3（c）～（g）为不同温度下退火后热轧 TW00-R 和 AZ31-R 板材的 RD-TD 面的显微组织。其中，250℃、300℃、350℃和 400℃退火 1 h 后的热轧 TW00 板材分别被命名为 TW00-RA-250、TW00-RA-300、TW00-RA-350 和 TW00-RA-400；在 400℃下退火的热轧 AZ31 板材被命名为 AZ31-RA-400。退火后，热轧板的变形组织逐渐消除，静态再结晶晶粒逐渐增加。例如，在 250℃退火后，TW00-RA-250 板材中仍然保留着热轧时的变形组织，如图 3-3（c）所示。随着退火温度的升高，静态再结晶晶粒可能在孪晶界[6, 11, 12]、晶界[6, 13]、孪晶内部[6, 11]或具有梯度应变的形变晶粒处[6]形核。在 400℃退火后，变形组织最终消失，TW00-RA-400 板材呈现出完全的静态再结晶晶粒，如图 3-3（f）所示。另外，AZ31-RA-400 板材在 400℃退火后没有发生明显的晶粒长大，仍然保留着较为细小的等轴晶粒，如图 3-3（g）所示。

图 3-4 展示了热轧 TW00-R 和 AZ31-R 板材在 400℃退火后的组织和织构特征。如图 3-4 所示，二者均呈现出完全静态再结晶组织特征，与金相观察的结果一致。TW00-RA-400 和 AZ31-RA-400 板材的平均晶粒尺寸分别为 14 μm 和 15 μm。然而，

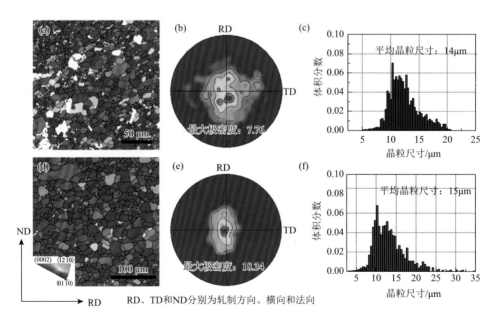

RD、TD 和 ND 分别为轧制方向、横向和法向

图 3-4 TW00-RA-400 和 AZ31-RA-400 板材的组织和织构：（a）、（d）TW00-RA-400 和 AZ31-RA-400 板材的 EBSD 图；（b）、（e）TW00-RA-400 和 AZ31-RA-400 板材的（0002）极图；（c）、（f）TW00-RA-400 和 AZ31-RA-400 板材的晶粒尺寸分布图

在（0002）极图中，TW00-RA-400 与 AZ31-RA-400 板材之间存在明显的差异。AZ31-RA-400 试样呈现出与挤压态 AZ31 相类似的强基面织构特征，如图 3-4（e）所示，最大极密度为 18.34。而 TW00-RA-400 板材表现出最大极密度较弱且取向较为分散的基面织构特征，如图 3-4（b）所示，最大极密度为 7.76。显然，合金元素的差异也导致热轧 TW00-R 和 AZ31-R 板材经退火处理后表现出明显的不同。

　　图 3-5 展示了利用扫描电镜观察和分析在 TW00-E、TW00-RA-400、AZ31-E、AZ31-RA-400 板材的 ED（RD）-ND 面的第二相分布、数量和成分。如图 3-5（a）和图 3-5（e）所示，一方面，在 TW00-E 板材中，发现存在两种类型的第二相，一种是圆球颗粒状，其颗粒尺寸约为 2 μm；另一种是短杆状，其长度方向的尺寸约为 10 μm。在 TW00-RA-400 板材中，同样存在这两种颗粒状和短杆状的第二相，它们无序地分布于基体中，如图 3-5（b）和图 3-5（f）所示。在图 3-5（e）和（f）中分别对颗粒状（A）和短杆状（B）第二相进行 SEM-EDS 分析，由 EDS 结果可知，颗粒状的第二相可以认为是 $Sn_3Y_5$ 相，因为 Sn 和 Y 的原子比接近 3∶5。而短杆状第二相可以认为是未知相，其中 Mg、Sn 和 Y 的组成接近 1∶1∶1。根据 Gorny 等[14]的研究和 Zhao 等[5]的相图测定，未知相被确认为 MgSnY 相。据统计，在 TW00-E 和 AZ31-RA-400 板材中，这些相的数量分别约占总面积的 1% 和 0.8%，如图 3-5（c）和图 3-5（d）所示。另外，在 AZ31-E 和 AZ31-RA-400 板材中，从 SEM-BSE 图像中并没有观察到任何第二相，如图 3-5（g）和（h）所示。

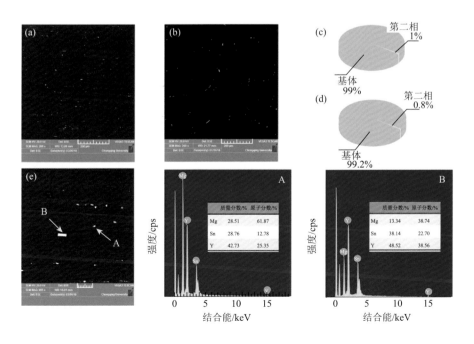

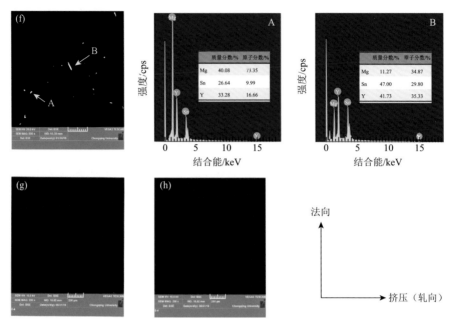

图 3-5 四种板材的 SEM-BSE 图像以及 SEM-EDS 结果：(a) TW00-E 板材；(b) TW00-RA-400 板材；(c)、(d) 分别为 TW00-E 和 AZ31-RA-400 板材中第二相所占的面积占总面积的比例；(e)、(f) 分别为图 (a) 和 (b) 的高倍放大图，并展示了图中 A 和 B 对应第二相的 SEM-EDS 结果；(g)、(h) 分别为 AZ31-E 和 AZ31-RA-400 板材

此外，为了进一步鉴定 TW00-E、TW00-RA-400、AZ31-E 和 AZ31-RA-400 板材中相组成，对四种板材进行 XRD 物相鉴定分析，如图 3-6 所示。在 XRD 图

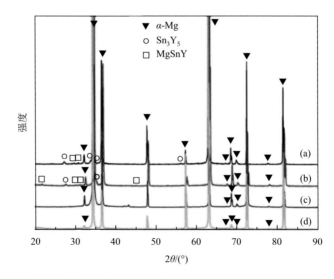

图 3-6 四种板材的 XRD 结果：(a) TW00-E；(b) TW00-RA-400；(c) AZ31-E；(d) AZ31-RA-400

谱中，可以清楚地看到，TW00-E 和 TW00-RA-400 板材由 α-Mg、$Sn_3Y_5$ 和 MgSnY 相组成。然而，在 AZ31-E 和 AZ31-RA-400 板材中，仅仅呈现出 α-Mg 的衍射峰，没有任何第二相衍射峰出现。这与扫描观察的结果是一致的。由于在这四种板材中，第二相的数量极少，因此，它们对四种板材的力学性能和成形性能的影响可以忽略不计。

### 3.2.3 微合金化 Mg-Sn-Y 合金室温力学和成形性能

图 3-7 呈现了在室温下 TW00-E、TW00-RA-400、AZ31-E 和 AZ31-RA-400 板材沿 0°、45°以及 90°三个拉伸方向上的工程应力-应变曲线。与 AZ31-E 和 AZ31-RA-400 板材相比，TW00-E 和 TW00-RA-400 板材在三个拉伸方向上均表现出较低的屈服强度和较高的断后延伸率。具体的力学性能数据如表 3-1 所示。挤压后，TW00-E 板材沿 ED 方向的屈服强度最低，仅为 90.9 MPa，断后延伸率最高，约为 39.7%。TW00-E 板材的平均屈服强度和断后延伸率分别约为 108.6 MPa

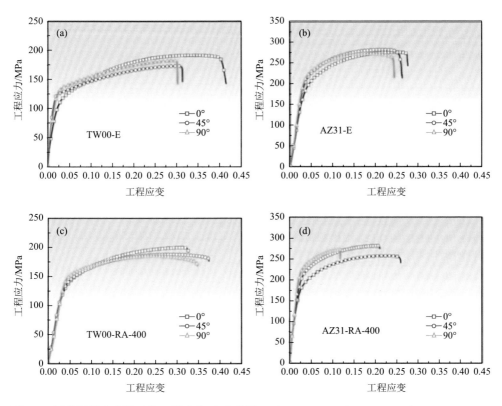

图 3-7　四种板材在室温下的工程应力-应变曲线：(a)TW00-E；(b)AZ31-E；(c)TW00-RA-400；(d) AZ31-RA-400

和32.6%。与TW00-E板材相比,AZ31-E板材的平均屈服强度增加到约186.2 MPa,平均断后延伸率降低到约23.0%。经热轧退火处理后,TW00-RA-400板材的平均屈服强度比TW00-E板材略高,约为117.8 MPa,平均断后延伸率比TW00-E板材略低,约为31.9%。然而,与AZ31-E板材相比,AZ31-RA-400板材的平均屈服强度略高(约为189.6 MPa),但是平均断后延伸率大大降低(约为17.1%)。总而言之,室温下,TW00-E和TW00-RA-400板材的平均断后延伸率高于AZ31-E和AZ31-RA-400板材,但是,平均屈服强度低于AZ31-E和AZ31-RA-400板材。

**表3-1 TW00-E、AZ31-E、TW00-RA-400和AZ31-RA-400板材沿0°、45°和90°三个方向的室温拉伸力学性能、$r$值和$n$值**

| | 屈服强度/MPa | | | 抗拉强度/MPa | | | 断后延伸率/% | | |
|---|---|---|---|---|---|---|---|---|---|
| | 0° | 45° | 90° | 0° | 45° | 90° | 0° | 45° | 90° |
| TW00-E | 90.9 | 115.4 | 119.6 | 191.9 | 173.6 | 182.5 | 39.7 | 29.8 | 28.3 |
| AZ31-E | 173.1 | 190.7 | 194.7 | 276.7 | 282.8 | 272.6 | 24.4 | 23.1 | 21.4 |
| TW00-RA-400 | 110.5 | 109.9 | 133.1 | 199.5 | 187.6 | 184.5 | 29.7 | 34.7 | 31.2 |
| AZ31-RA-400 | 170.2 | 190.2 | 208.4 | 257.3 | 281.1 | 271.5 | 23.5 | 18.5 | 9.4 |

| | $r$值 | | | $n$值 | | |
|---|---|---|---|---|---|---|
| | 0° | 45° | 90° | 0° | 45° | 90° |
| TW00-E | 1.08 | 1.12 | 0.87 | 0.41 | 0.33 | 0.31 |
| AZ31-E | 2.01 | 2.34 | 2.54 | 0.30 | 0.26 | 0.22 |
| TW00-RA-400 | 1.36 | 1.65 | 1.45 | 0.35 | 0.30 | 0.27 |
| AZ31-RA-400 | 2.21 | 2.40 | 3.04 | 0.27 | 0.25 | 0.20 |

晶粒尺寸和织构是影响镁合金强度和塑性的两个重要因素。根据Hall-Petch关系,晶粒细化可以有效提高镁合金的屈服强度。但根据施密特规律,基面滑移与材料屈服强度之间的关系如下[15]:

$$\sigma_{YS} \propto (1/SF_{basal})\tau_{CRSS} \qquad (3-1)$$

式中,$\sigma_{YS}$为材料的屈服强度;$SF_{basal}$为基面滑移的施密特因子;$\tau_{CRSS}$为基面滑移的临界剪切应力。由此可知,室温下$SF_{basal}$越大,材料的屈服强度越低,这表明晶粒细化和织构弱化是相互对立的。图3-8(a)展示了TW00-E、TW00-RA-400、AZ31-E和AZ31-RA-400板材的平均晶粒尺寸、基面滑移平均施密特因子与平均屈服强度之间的关系。从图3-8(a)中可以看出,板材的屈服强度与基面滑移平均施密特因子成反比,而与平均晶粒尺寸没有明显的规律。这说明织构弱化对降低屈服强度的影响比晶粒细化对提高屈服强度的影响更明显。与此同时,也比较了

TW00-E、TW00-RA-400、AZ31-E 和 AZ31-RA-400 板材的平均晶粒尺寸、基面滑移平均施密特因子与平均断后延伸率之间的关系，如图 3-8（b）所示。一般来说，晶粒细化对协调晶界变形和提高延展性起着至关重要的作用。然而，在本研究中，降低平均晶粒尺寸很难有效地遵循上述规律。根据施密特规律，基面滑移与材料延伸率之间的关系如下[15]：

$$\varepsilon_f \propto \gamma \cdot \mathrm{SF}_{\mathrm{basal}} \tag{3-2}$$

本式也可以表示材料的断后延伸率，$\gamma$ 为剪切应变。由此可知，室温下的 $\mathrm{SF}_{\mathrm{basal}}$ 值越大，材料的断后延伸率越高。然而在图 3-8（b）中，基面滑移平均施密特因子与平均断后延伸率的关系非常符合施密特定律。因此，相比于晶粒细化，织构弱化对塑性的提高起着主导作用。

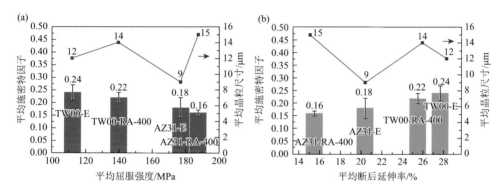

图 3-8　四种板材的平均晶粒尺寸、基面滑移平均施密特因子、平均断后延伸率和平均屈服强度之间关系：（a）TW00-E、TW00-RA-400、AZ31-E 和 AZ31-RA-400 板材的平均晶粒尺寸、基面滑移平均施密特因子与平均屈服强度之间的关系；（b）TW00-E、TW00-RA-400、AZ31-E 和 AZ31-RA-400 板材的平均晶粒尺寸、基面滑移平均施密特因子与平均断后延伸率之间的关系

通过拉伸试验测定了 TW00-E、TW00-RA-400、AZ31-E 和 AZ31-RA-400 板材沿 0°、45°以及 90°三个拉伸方向上的 $r$ 值和 $n$ 值，结果如表 3-1 所示。可以看出，在三个拉伸方向上，TW00-E 和 TW00-RA-400 板材的 $n$ 值均高于 AZ31-E 和 AZ31-RA-400 板材。TW00-E 和 TW00-RA-400 板材的平均 $n$ 值大于 0.3，但 AZ31-E 和 AZ31-RA-400 板材的平均 $n$ 值仅为 0.24～0.26。较高的 $n$ 值有利于提高板材的应变硬化能力，减少局部的应力集中。与此同时，在三个拉伸方向上，TW00-E 和 TW00-RA-400 板材的 $r$ 值均低于 AZ31-E 和 AZ31-RA-400 板材。TW00-E 和 TW00-RA-400 板材的平均 $r$ 值接近 1，但 AZ31-E 和 AZ31-RA-400 板材的平均 $r$ 值超过 2，这表明在拉伸变形过程中 TW00-E 和 TW00-RA-400 板材协调厚度方向应变的能力大于 AZ31-E 和 AZ31-RA-400 板材。

TW00-E、TW00-RA-400、AZ31-E 和 AZ31-RA-400 板材在室温下的杯突成形

的测试结果如图 3-9 所示。从图 3-9 中可以看出，TW00-E 板材的 IE 值（6.2 mm）略大于 TW00-RA-400 板材的 IE 值（5.4 mm）。然而，AZ31-E 和 AZ31-RA-400 板材的 IE 值分别只有 2.9 mm 和 2.0 mm。显然，这样的结果与所测定的板材的 $n$ 值和 $r$ 值相对应。与 AZ31-E 和 AZ31-RA-400 相比，具有较高的 $n$ 值和较低的 $r$ 值的 TW00-E 和 TW00-RA-400 板材表现出较高的杯突成形能力。尤其是 TW00-E 板材。根据大量的文献报道和本章的研究结果，Sn 元素和稀土 Y 元素的添加能够有效地弱化织构，在成形过程中引发大量基面滑移的激活和非基面滑移的开启。这些基面滑移和非基面滑移的激活在很大程度上提高了板材在厚度方向上的变形，降低 $r$ 值，使得杯突成形性能得到提高。

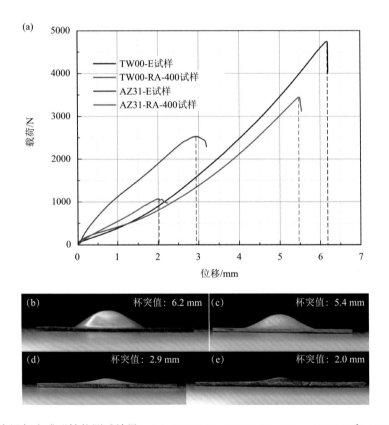

图 3-9　室温杯突成形性能测试结果：（a）TW00-E、TW00-RA-400、AZ31-E 和 AZ31-RA-400 板材在杯突成形过程中的载荷-位移曲线；（b）~（e）分别为 TW00-E、TW00-RA-400、AZ31-E 和 AZ31-RA-400 板材在杯突成形测试后的外观

　　图 3-10 展示了 TW00-E 和 TW00-RA-400 板材在室温下的平均断后延伸率和 IE 值之间的关系，并与典型镁合金板材的数据进行比较[7, 16-22]。如图 3-10 所示，

除 Mg-Gd-Zn 合金外，TW00-E 和 TW00-RA-400 板材的平均断后延伸率均高于典型的镁合金。TW00-E 和 TW00-RA-400 板材的 IE 值明显高于 AZ31 和 Mg-0.2Ce 合金，但略低于 Mg-Zn-RE 合金。在室温下保持良好的塑性和成形性能之间的平衡是实现高性能镁合金和扩展其工业应用的必要条件。在这里，TW00 合金通过挤压或热轧退火在很大程度上满足了这一要求。因此，具有高塑性和高成形性能的 TW00 合金板材具有广阔的应用前景。

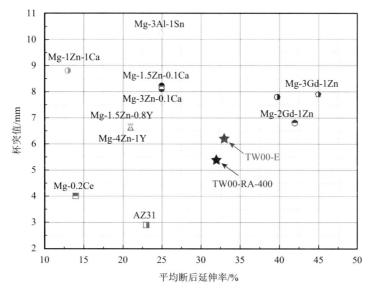

**图 3-10**　TW00-E 和 TW00-RA-400 板材在室温下的平均断后延伸率和 IE 值之间的关系，并与典型镁合金板材的数据进行比较[7, 16-22]

## 3.3　微合金化 Mg-Sn-Y-Zn 合金

### 3.3.1　微合金化 Mg-Sn-Y-Zn 合金的制备

Mg-Sn-Y-Zn 合金制备所用实验原材料为纯 Mg 锭（≥99.99%）、纯 Sn 颗粒（≥99.8%）、纯 Zn 颗粒（≥99.8%）和 Mg-30 wt% Y 中间合金。具体的熔炼过程如下：在 $SF_6$ 气体和 $CO_2$ 混合气体（混合体积比是 1：99）保护气氛下，进行合金熔炼，熔炼温度设置为 730℃；依次放入原材料，搅拌并静置 5 min；待原材料完全熔化后，在 730℃ 静置 20 min，然后将熔体浇注入预热至 250℃ 的钢模中，在空气中冷却后获得所需的合金铸锭。采用日本岛津公司生产的 XRF-1800 CCDE 型 X 射线荧光光谱仪，测定合金铸锭的实际化学成分为 Mg-0.4Sn-0.7Y-0.6Zn（TWZ000，wt%）。

利用线切割将铸造的 TWZ000 合金锭坯切成直径为 80 mm，宽度为 60 mm 的圆柱。在挤压前，圆柱铸锭将在 400℃下进行 12h 的均匀化处理。然后，将铸锭放入 XJ-500 卧式挤压机进行挤压。挤压温度为 400℃，挤压速度为 3 mm/s，挤压比为 52：1。挤压后获得厚度为 2 mm 的 TWZ000 挤压板材。

### 3.3.2　微合金化 Mg-Sn-Y-Zn 合金的动态再结晶和织构演变

图 3-11 展示了挤压态 Mg-0.4Sn-0.7Y-0.6Zn（TWZ000，wt%）板材显微组织的 EBSD 图、（0002）极图、晶粒尺寸分布、第二相分布和第二相成分。如图 3-11 （a）

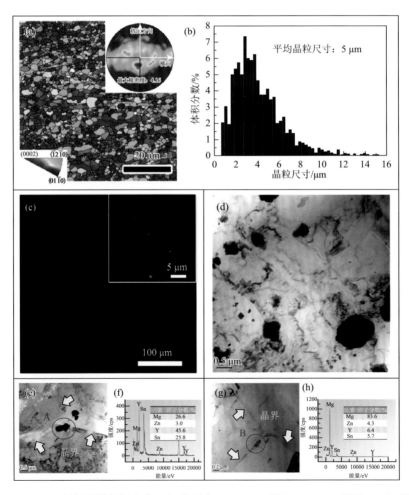

**图 3-11**　TWZ000 板材显微组织和第二相的观察：（a）IPF 图和（0002）极图；（b）晶粒尺寸分布图；（c）SEM 图像；（d）TEM 图像；（e）、（g）局部高倍放大图；（f）、（h）A 和 B 相的 EDX 结果

和（b）所示，TWZ000 板材呈现出完全的动态再结晶组织特征，其平均晶粒尺寸约为 5 μm。与挤压态 TW00 板材相比，其平均晶粒尺寸小于挤压态 TW00 板材（12 μm）。TWZ000 板材的微观织构与 Mg-Zn-Ca[20] 和 Mg-Zn-RE[18] 板材非常相似，可以被描述为椭圆环形织构特征，其极密度沿 ED 方向发生±20°的偏移，沿 TD 方向发生±45°的偏移。与 TW00 板材相比，加入 Zn 元素后织构类型发生明显改变，由沿 ED 方向的双峰织构转变为沿 TD 方向扩展的椭圆环形织构类型，并且最大极密度也随之降低，由 15.32 降低至 4.16。

在低倍观察下，SEM 图像没有明显的第二相出现。然而，在高放大倍数下，可以隐约观察到一些尺寸小于 1 μm 的颗粒状第二相，如图 3-11（c）所示。为了分析这些细小第二相的组成，XRD 结果如图 3-12 所示。可以清楚地观察到，TWZ000 板材可能由 MgSnY、$MgZn_2$ 和 $Mg_2Zn_{11}$ 相组成。此外，为了进一步观察第二相的尺寸和相组成，通过 TEM 进行更仔细的观察，如图 3-11（d）～（h）所示。测量了这些球状第二相的大小，其范围在 0.1～0.6 μm 之间，如图 3-11（d）所示。此外，还能发现在三叉晶界处也存在较多的细小第二相 [图 3-11（e）和（g）]。通过粒子的 EDX 观察，在图 3-11（f）中包含 26.6at% Mg，3.0at% Zn，45.6at% Y 和 25.8at% Sn。并且 Mg、Y 和 Sn 的原子比接近 1∶1∶1。因此，颗粒 A 可以被鉴定为 MgSnY 相，这与 Zhao 等[23] 和 Hu 等[24] 的报道一致。在图 3-11（h）中，颗粒 B 的 EDX 结果包括 83.6at% Mg，4.3at% Zn，6.4at% Y，5.7at% Sn，目前还

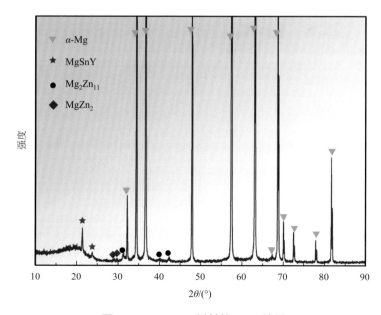

图 **3-12**　TWZ000 板材的 XRD 结果

不能确定其化学配比和晶体结构。进一步的研究需要确定这些第二相的晶体结构。总之，Zn 元素的添加显著细化了 TW00 板材的晶粒尺寸，并伴随着原始第二相尺寸的细化和细小弥散的新相的生成。在挤压过程中，这些第二相可以有效地钉扎晶界，从而延缓动态再结晶过程，起到细化晶粒的作用。

图 3-13 展示了 TWZ000 合金挤压过程中的显微组织演变。如图 3-13（a）和（b）所示，将挤压坯料分成 4 个阶段，分别标注为①、②、③、④。图 3-13（c）～（f）分别表示①、②、③、④四个位置的金相组织。

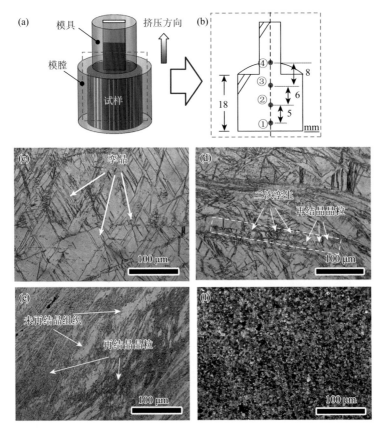

图 3-13　TWZ000 合金在挤压过程中的组织演变：（a）、（b）TWZ000 合金挤压过程，挤压坯料分成 4 个阶段，分别标注为①、②、③、④；（c）～（f）分别表示①、②、③、④四个位置金相组织

从图 3-13（c）可以看出，在挤压初期①位置产生大量孪晶，孪晶之间相互交叉，形成孪晶网（用箭头标记）。随着挤压进行到②位置，孪晶发生一定程度的长大，并且在一些孪晶内部出现重孪晶现象和再结晶晶粒的形成（以虚线框表示）。

当挤压进行至③位置时，孪晶消失，出现大量细小的再结晶晶粒以及被拉长的未再结晶晶粒。当挤压进行至④位置时，未再结晶晶粒消失，再结晶晶粒完全占据整个基体，且在 400℃温度下发生再结晶晶粒长大，直至 5 μm。在挤压过程中显微组织的演变必然导致织构特征变化。下面将从挤压过程中显微组织演变入手分析 TWZ000 板材椭圆环形织构的形成。为了更好地了解孪晶、位错滑移和动态再结晶行为对显微组织的影响，特别是对织构特征的影响，在①、②、③、④四个位置进行 EBSD 观察。

1. 位置①的显微组织和织构特征

图 3-14 展示了位置①处 EBSD 结果。如图 3-14（a）所示，大量凸透镜状孪晶出现并逐渐占据基体，这与图 3-13（c）中 OM 观察的结果是一致的。基于孪晶界图[图 3-14（b）]和取向差角分布图[图 3-14（f）]，所有孪晶都被确认为 {10$\bar{1}$2} 拉伸孪晶，且只有一种 {10$\bar{1}$2} 拉伸孪晶变体 T1 和 T2 在图 3-14（c）中观察到。除了这些拉伸孪晶外，在图 3-14（d）中，还可以观察到基体内部存在取向梯度［图 3-14（a）中 A—B 的白线所示］。由此表明，在挤压初期，{10$\bar{1}$2} 拉伸孪生和位错滑移同时发生。但是，根据报道，在 AZ31 合金挤压初期，{10$\bar{1}$2}

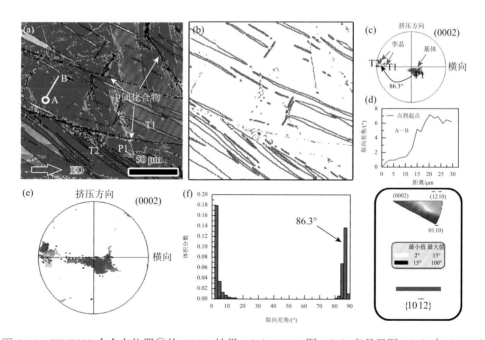

图 3-14　TWZ000 合金在位置①的 EBSD 结果：（a）EBSD 图；（b）孪晶界图；（c）在（0002）极图中，拉伸孪晶和基体的对应取向关系；（d）沿着图（a）A—B 的取向差角图；（e）（0002）极图；（f）取向差角分布图

拉伸孪生是主要变形机制[25]。这表明，相比于 AZ31 合金，在挤压过程中，TWZ000 合金更容易发生位错滑移。除了孪生和位错滑移，还可以观察到沿 ED 分布的黑色条带［图 3-14（a）中白色箭头所示］。这些黑色条带状是含 Mg、Sn、Y 和 Zn 的金属间化合物。这些金属间化合物具有较高的熔点，经固溶处理后仍不能溶于基体中，在挤压过程中沿 ED 方向呈条带状分布。

2. 位置②的显微组织和织构特征

随着挤压进行到位置②，仍能观察到大量孪晶，如图 3-15（a）所示。与位置①中单一变体 {10$\bar{1}$2} 拉伸孪晶相比，位置②出现多种 {10$\bar{1}$2} 拉伸孪晶变体，见图 3-15（c）。例如，母晶粒 P2 中激活了 3 个不同的孪生变体 T3、T4 和 T5。孪晶 T3 与 T4 的 $c$ 轴之间的夹角为 4°，孪晶 T3 与 T5 的 $c$ 轴之间的夹角为 60°。除了拉伸孪晶之外，也观察到 {10$\bar{1}$1} 压缩孪晶［图 3-15（b）］。如图 3-15（d）所示，母晶粒 P3 与压缩孪晶 C1 之间的取向差角约 58.6°。在 {10$\bar{1}$1} 压缩孪晶内部，也发现了 {10$\bar{1}$1}-{10$\bar{1}$2} 双孪晶的踪迹［图 3-15（b）］，但是体积分数极小。除了各种孪晶的产生，动态再结晶晶粒开始出现在金属间化合物（白色虚线框 A）附近和 {10$\bar{1}$1} 压缩孪晶内部（白色虚线框 B）。值得注意的是，此时取向梯度不足以为动态再结晶晶粒的形核提供足够的驱动力，导致没有观察到位错滑移对动态再结晶的贡献。

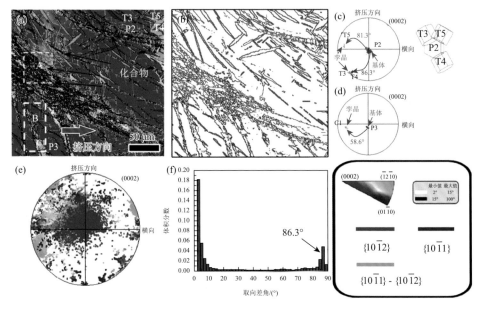

图 3-15 TWZ000 合金在位置②的 EBSD 结果：（a）EBSD 图；（b）孪晶界图；（c）在（0002）极图中，拉伸孪晶和基体的对应取向关系；（d）在（0002）极图中，压缩孪晶和基体的对应取向关系；（e）（0002）极图；（f）取向差角分布图

　　为了展示第二相和孪晶诱导的动态再结晶行为对织构特征的影响，图 3-16 为图 3-15（a）中的虚线框 A 和 B 的高倍放大图。对于虚线框 A 中的 EBSD 结果，大量的动态再结晶晶粒在金属间化合物条带附近形成［图 3-16（a）］。为了分析这些动态再结晶晶粒的取向，将这些动态再结晶晶粒从图 3-16（a）中抽取出来。如图 3-16（c）和图 3-16（d）所示，这些动态再结晶晶粒的取向在（0002）极图上是随机分布的，说明由第二相诱导的再结晶机制能够使织构随机化。对于孪晶诱导的再结晶机制，大量文献表明，在轧制退火过程中，拉伸孪晶很难成为再结晶

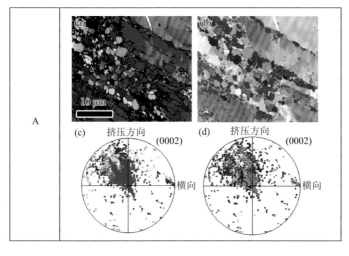

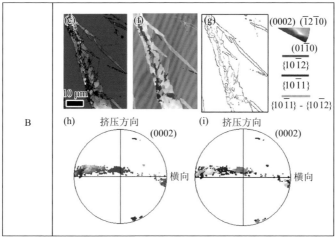

图 3-16　图 3-15（a）中的虚线框 A 和 B 的高倍放大图：（a）、（e）EBSD 图；（b）、（f）再结晶图；（g）孪晶界图；（c）、（h）（0002）极图；（d）、（i）再结晶晶粒的取向在（0002）极图上的分布

晶粒的形核点[6, 26]。而压缩孪晶和双孪晶，由于强烈的滑移变形所引入的高位错密度，很容易作为再结晶晶粒的形核位点[6, 26]。在本研究中，也可以观察到动态再结晶晶粒在 {10$\overline{1}$1} 压缩内部形核，而非在 {10$\overline{1}$2} 拉伸孪晶内部形核，如图 3-16（e）～（g）所示。同样，为了研究这些动态再结晶晶粒的取向，将这些动态再结晶晶粒从图 3-16（e）中提取出来。如图 3-16（h）和（i）所示，动态再结晶晶粒的取向在（0002）极图上沿着 TD 方向扩展。由此表明，压缩孪晶诱导的动态再结晶机制不仅可以降低基面织构强度，而且也是导致形成沿 TD 方向扩展的椭圆环形织构的重要原因。

### 3. 位置③的显微组织和织构特征

随着挤压进一步进行到位置③，大量的细小动态再结晶晶粒和粗大的变形晶粒成为主要的显微组织特征，如图 3-17 所示。{10$\overline{1}$1} 压缩孪晶和金属间化合物被大量的再结晶所吞噬，这是由于上述所提到的孪晶诱导再结晶形核和第二相诱导再结晶形核。同时不利于再结晶的 {10$\overline{1}$2} 拉伸孪晶也消失了。Jiang 等[25]指出，{10$\overline{1}$2} 拉伸孪晶间接参与动态再结晶过程，随着挤压的进行，{10$\overline{1}$2} 拉伸孪晶界在连续变形或受热刺激条件下能够发生快速移动，促进基体晶粒消耗和重构。

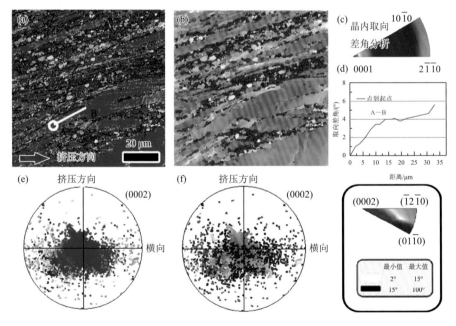

图 3-17　TWZ000 合金在位置③的 EBSD 结果：（a）EBSD 图；（b）对应于图（a）中的动态再结晶图；（c）未再结晶基体的 IGMA 分析；（d）图（a）中白线 A—B 的取向差角图；（e）（0002）极图；（f）再结晶晶粒对应的（0002）极图

另外，{10$\bar{1}$2} 拉伸孪晶界可以有效阻碍位错运动，导致亚晶粒沿着孪晶界形成[13]。这些因素使得 {10$\bar{1}$2} 拉伸孪晶在挤压过程的中后期消失，促进了再结晶的进行。除了孪晶和第二相诱导再结晶形核外，还存在另外一种机制促进再结晶的发生。

从图 3-17（d）可以看出，沿着白色箭头 A—B 的取向差角的变化呈现出明显的取向梯度。这些取向梯度会导致亚晶/低角晶界形成，当进一步变形时，这些亚晶/低角晶界将逐渐转变为高角晶界。另外，柱面 ⟨$a$⟩ 滑移激活可以促进位错在高温条件下的位错攀移和交滑移，这是位错重新排列到晶界和亚晶界所必需的[6]。通过 EBSD 分析拉伸变形试样的晶粒内取向，确定其晶粒内取向轴（in-grain misorientation axe，IGMA）。将 IGMA 分析的最小取向差角取为 0.5°；最大取向差角为 2.0°。将属于变形晶粒的相邻扫描网格点对之间的轴取向差绘制在标准的单元三角形上。根据基体变形晶粒的 IGMA 分布 [图 3-17（c）]，IGMA 大部分位于[0001]，这表明柱面 ⟨$a$⟩ 滑移被认为是在挤压过程中变形基体的主要变形机制。因此，随着挤压的进行，柱面滑移引起的再结晶机制将使得未再结晶的变形基体逐渐转变为再结晶晶粒。为了更好地理解动态再结晶行为对织构特征的影响，将再结晶晶粒从图 3-17（a）中抽取出来。如图 3-17（f）所示，可以清楚地观察到，动态再结晶晶粒的晶体学取向主要集中在沿着 TD 方向分布的织构组分。换句话说，上述提到的再结晶机制的联合作用使得 TD 取向的织构组分形成，这与最终挤压板材的织构特征非常接近。

4. 位置③和位置④之间的显微组织和织构特征

图 3-18 展示了离位置③0 mm、2 mm、5 mm 和 8 mm 处的动态再结晶晶粒的 EBSD 图和（0002）极图。随着距离的增加，再结晶晶粒逐渐吞噬基体。在离位置③5 mm 处，动态再结晶的面分数为 93%，其平均晶粒尺寸仍然大约是 1 μm，与离位置③0 mm 和 2 mm 处动态再结晶晶粒的平均晶粒尺寸接近。在三种再结晶机制的共同作用下，动态再结晶晶粒的取向越来越偏向于沿 TD 方向扩展的织构类型。此外，除了沿 TD 方向扩展的织构组分外，沿 ED 方向扩展的织构组分也开始形成。在 Mg-RE 合金中，能经常发现这种类型的织构。大量文献表明，这种织构的形成主要与双孪晶的形成和锥面 ⟨$c+a$⟩ 滑移活性有关[27, 28]。在位置③和位置④处，已看不见孪晶，因为孪晶在挤压前期已经用于促进动态再结晶晶粒的形成。因此，仅考虑在挤压过程中是否有大量锥面 ⟨$c+a$⟩ 滑移激活来引发沿 ED 织构组分的形成。图 3-19 提供了在离位置③5 mm 处锥面 ⟨$c+a$⟩ 滑移激活的证据。图 3-19 中所有的 TEM 图像都是在双束衍射条件下观察到的，使用不同的衍射矢量 $g$，如图 3-19 中绿色箭头所示。根据 $g \cdot b = 0$（$b$，伯氏矢量）判据[28]，在 $g = 0002$ 双束衍射条件下，具有 ⟨$a$⟩ 型伯氏矢量的位错是不可见的，只有锥面 ⟨$c$⟩

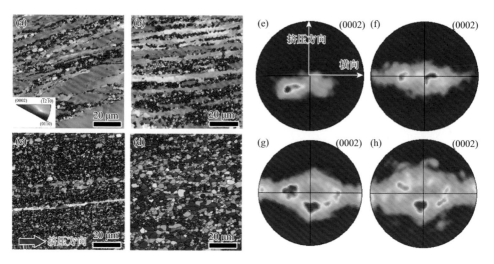

图 3-18　位置③到位置④的组织和织构演变：(a) ～ (d) 分别为在离位置③0 mm、2 mm、5 mm 和 8 mm 处的动态再结晶晶粒的 EBSD 图；(e) ～ (h) 分别为对应的 (0002) 极图

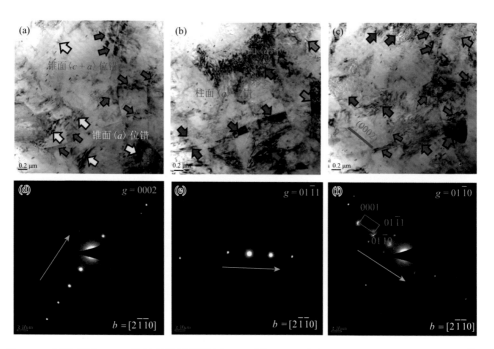

图 3-19　距位置③5 mm 处双束衍射明场相 TEM 图：(a)、(d) $g = 0002$；(b)、(e) $g = 01\bar{1}1$；(c)、(f) $g = 01\bar{1}0$

和 $\langle c + a \rangle$ 型的位错可见；在 $g = 01\bar{1}0$ 双束衍射条件下观察，只有锥面 $\langle c \rangle$ 位错是不可见的；结合 $g = 0002$ 和 $g = 01\bar{1}0$ 双束衍射条件，只有锥面 $\langle c + a \rangle$ 位错（红

色箭头标记）是同时可见的。因此，认为锥面 $\langle c + a \rangle$ 滑移在稀土 Y 元素的作用下容易被激活，是沿 ED 织构组分形成的主要原因。直到离位置③5 mm 处，椭圆环形织构特征已经明显地呈现出来，如图 3-18（g）所示。当挤压到离位置③8 mm 处，动态再结晶晶粒充满了整个基体，其平均晶粒尺寸增加至 $1.0 \sim 5.0 \ \mu m$。这是挤压过程中发生晶粒长大的结果。而晶粒尺寸似乎引起了织构上的差异，如图 3-18（g）和（h）所示。

为了确定在挤压末期晶粒是否出现择优长大现象，依据不同的晶体取向，将动态再结晶晶粒分为四组。这四组分别为 0°～20°（TDA）、20°～45°（TDB）、45°～70°（TDC）和 70°～90°（TDD）[26]。图 3-20 展示了在离位置③5 mm 和 8 mm 处

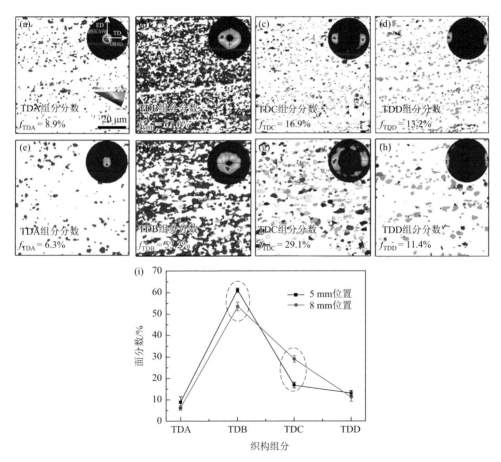

图 3-20　不同织构组分晶粒的再结晶面分数对比：（a）～（d）在离位置③5 mm 处的 0°～20°（TDA）、20°～45°（TDB）、45°～70°（TDC）和 70°～90°（TDD）四组再结晶晶粒的 EBSD 图；（e）～（h）在离位置③8 mm 处四组再结晶晶粒的 EBSD 图；（i）两个位置在这四组再结晶晶粒面分数的对比

的这四组再结晶晶粒的 EBSD 图和面分数统计。TDB 取向的再结晶晶粒在所有取向中的面分数是最高的，其次是 TDC 取向、TDD 取向和 TDA 取向。与离位置③ 5 mm 处相比，离位置③ 8 mm 处的 TDA 和 TDD 取向两组的面分数是相似的；TDB 取向的面分数从 61.0% 降低到 53.2%；TDC 取向的面分数从 16.9% 增加到 29.1%。通过平均晶粒尺寸的统计分析，TDC 取向的平均晶粒尺寸也是这四组中最大的，即在晶粒生长过程中，TDC 取向的晶粒生长速率明显高于其他取向晶粒的生长速率。

但是，Guan 等[29]指出，在 490℃轧制退火过程中，WE43 合金出现了均匀的晶粒长大现象，使得稀土织构得以保留。这种均匀的晶粒生长可能是由于溶质拖曳抑制了具有基面取向晶粒的晶界迁移，并参与了对潜在定向晶粒生长的束缚作用。尽管有报道称，在堆垛层错处 Zn 和 Y 元素的偏析会延缓再结晶和边界运动[30]，但在本研究中，由于 Zn 和 Y 含量较低，所以可能仍然存在某种取向晶粒优先长大的情况。基于上述的讨论，可以得出结论：TWZ000 合金板材的椭圆环形织构的形成主要归因于孪晶（特别是 $\{10\bar{1}1\}$ 压缩孪晶）、第二相、非基面滑移共同诱导的动态再结晶机制。并且随着挤压温度的升高，具有 TDC 取向的晶粒优先生长，导致了 TDC 织构成分增加。

### 3.3.3　微合金化 Mg-Sn-Y-Zn 合金的室温力学和成形性能

图 3-21（a）对比了 TWZ000 和 TW00 板材沿 0°、45°和 90°三个拉伸方向的工程应力-应变曲线。如图 3-21 所示，与 TW00 板材相比，TWZ000 板材沿 0°、45°和 90°三个拉伸方向具有更高的强度和断后延伸率。力学性能数据如表 3-2 所示。TWZ000 板材沿 0°方向上表现出最高的屈服强度（约为 188.4 MPa）和最低的断后延伸率（约为 33.1%）。而 TW00 合金板材沿 0°方向上表现出最低的屈服强度（约为 90.9 MPa）和最高的断后延伸率（约为 39.7%）。虽然 TWZ000 在 45°和 90°方向上比 TW00 板材提高了 14.9 MPa 和 4.7 MPa，但提供了较高的断后延伸率，分别为 47.2% 和 39.1%。除了屈服强度和断后延伸率外，沿三个方向上 TWZ000 板材的抗拉强度远高于 TW00 板材。特别是沿 0°方向，TW00 板材的平均抗拉强度由 182.6 MPa 提高至 235.1 MPa。由此可知，通过 Zn 元素的添加，TWZ000 板材能在室温下达到强度和延伸率同时提高的目的。图 3-21（b）呈现了室温下 TW00 和 TWZ000 板材的 Erichsen 试验结果。TWZ000 板材的 IE 值在 7.0 mm 左右，高于 TW00 合金板材的 IE 值（6.2 mm），这表明 Zn 元素加入到 TW00 板材中，不仅有助于强度和延伸率的提高，还有利于室温拉伸成形性能的改善。图 3-21（c）和（d）为 TW00 和 TWZ000 合金板材在室温下的平均屈服强度、断后延伸率和 IE 值之间的关系，并与典型镁合金的数据进行比较[9, 16-22]。通过统计，如图 3-21（c）

所示，平均屈服强度与 IE 值之间存在明显的双曲线关系。虽然 Mg-Zn-RE[9, 18, 19] 和 Mg-Zn-Ca[20, 22] 合金板材展示出大于 7.0 mm 的 IE 值，但其较高的 IE 值是以牺牲平均屈服强度为代价的。与典型的镁合金及 TW00 板材相比，TWZ000 板材在平均屈服强度 150.0 MPa 与 IE 值 7.0 mm 之间有良好的平衡。从图 3-21（d）中可以明显地看出，随着平均延伸率的增加，IE 值逐渐增大，这与 Kang 等研究报道[19]一致。3.2.3 节的研究结果表明，TW00 板材在平均断后延伸率（33.0%）和 IE 值（6.2 mm）之间取得了很好的平衡，可认为是一种有应用前景的结构材料。而在本节研究中，Zn 元素的添加使 TW00 板材获得了更高的平均断后延伸率（39.8%）和 IE 值（7.0 mm），远远超过了典型镁合金的范畴。因此，具有高强度、高塑性和高成形性能的 TWZ000 合金板材在镁合金的工业应用领域具有巨大的潜力。

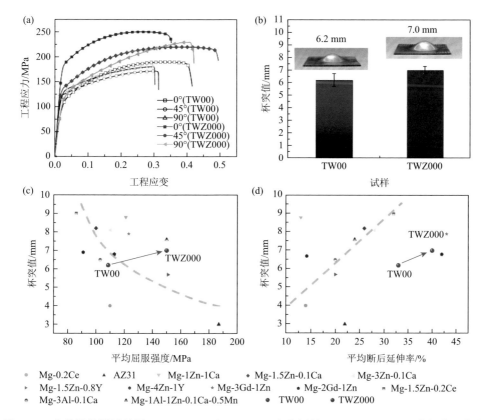

图 3-21　力学性能测试结果：（a）TW00 和 TWZ000 合金板材沿 0°、45°和 90°三个拉伸方向上的工程应力-应变曲线；（b）TW00 及 TWZ000 合金板材的 IE 值；（c）、（d）TW00 和 TWZ000 合金板材的平均屈服强度、断后延伸率和 IE 值之间的关系，典型镁合金的数据也包括在内[9, 16-22]

表 3-2 TWZ000 板材沿 0°、45°和 90°三个方向的室温拉伸力学性能、$n$ 值、$r$ 值、平均 $n$ 值和平均 $r$ 值

| | 屈服强度/MPa | | | 抗拉强度/MPa | | | 断后延伸率/% | | |
|---|---|---|---|---|---|---|---|---|---|
| | 0° | 45° | 90° | 0° | 45° | 90° | 0° | 45° | 90° |
| TWZ000 | 188.4 | 130.3 | 124.3 | 252.1 | 221.8 | 231.4 | 33.1 | 47.2 | 39.1 |

| | $r$ | | | $n$ | | | $\bar{n}$ | $\bar{r}$ |
|---|---|---|---|---|---|---|---|---|
| | 0° | 45° | 90° | 0° | 45° | 90° | | |
| TWZ000 | 1.33 | 1.24 | 1.08 | 0.15 | 0.18 | 0.29 | 1.21 | 0.21 |

### 3.3.4 微合金化 Mg-Sn-Y-Zn 合金的室温变形机制

如图 3-21（a）和表 3-2 所示，TWZ000 合金板材的强度和断后延伸率均大于 TW00 合金板材。考虑到镁合金的拉伸性能主要由晶粒尺寸、第二相、溶质原子、孪晶和织构决定，下面将讨论这些因素对 TWZ000 与 TW00 合金板材拉伸性能的影响。

#### 1. 显微组织和织构特征对 Mg-Sn-Y-Zn 合金板材强度的影响

众所周知，晶界强化是提高镁合金强度的一种有效途径。根据 Hall-Petch 关系，对比了 TW00 和 TWZ000 板材的强度差值：

$$\Delta\sigma_S = k\left(d_{\text{TWZ000}}^{-1/2} - d_{\text{TW00}}^{-1/2}\right) \tag{3-3}$$

式中，$d_{\text{TWZ000}}$ 和 $d_{\text{TW00}}$ 分别为 TWZ000 和 TW00 合金板材的平均晶粒尺寸。通过计算可知，晶粒细化对屈服强度的贡献约为 40.0 MPa。沿 0°方向，除了晶粒细化的贡献外，必须还有其他强化机制来弥补细晶强化的不足。然而，在 45°和 90°方向上，强度的提高幅度低于细晶强化对强度的贡献，由此可以说明，在 45°和 90°方向上存在降低屈服强度的机制。

除了晶粒细化外，第二相、析出相的尺寸、数量分数和分布的差异也是影响板材强度的一个关键因素。基于 Orowan 机制，Nie 等[31]建立了球形析出物对位错滑移强化效应的理论评价：

$$\Delta\tau = \frac{Gb}{2\pi\sqrt{1-v}} \frac{1}{\left(\dfrac{0.779}{\sqrt{f}} - 0.785\right)D} \ln\frac{0.785D}{b} \tag{3-4}$$

式中，$\Delta\tau$ 为所选某一滑移的临界剪切应力的增量；$G$ 为剪切模量；$b$ 为位错的伯氏矢量；$v$ 为泊松比；$f$ 为第二相/析出相的体积分数；$D$ 为球形第二相/析出相的直径。假设在 TW00 和 TWZ000 板材中观察到的析出物是球形的。由于 $G$、$b$

和 $\nu$ 可以视为常数，所以 $\Delta\tau$ 取决于第二相的 $f$ 和 $D$。经统计，TWZ000 板材中的第二相 $f$ 值为 8.1%，远远高于仅为 1.0%的 TW00 板材。此外，在 TWZ000 板材中，$D$ 为 0.2～0.5 μm，远远小于 TW00 板材。由此表明，TWZ000 板材中第二相强化和析出强化的作用大于 TW00 合金板材。

在 TWZ000 和 TW00 合金板材中，可能存在固溶强化对强度的贡献。然而，由于溶质的数量难以精确测量，无法定量计算其详细值。通过定性分析，TWZ000 合金比 TW00 合金含有更多的 Zn 元素。而且 Zn 在 TW00 合金基体中的溶解改变了最终的组织和织构特征。因此，可以认为 TWZ000 板材中的溶质比 TW00 板材中的溶质多，从而导致了更高的固溶强化作用。但是，也有研究人员指出，Zn 元素的加入反而对屈服强度起到相反的作用。

织构的各向异性决定了拉伸性能的各向异性。根据施密特定律，显然基面滑移的值越低，屈服强度越高，如式（3-1）所示。如图 3-22（a）所示，TW00 板材的屈服强度与施密特因子的关系符合施密特定律。但是，在 TWZ000 板材中，沿着 45°和 90°两个方向，高施密特因子对应的屈服强度仍然高于低施密特因子对应的屈服强度。这种现象主要归因于另一种变形机制——孪生。图 3-23 是 TWZ000 板材在 6%拉伸应变作用下沿三个拉伸方向的 EBSD 图和边界图，发现沿 90°方向拉伸 6%应变后产生体积分数为 21%的 $\{10\bar{1}2\}$ 拉伸孪晶，其拉伸孪晶数量远比沿着其他拉伸方向拉伸所产生的孪晶数量多。这是由于当载荷沿着 90°方向时，TWZ000 板材的取向容易形成 $\{10\bar{1}2\}$ 拉伸孪晶。$\{10\bar{1}2\}$ 拉伸孪晶的产生在一定程度上释放应力，导致强度降低。

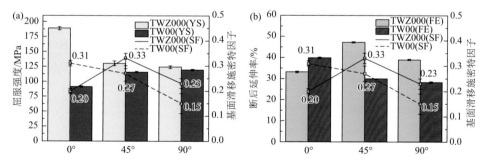

图 3-22　TW00 和 TWZ000 板材在三个拉伸方向上的屈服强度和延伸率与基面滑移施密特因子之间的关系：（a）TW00 和 TWZ000 板材 0°、45°和 90°三个方向的屈服强度和基面滑移施密特因子之间的关系；（b）TW00 和 TWZ000 合金板材 0°、45°和 90°断后延伸率和基面滑移施密特因子间的关系

## 2. 显微组织和织构特征对 Mg-Sn-Y-Zn 合金板材塑性的影响

晶粒细化不仅可以提高镁合金板材的强度，而且可以改善板材的延伸率。晶

界在镁合金的变形过程中起着至关重要的作用，通过多晶界的协同变形能力有效地提高了合金的延伸率。

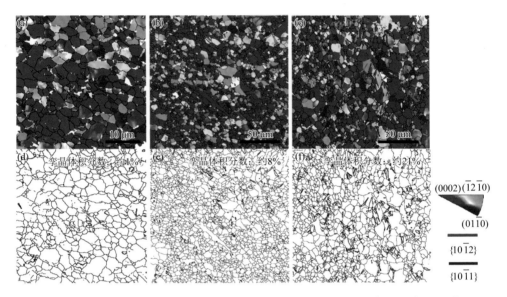

图 3-23　TWZ000 板材在（a）、（d）0°、（b）、（e）45°和（c）、（f）90°方向上拉伸 6%后的 EBSD
图和边界图

　　与晶粒细化不同，第二相、析出相的形成在强化镁合金的同时会降低其延伸率，特别是粗大和不规则的第二相。这些第二相与 $\alpha$-Mg 基体界面处可能存在应力集中，促使裂纹形成。当应力超过材料自身的强度时，这些裂纹就会发生扩散和传播，最终导致材料失效[32, 33]。与 TW00 合金相比，在 TWZ000 板材中，细小的颗粒状、球状第二相均匀分布并与基体界面处存在较弱的应力集中，从而使TWZ000 板材表现出较高的延伸率。

　　Chino 等[34]和 Blake 等[35]研究了 Zn 浓度对 Mg-xZn-0.2Ce 和 Mg-xZn 合金的影响。他们发现，随着 Zn 含量的增加，两种合金的屈服强度不呈单调上升的变化趋势，而是在 0.5 wt%～1.0 wt%之间急剧下降。这取决于基面和非基面滑移之间的相互作用所产生的固溶软化效应。与此同时，大量文献也报道了微合金化可以激活非基面滑移，有利于提高合金的延伸率[17, 36]，抑制了晶界开裂[36]。图 3-24（a）和（b）分别为 TWZ000 板材沿 ED 方向承受 6%的拉伸应变后的 IPF 图和 IGMA 分布图。从图 3-24 可以看出，IGMA 主要分布在[0001]和[$uvt$0]泰勒轴上，这说明基面滑移和柱面滑移是主要的变形机制。柱面滑移的激活增加了位错滑移系的数量，使 TWZ000合金板材更容易变形。众所周知，柱面滑移的激活与堆积层错能的降低密切相关，如 Mg-Zn-X（X 代表 II 族元素）合金[37]。Kim 等[30]观察到 Zn 和 Y 原子可以在堆垛层错能处共偏聚，阻碍再结晶。因此，认为在 TWZ000 板材中 Zn 和 Y 原子在堆垛层错能的共偏聚引起柱面滑移激活，从而改善板材的塑性。此外，还在变形的 TWZ000 样品中观察到少量的粗晶界裂纹，如图 3-24（c）和（d）所示。晶界裂纹的抑制也在很大程度上与溶质原子在晶界上的偏聚有关。Zeng 等[36]统计了 Mg-Zn-Ca 合金在拉伸变形后的晶界裂纹情况。他们发现当少量的 Zn 和 Ca 原子偏聚在晶界上时，晶界裂纹粗糙，甚至无裂纹出现，而当单独 Ca 原子偏聚在晶界时，往往呈现平滑的晶界裂纹。只有在 Zn 和 Ca 原子偏聚在晶界上时 Mg-Zn-Ca 合金才表现出较高的延伸率。因此，在本研究中，TWZ000 合金板材中的 Zn 和 Y 原子在晶界处的共偏聚有效地提高了晶界的结合能力，从而提高其延伸率。

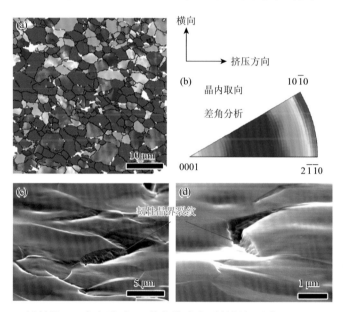

图 3-24　TWZ000 板材沿 ED 方向承受 6%的拉伸应变后的组织观察：（a）、（b）IPF 图和 IGMA 分布图；（c）、（d）TWZ000 板材沿 ED 方向承受 6%的拉伸应变后的晶界裂纹

织构特征对 TWZ000 板材延伸率的影响主要表现在两个方面：基面滑移和孪生。根据施密特定律，室温下的施密特因子越大，材料的断后延伸率越高，如式（3-2）所示。如图 3-22（b）所示，TW00 和 TWZ000 板材的基面滑移和延伸率关系符合施密特定律。总的来说，TWZ000 板材在 0°、45°和 90°三个拉伸方向上均呈现出较高的基面滑移，因此，TWZ000 板材的延伸率大于 TW00 板材。除了基面滑移，拉伸孪晶也可以提高镁合金的塑性。从图 3-23 可知，由于 TWZ000 板材沿 TD 方向扩展的弱椭圆环形织构类型，沿 45°和 90°方向拉伸时，很容易激活拉伸孪晶。孪晶的产生在降低强度的同时提高了延伸率。

在 3.2 节中，已经阐述了织构弱化和滑移对 TW00 板材成形性能的影响。基面滑移和柱面滑移的激活共同促进了 *r* 值降低和 IE 值提高。随着 Zn 的添加，TWZ000 板材的织构随机化程度越来越高，导致基面滑移越来越高，促进 IE 增加。同时，也观察到 TWZ000 板材在拉伸变形过程中柱面滑移激活〔图 3-24（a）和（b）〕。柱面滑移的激活有效地提供了非基面织构板材厚度方向上的应变，从而增大了 IE 值。

除了织构弱化和滑移外，孪生也是影响成形性能的重要因素。从图 3-23 可知，沿着 0°、45°和 90°三个方向进行拉伸时有不同程度的孪生行为。然而，$\{10\bar{1}2\}$ 拉伸孪晶能否在杯突成形过程中产生还不确定。并且孪晶行为对成形性能的影响尚不清楚。为了检验 TWZ000 板材在杯突成形过程中的孪晶行为，图 3-25 展示了采用 EBSD 对成形试样至 2 mm 的近顶区处的 ED-ND 截面进行的分析，着重于上部和下部区域的显微组织观察。从图 3-25 中可以看出，在成形试样的上部区域形成大量的 $\{10\bar{1}2\}$ 拉伸孪晶。此外，仍有大量的 $\{10\bar{1}2\}$ 拉伸孪晶存在下部区域。在 Mg-1Zn-1Ca 合金中也存在这种现象[20]。基于微观（0002）极图的观察，成形试

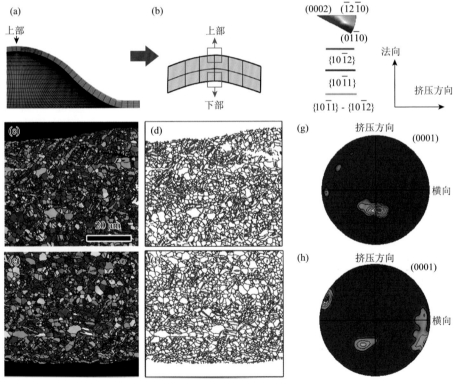

图 3-25　试样成形至 2 mm 的近顶区处的组织观察：(a)成形试样至 2 mm 的近顶区处的 ED-ND 截面示意图（观察区域是红色阴影）；(b)局部放大观察；(c)、(d)、(g)分别为成形试样上部区域的 EBSD 图、边界图和孪晶对应的微观（0002）极图；(e)、(f)、(h)分别为成形试样下部区域的 EBSD 图、边界图和孪晶对应的微观（0002）极图

样上部区域的最大极密度主要沿着 ED 的反方向倾斜 30°。相反，在下部区域，极密度主要分布在三个不同的位置。第一个位置是沿着 ED 方向倾斜 30°，第二个位置是 TD 取向晶粒沿 ED 方向倾斜 30°，第三种是 TD 取向晶粒沿 ED 的反方向倾斜 30°。

　　不同的孪生特征表明成形试样的上部和下部区域具有不同的应力状态。Suh 等[20]通过有限元模拟揭示了沿 TD 方向椭圆环形织构 Mg-Zn-Ca 合金板材在杯突成形早期阶段的应力状态。成形试样的上部区域最主要的应力是沿 TD 的拉应力；下部区域最主要的应力是沿 TD 的压缩应力[20]。基于上述的描述，可以认为，对于 TWZ000 板材杯突成形过程中的受力状态与 Mg-Zn-Ca 合金板材的一致。图 3-26（a）和（b）展示了 TWZ000 板材沿 TD 方向拉伸和压缩变形时的孪生

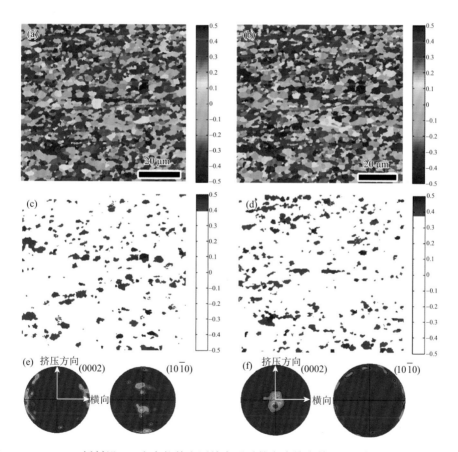

图 3-26　TWZ000 板材沿 TD 方向拉伸和压缩变形时的孪生施密特因子分析：（a）、（b）沿 TD 方向拉伸和压缩变形时的图；（c）、（d）从图（a）和（b）抽取出来的施密特因子范围（0.4～0.5）的晶粒；（e）、（f）为图（c）和（d）中晶粒的（0002）极图

变形施密特因子分布。图 3-26 中深红色的晶粒表示施密特因子为 0.4～0.5 的晶粒。它们被抽取出来并分析这些晶粒的取向，如图 3-26（c）和（d）所示。当 TWZ000 板材承受 TD 方向拉应力时，最有利于 $\{10\bar{1}2\}$ 拉伸孪生的晶粒取向主要位于远离 ND 偏向 TD 约±90°的位置，并伴随着择优取向 $\langle10\bar{1}0\rangle$//ED，如图 3-26（e）所示。当 TWZ000 板材承受 TD 方向压应力时，最有利于 $\{10\bar{1}2\}$ 拉伸孪生的晶粒取向主要位于远离 ND 偏向 ED 约±15°的位置，如图 3-26（f）所示。

为了验证 TWZ000 板材在杯突成形过程中理论应力状态准确性，在成形试样上部区域选择最有利于 $\{10\bar{1}2\}$ 拉伸孪生且远离 ND 偏向于 TD 约−90°的位置作为母晶粒 M（图中以蓝点标识）。与此同时，计算其拉伸孪生变体的施密特因子（红点标记），如图 3-27（a）所示。晶体 $a$ 轴与压缩载荷之间的角度的变化范围在 0°～60°。因为密排六方晶体三个 $a$ 轴之间的角度关系，30°～60°角度范围的影响结果与 0°～30°角度范围是一致的[38]。当拉伸载荷轴平行于 $c$ 轴，六个孪生变体都有相等的值 0.499。同样，通过简化，在成型试样下部区域选择远离 ND 偏向于 ED 约−15°作为母晶粒 M（图中以蓝点标识），并计算其拉伸孪生变体的施密特因子（红点标记），如图 3-27（b）所示。当压缩载荷轴平行于 $a$ 轴，两对孪生变体具有最高的值为 0.369，其 $c$ 轴位于偏离 TD 向 ED 偏移 30°。当从 0°增加到 30°，只有一对孪生变体具有最高的值，其 $c$ 轴位于偏离 TD 向 ED 偏移 5°，从 0.369 增加到 0.499。因此，$\{10\bar{1}2\}$ 孪生变体的最高的位置位于偏离 TD 向 ED 偏移 5°～30°。

对比实际测量的和理论上的孪晶对应的织构，TWZ000 板材在成形过程中理论应力状态与实际应力状态具有高度的一致性，并且 $\{10\bar{1}2\}$ 拉伸孪晶的形成是受控制的。但是，由于不是完美理想织构，所有 6 个孪生变体激活的可能性并不相同，但是值最高的孪生变体激活的可能性更高。不过依然很难解释在下部区域位于偏离 ED 反方向约 30°的孪晶取向的来源。可以大胆地假设，这些异常的孪晶可能是在杯突成形的中间阶段形成的。随着杯突成形的进行，上部区域的应力状态仍然表现为拉应力，下部区域的应力状态逐渐表现为由压应力转变为拉应力。与此同时，偏离 TD 约为±90°的晶粒最有利于 $\{10\bar{1}2\}$ 拉伸孪晶的产生，导致这些异常孪晶形成。随着杯突成形的继续进行，上、下两个区域都表现为沿着 ED 和 TD 方向几乎相等的拉伸应力[20]。试样沿着 ED 和 TD 拉伸时的孪生施密特因子被计算，如图 3-27（c）和（d）所示。相比原始成形试样，在上部区域，沿 ED 和 TD 拉伸时孪晶区域的基面滑移分别为 0.26 和 0.19。这两个方向平均为 0.23，大于原始成形试样的平均值。在下方区域，沿 ED 和 TD 拉伸时孪晶区域的基面滑移分别为 0.36 和 0.33，这两个方向平均为 0.34，也大于原始成形试样的平均值。因此，在杯突成形中后期，由于拉伸孪晶的出现，在周向拉伸载荷下拥有较高的基面滑移，促进板材厚向应变增加，促进杯突成形性能提高。

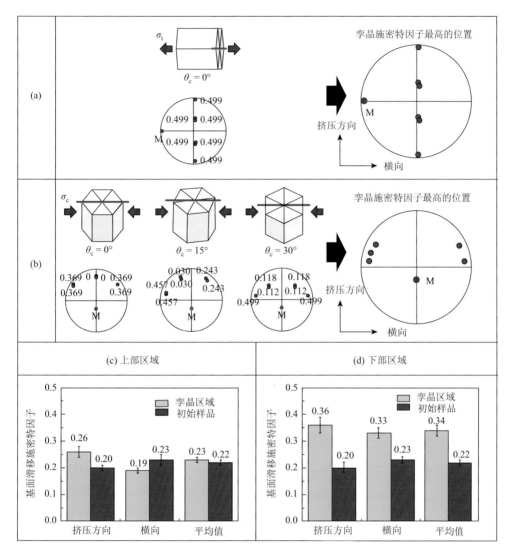

图 3-27　孪生变体的施密特因子分析：（a）远离 ND 偏向于 TD 约–90°作为母晶粒 M 沿 TD 拉伸后发生 {10$\bar{1}$2} 孪生后的孪生变体分析；（b）远离 ND 偏向于 ED 约–15°作为母晶粒 M 沿 TD 压缩后发生 {10$\bar{1}$2} 孪生后的孪生变体分析；（c）、（d）孪生区域和原始成形试样受到沿着 ED 和 TD 拉伸应力作用下的上部和下部区域的基面滑移

## 3.4　总结

　　本章研究微合金化 Mg-Sn-Y 及 Mg-Sn-Y-Zn 变形镁合金的组织和性能。首先，研究了挤压态以及轧制退火态 Mg-0.4SnSn-0.7Y（wt%，TW00）板材的组织、织

构以及室温力学性能和成形性能；随后，着重探究了 Zn 微合金化对 Mg-0.4Sn-0.7Y-0.6Zn（TWZ000）合金在挤压过程中的组织和织构演变，并揭示了多元微合金化实现 Mg-Sn 基变形镁合金室温高塑性和高成形性能的塑性变形机制。主要结论如下。

（1）由于 Y 元素的添加，挤压态 TW00-E 板材呈现出典型的沿 ED 的双峰织构特征。在热轧过程中，TW00-R 板材呈现出较为明显的变形组织。400℃退火后，TW00-RA-400 板材表现为随机的基面织构。在室温下，织构是影响 TW00-E 和 TW00-RA-400 板材力学性能的主要因素，而非晶粒尺寸和孪晶。与 AZ31-E 和 AZ31-RA-400 板材相比，TW00-E 和 TW00-RA-400 板材具有更高的断后延伸率（分别为 33%和 32%）。与 AZ31-E 和 AZ31-RA-400 板材相比，TW00-E 和 TW00-RA-400 板材有较低的 $r$ 值和较高的 $n$ 值，导致较高的 IE 值（分别为 6.2 mm 和 5.4 mm）。织构弱化和柱面滑移的激活对 $r$ 值的降低有显著作用。

（2）微量 Zn 元素的添加，使得 TW00 板材由沿 ED 倾斜的双峰织构特征转变为沿 TD 扩展的弱椭圆环形织构特征，并伴有明显的晶粒细化（从 12 μm 降低到 5 μm）和第二相细化。TWZ000 合金板材椭圆环形织构的形成主要归因于孪晶（特别是 $\{10\bar{1}1\}$ 压缩孪晶）、第二相和非基面滑移共同诱导的动态再结晶机制。并且随着挤压温度的升高，具有 TDC 取向的晶粒优先生长，导致了 TDC 织构成分增加。与典型的镁合金相比，TWZ000 合金板材在强度（屈服强度：150.0 MPa、抗拉强度：235.1 MPa）、断后延伸率（39.8%）和杯突成形性能（7.0 mm）三个方面具有更好的平衡。

（3）晶粒细化和第二相强化为 TWZ000 板材提供了较高的屈服强度。柱面滑移的激活、较高的晶界结合能力、织构弱化和 $\{10\bar{1}2\}$ 拉伸孪晶的产生是提高断后延伸率的主要原因。除了织构弱化和柱面滑移的激活，$\{10\bar{1}2\}$ 拉伸孪晶的激活改变了 TWZ000 板材在杯突成形过程中的组织结构，使其形成新的孪晶织构。在杯突成形中后期，由于拉伸孪晶的出现，在轴向拉伸载荷下表现出较高的基面滑移，促进板材厚向应变增加以及杯突成形性能提高。

## 参 考 文 献

[1]  Pan H，Qin G，Huang Y，et al. Development of low-alloyed and rare-earth-free magnesium alloys having ultra-high strength [J]. Acta Materialia，2018，149：350-363.

[2]  Sasaki T T，Yamamoto K，Honma T，et al. A high-strength Mg-Sn-Zn-Al alloy extruded at low temperature [J]. Scripta Materialia，2008，59（10）：1111-1114.

[3]  Wang H Y，Rong J，Liu G J，et al. Effects of Zn on the microstructure and tensile properties of as-extruded Mg-8Al-2Sn alloy [J]. Materials Science and Engineering A，2017，698：249-255.

[4]  Jayalakshmi S，Sankaranarayanan S，Koh S P X，et al. Effect of Ag and Cu trace additions on the microstructural evolution and mechanical properties of Mg-5Sn alloy [J]. Journal of Alloys and Compounds，2013，565：S56-S65.

[5] Zhao H，Qin G，Ren Y，et al. Microstructure and tensile properties of as-extruded Mg-Sn-Y alloys [J]. Transactions of Nonferrous Metals Society of China，2010，20：s493-s497.

[6] Sanjari M，Kabir A S H，Farzadfar A，et al. Promotion of texture weakening in magnesium by alloying and thermomechanical processing. Ⅱ：Rolling speed [J]. Journal of Materials Science，2013，49（3）：1426-1436.

[7] Suh B C，Kim J H，Bae J H，et al. Effect of Sn addition on the microstructure and deformation behavior of Mg-3Al alloy [J]. Acta Materialia，2017，124：268-279.

[8] Kim W J，Lee J B，Kim W Y，et al. Microstructure and mechanical properties of Mg-Al-Zn alloy sheets severely deformed by asymmetrical rolling [J]. Scripta Materialia，2007，56（4）：309-312.

[9] Tang W N，Park S S，You B S. Effect of the Zn content on the microstructure and mechanical properties of indirect-extruded Mg-5Sn-xZn alloys [J]. Materials & Design，2011，32（6）：3537-3543.

[10] Hantzsche K，Bohlen J，Wendt J，et al. Effect of rare earth additions on microstructure and texture development of magnesium alloy sheets [J]. Scripta Materialia，2010，63（7）：725-730.

[11] Lee J Y，Yun Y S，Kim W T，et al. Twinning and texture evolution in binary Mg-Ca and Mg-Zn alloys [J]. Metals and Materials International，2014，20（5）：885-891.

[12] Kim K H，Suh B C，Bae J H，et al. Microstructure and texture evolution of Mg alloys during twin-roll casting and subsequent hot rolling [J]. Scripta Materialia，2010，63（7）：716-720.

[13] Xu S W，Oh-Ishi K，Kamado S，et al. Twins，recrystallization and texture evolution of a Mg-5.99Zn-1.76Ca-0.35 Mn（wt.%）alloy during indirect extrusion process [J]. Scripta Materialia，2011，65（10）：875-878.

[14] Gorny A，Bamberger M，Katsman A. High temperature phase stabilized microstructure in Mg-Zn-Sn alloys with Y and Sb additions [J]. Journal of Materials Science，2007，42（24）：10014-10022.

[15] Del Valle J A，Carreño F，Ruano O A. Influence of texture and grain size on work hardening and ductility in magnesium-based alloys processed by ECAP and rolling [J]. Acta Materialia，2006，54（16）：4247-4259.

[16] Chino Y，Kado M，Mabuchi M. Enhancement of tensile ductility and stretch formability of magnesium by addition of 0.2 wt%（0.035at%）Ce [J]. Materials Science and Engineering A，2008，494（1-2）：343-349.

[17] Chino Y，Sassa K，Mabuchi M. Texture and stretch formability of a rolled Mg-Zn alloy containing dilute content of Y [J]. Materials Science and Engineering A，2009，513-514：394-400.

[18] Wu D，Chen R S，Han E H. Excellent room-temperature ductility and formability of rolled Mg-Gd-Zn alloy sheets [J]. Journal of Alloys and Compounds，2011，509（6）：2856-2863.

[19] Kang D H，Kim D W，Kim S，et al. Relationship between stretch formability and work-hardening capacity of twin-roll cast Mg alloys at room temperature [J]. Scripta Materialia，2009，61（7）：768-771.

[20] Suh B C，Kim J H，Hwang J H，et al. Twinning-mediated formability in Mg alloys [J]. Science Report，2016，6（1）：22364.

[21] Wang Q，Jiang B，Tang A，et al. Ameliorating the mechanical properties of magnesium alloy：role of texture [J]. Materials Science and Engineering A，2017，689：395-403.

[22] Chino Y，Ueda T，Otomatsu Y，et al. Effects of Ca on tensile properties and stretch formability at room temperature in Mg-Zn and Mg-Al alloys [J]. Materials Transactions，2011，52（7）：1477-1482.

[23] Zhao H D，Qin G W，Ren Y P，et al. Isothermal sections of the Mg-rich corner in the Mg-Sn-Y ternary system at 300 and 400℃ [J]. Journal of Alloys and Compounds，2009，481（1-2）：140-143.

[24] Hu G，Xing B，Huang F，et al. Effect of Y addition on the microstructures and mechanical properties of as-aged Mg-6Zn-1 Mn-4Sn（wt%）alloy [J]. Journal of Alloys and Compounds，2016，689：326-332.

[25] Jiang M G，Xu C，Yan H，et al. Unveiling the formation of basal texture variations based on twinning and dynamic

recrystallization in AZ31 magnesium alloy during extrusion [J]. Acta Materialia，2018，157：53-71.

[26] Guan D，Rainforth W M，Gao J，et al. Individual effect of recrystallisation nucleation sites on texture weakening in a magnesium alloy：part 1-double twins [J]. Acta Materialia，2017，135：14-24.

[27] Agnew S R，Yoo M H，Tome C N. Application of texture simulation to understanding mechanical behavior of Mg and solid solution alloys containing Li or Y [J]. Acta Materialia，2001，49（20）：4277-4289.

[28] Agnew S R，Horton J A，Yoo M H. Transmission electron microscopy investigation of dislocations in Mg and α-solid solution Mg-Li alloys [J]. Metallurgical and Materials Transactions A，2002，33（3）：851-858.

[29] Guan D，Rainforth W M，Gao J，et al. Individual effect of recrystallisation nucleation sites on texture weakening in a magnesium alloy：part 2-shear bands [J]. Acta Materialia，2018，145：399-412.

[30] Kim Y M，Mendis C，Sasaki T，et al. Static recrystallization behaviour of cold rolled Mg-Zn-Y alloy and role of solute segregation in microstructure evolution [J]. Scripta Materialia，2017，136：41-45.

[31] Nie J F. Effects of precipitate shape and orientation on dispersion strengthening in magnesium alloys [J]. Scripta Materialia，2003，48（8）：1009-1015.

[32] Feng S，Liu W，Zhao J，et al. Effect of extrusion ratio on microstructure and mechanical properties of Mg-8Li-3Al-2Zn-0.5Y alloy with duplex structure [J]. Materials Science and Engineering A，2017，692：9-16.

[33] Sun H F，Cheng J L，Fang W B. Evolution of microstructure and mechanical properties of Mg-3.0Zn-0.2Ca-0.5Y alloy by extrusion at various temperatures [J]. Journal of Materials Processing Technology，2016，229：633-640.

[34] Chino Y，Huang X，Suzuki K，et al. Influence of Zn concentration on stretch formability at room temperature of Mg-Zn-Ce alloy [J]. Materials Science and Engineering A，2010，528（2）：566-572.

[35] Blake A H，Cáceres C H. Solid-solution hardening and softening in Mg-Zn alloys [J]. Materials Science and Engineering A，2008，483：161-163.

[36] Zeng Z R，Bian M Z，Xu S W，et al. Effects of dilute additions of Zn and Ca on ductility of magnesium alloy sheet [J]. Materials Science and Engineering A，2016，674：459-471.

[37] Yuasa M，Miyazawa N，Hayashi M，et al. Effects of group II elements on the cold stretch formability of Mg-Zn alloys [J]. Acta Materialia，2015，83：294-303.

[38] Hong S G，Park S H，Lee C S. Role of {10$\bar{1}$2} twinning characteristics in the deformation behavior of a polycrystalline magnesium alloy [J]. Acta Materialia，2010，58（18）：5873-5885.

# 第4章

## 微合金化 Mg-Sn-Y 合金的高温力学性能

## 4.1 引言

目前开发的商用镁合金（如 AZ 系、AM 系等）已应用在汽车上的部分零件制作，如方向盘骨架、座椅骨架等[1]。但对于汽车发动机罩盖、变速器壳体等工作环境温度在 150～200℃的零部件[2]，由于 AZ 系和 AM 系镁合金的热稳定性较差，其应用范围受到限制[3]。因此，在较好室温力学性能的基础上，进一步提高镁合金高温力学性能，可拓宽镁合金的应用范围。耐热镁合金中，镁稀土系合金（Mg-RE），如 WE54、GW103 等，由于存在高温稳定且细小弥散的析出相及溶质偏聚，展现出较好的高温力学性能，但这些合金中稀土含量较高，高温下塑性有待提升。

近年来，Mg-Sn 基合金由于热稳定 $Mg_2Sn$ 相的形成而成为耐热材料的热点研究之一[4]。据报道，稀土元素钇（Y）的加入，除改善时效硬化行为之外，还能进一步改善 Mg-Sn 合金的耐腐蚀性能和力学性能[5]。此外，Muthuraja 等[6]和赵宏达[7]对 Mg-Sn-Y 三元相图的计算模拟和实验结果表明，在富镁区可形成与 $\alpha$-Mg 平衡的高熔点（1740℃）$Sn_3Y_5$ 相。因此，Mg-Sn-Y 合金在高温环境下具有较好的应用前景。但对于 Mg-Sn-Y 合金中各析出相特性及其对室温和高温力学性能影响的研究，目前仍较为缺乏。因此，在低含量合金元素的前提下，本章通过调控铸态 Mg-Sn-Y 合金中 Sn、Y 元素含量，探究合金中析出相的种类、分布及含量和合金室温、高温力学性能的演变规律；通过第一性原理计算探究 Mg-Sn-Y 合金中析出相本征特性（热力学性质及力学性质）及析出相与基体间的界面特性（界面能和界面理论强度），从原子层面揭示并筛选出析出相；随后结合第一性原理计算结果和实验结果，在 Mg-Y 基合金的基础上，添加微量的 Sn 元素，通过调整合金成分（即比例）得到含单一 $Sn_3Y_5$ 析出相的挤压态 Mg-Y-Sn 合金，探索合金元素比例及含量对显微组织、室温、高温力学性能及加工硬化行为的影响，以期得到力学性能与成本兼顾的合金，并分析合金的高温强化机制。

## 4.2 Sn 和 Y 微合金化制备耐高温变形 Mg-Sn 基合金

### 4.2.1 耐高温变形 Mg-Sn-Y 合金的制备

为了探索微量 Sn、Y 元素对 Mg-Sn-Y 合金显微组织和高温（200℃、250℃、300℃）力学性能的影响，首先改变 Y/Sn 值，以 Mg-1Sn-0.5Y、Mg-1Sn-1.5Y、Mg-1Sn-2Y、Mg-0.5Sn-2Y 及 Mg-0.5Sn-3.5Y（wt%）铸态合金为研究对象，研究 Y/Sn 值对 Mg-Sn-Y 合金中析出相的影响；然后，通过第一性原理计算探究 Mg-Sn-Y 合金中析出相的本征特性（热力学性质及力学性质）及析出相与基体间的界面特性（界面能和界面理论强度），从原子层面揭示并筛选出优越特性的析出相；最后，结合第一性原理计算的结果和实验结果，进一步添加 Y 以提高合金高温力学性能，并结合高温变形过程中显微组织演变分析该合金高温力学性能提高的作用机制。

研究所用 Mg-Sn-Y 合金通过普通重力铸造制备获得，其原材料主要包括工业纯镁（Mg，99.99 wt%）、纯锡（Sn，99.9 wt%）以及 Mg-30 wt% Y 中间合金。首先用钢刷将原材料表面打磨至光亮，并将模具、坩埚等工具在 150℃烘干备用。合金具体制备过程如下：将纯镁锭放入由 $CO_2$ 和 $SF_6$ 混合气体保护氛围下的熔炉坩埚中加热至 740℃，待纯镁完全熔化后保温 10 min，随后依次加入纯锡和 Mg-30Y 中间合金，合金完全熔化后静置保温 10 min，然后搅拌 2 min 并打去表面浮渣，最后将温度下降至 720℃左右的熔体浇入提前预热的金属模具中，空冷至室温得到尺寸为直径 95 mm 的圆形铸锭。将熔炼制备的 Mg-Sn-Y 铸态合金进行电感耦合等离子体原子发射光谱（ICP-AES）测试分析得到合金的实际成分，如表 4-1 所示。接着，将铸态合金在 500℃均匀化 10 h，然后去掉表层氧化皮及铸锭头尾并切出直径 30 mm、高 30 mm 的圆柱试样，将试样在 400℃下预热 1 h 后在 200 t 立式挤压机上进行挤压，得到截面尺寸为直径 10 mm 的圆棒。具体挤压参数为：坯料温度为 400℃，模具温度为 400℃，挤压速度为 1.2 mm/s，挤压比为 9。

**表 4-1 Mg-Sn-Y 合金实际化学成分（wt%）**

| 合金 | Mg | Sn | Y |
|---|---|---|---|
| Mg-1Sn-0.5Y | 余量 | 0.89 | 0.44 |
| Mg-1Sn-1.5Y | 余量 | 0.84 | 1.37 |

续表

| 合金 | Mg | Sn | Y |
|---|---|---|---|
| Mg-1Sn-2Y | 余量 | 1.04 | 2.15 |
| Mg-0.5Sn-2Y | 余量 | 0.51 | 1.81 |
| Mg-0.5Sn-3.5Y | 余量 | 0.49 | 3.52 |
| Mg-2.5Sn | 余量 | 2.36 | — |

## 4.2.2　Sn 和 Y 微合金化对镁合金析出相的影响

图 4-1 为 Mg-1Sn-0.5Y 铸态合金的显微组织。图 4-1（a）表明，合金中析出相以针状相为主，并存在少量尺寸较小的颗粒相。针状相在铸态合金凝固过程中不连续析出，而颗粒相均匀分布于镁基体中。随后，对图 4-1（a）中合金黄色方框区域做面扫定性分析。图 4-1（b）～（d）展示了 Mg、Sn、Y 元素在合金中的分布情况，图 4-1 中的两种相均包含了 Mg、Sn、Y 三种元素。从进一步的能谱点扫描结果可以看出（图 4-2），针状和颗粒相 Sn、Y 原子比接近于 1∶1，因此推测

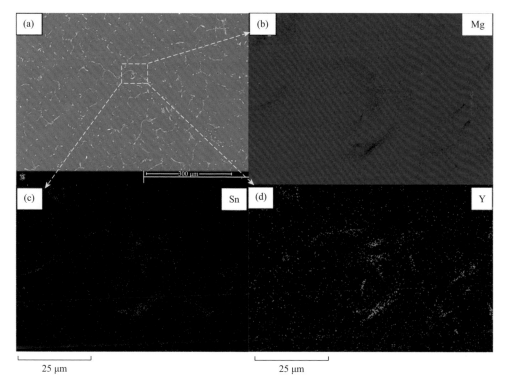

**图 4-1**　（a）Mg-1Sn-0.5Y 铸态合金显微组织；（b）～（d）局部能谱面扫描结果

该合金中主要以针状和颗粒状 MgSnY 三元相为主。对于 MgSnY 三元相的推测与目前已有报道[4, 8, 9]结果保持一致。同时，图 4-6 所示的 Mg-1Sn-0.5Y 铸态合金的 XRD 结果也表明 Mg-1Sn-0.5Y 铸态合金中除了 $\alpha$-Mg 相还存在 MgSnY 三元相。

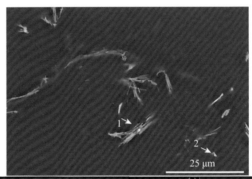

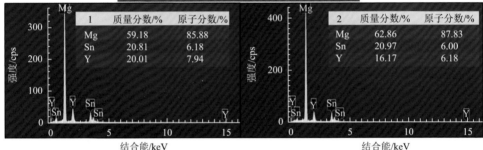

图 4-2　Mg-1Sn-0.5Y 铸态合金显微组织以及局部能谱点扫描结果

图 4-3 为 Mg-1Sn-1.5Y 铸态合金的显微组织及局部能谱点扫描结果。图 4-3（a）表明，析出相主要呈针状，且沿晶界及枝晶分布。这种微观结构是典型的铸态组织形貌。随后，对图 4-3（a）中点 1 进行点扫分析，其结果对应于图 4-3（b）。从点扫结果可以看出针状相 Sn：Y 原子比约为 1：1。结合图 4-4 合金的能谱面扫描分析结果，针状相包含 Mg、Sn、Y 三种元素。最后，根据 XRD 结果可推测 Mg-1Sn-1.5Y 铸态合金中析出相以针状 MgSnY 三元相为主。

图 4-5 为 Mg-1Sn-2Y 铸态合金显微组织及局部能谱面扫描及点扫描分析结果。图 4-5（a）和（b）表明，合金中主要包含针状相和颗粒相，且分布较为均匀。随后对合金中局部区域进行能谱面扫描分析发现，针状相主要包含 Mg、Sn、Y 三种元素，而颗粒相主要包含 Sn、Y 元素。为进一步确定针状相和颗粒相的种类，分别对两种形貌的相做点扫描分析，如图 4-5（d）所示。对于针状相如图 4-5（b）中红色圈点 2、3，Sn、Y 原子比接近 1：1，而点 1 处 Sn、Y 原子比接近 3：5。有报道称 Mg 在 $Sn_3Y_5$ 相中有少量的溶解度[10]。再结合图 4-6 所示的 XRD 结果，推测 Mg-1Sn-2Y 铸态合金中析出相以针状 MgSnY 三元相和颗粒状 $Sn_3Y_5$ 相为主。

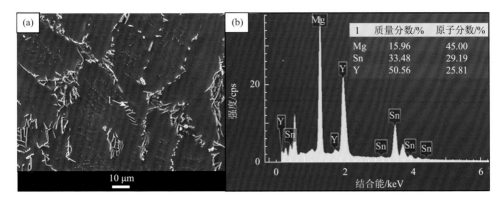

图 4-3　Mg-1Sn-1.5Y 铸态合金显微组织（a）及局部能谱点扫描结果（b）

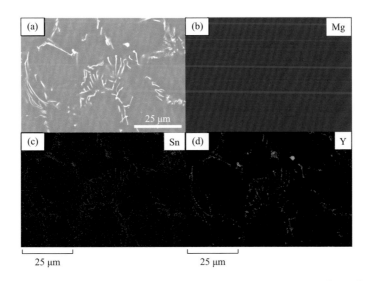

图 4-4　（a）Mg-1Sn-1.5Y 铸态合金显微组织；（b）～（d）局部能谱面扫描结果

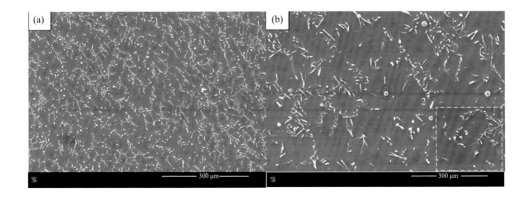

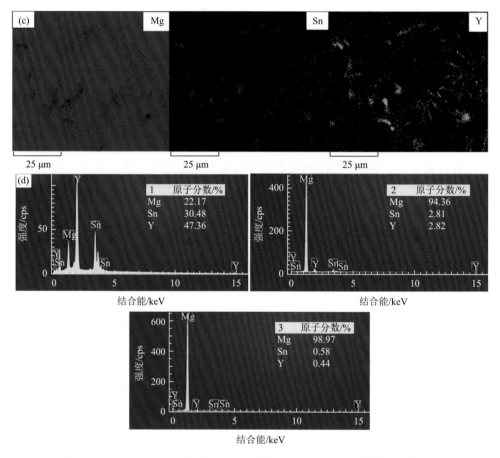

图 4-5 （a）Mg-1Sn-2Y 铸态合金显微组织；（b）～（d）局部面扫描结果

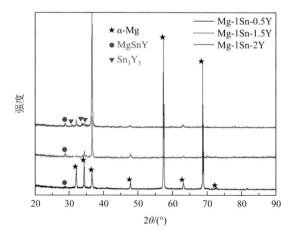

图 4-6 不同 Y 含量的 Mg-Sn-Y 铸态合金 XRD 结果

　　基于上述分析可知，当 Sn 含量为 1 wt%时，Y 含量由 0.5 wt%增加至 1.5 wt%，合金中析出相由针状和颗粒状 MgSnY 三元相转变为针状 MgSnY 三元相；当 Y 含量进一步增加至 2 wt%，合金中析出相种类由针状 MgSnY 三元相转变为针状 MgSnY 三元相和颗粒状 $Sn_3Y_5$ 为主。采用 Image Pro 软件对 Mg-1Sn-0.5Y、Mg-1Sn-1.5Y 和 Mg-1Sn-2Y 铸态合金中析出相总含量进行统计，其含量分别约为 2.75%、4.97%和 4.96%。这说明合金元素 Y 从 0.5 wt%增加至 1.5 wt%时，MgSnY 三元相含量约提高 80%，当 Y 含量继续增加至 2 wt%时析出相含量几乎不发生变化，这可能是由于 $Sn_3Y_5$ 相的形成消耗了合金中更多的 Y 元素。此外，显微组织分析结果表明，随着 Y 含量增加，并未明显观察到 $Mg_{24}Y_5$ 相，一方面可能是因为在 Mg、Sn 和 Y 三种元素之间，Sn 和 Y 表现出更好的亲和力，这取决于元素自身的电负性[11]；另一方面可能是 $Sn_3Y_5$ 相本征性质生成焓低于 $Mg_{24}Y_5$ 相，因此更好的合金化能力使 $Sn_3Y_5$ 相在高 Y 含量下形成。图 4-7 为 Mg-0.5Sn-2Y 铸态合金的显微组织。从图 4-7（a）中可以看出，合金中的析出相分布较为均匀且尺寸较小，但从图 4-7（b）局部放大图中可看出析出相形貌不规则。为分析析出相种类，对合金局部区域进行面扫和点扫分析。结果表明，析出相中主要富集 Sn、Y 元素，且 Sn∶Y 原子比均接近于 3∶5。进一步结合图 4-8 所示的 XRD 结果，Mg-0.5Sn-2Y 铸态合金中析出相以 $Sn_3Y_5$ 相为主。

　　Mg-1Sn-2Y 铸态合金以针状 MgSnY 三元相和颗粒状 $Sn_3Y_5$ 相为主，总含量约为 4.96%。而 Mg-0.5Sn-2Y 铸态合金中析出相以 $Sn_3Y_5$ 为主，总含量约为 2.30%。因此当 Y 含量为 2 wt%时，Sn 含量的增加引起 Mg-Sn-Y 合金中析出相由不规则 $Sn_3Y_5$ 转变为针状 MgSnY 三元相和颗粒状 $Sn_3Y_5$，并且总含量提高了约 115.6%。此外，可以发现 Mg-Sn-Y 合金中 Sn 含量增加，并未明显观察到 $Mg_2Sn$ 相，说明 MgSnY 三元相和 $Sn_3Y_5$ 的生成焓均比 $Mg_2Sn$ 更低，从而在凝固过程中更易形成。

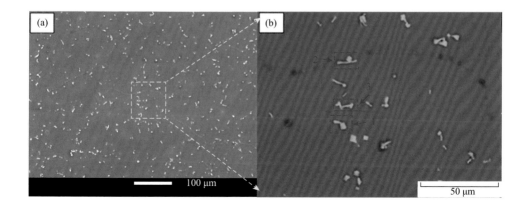

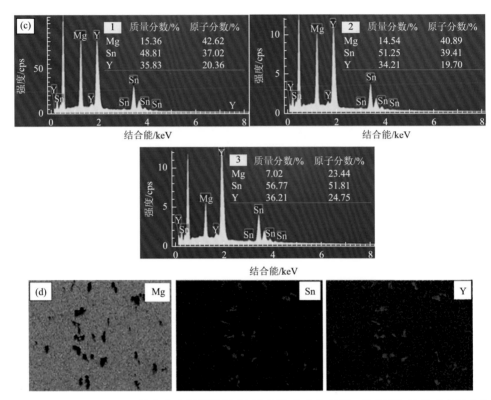

图 4-7 （a）Mg-0.5Sn-2Y 铸态合金显微组织及局部面扫和点扫结果，其中面扫结果对应于（b），点扫结果对应于（b）中红色方框处；（c）（b）中对应点的 EDS 点扫结果；（d）（b）图对应的 EDS 面扫结果

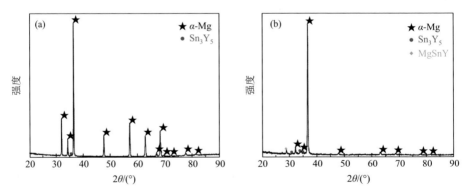

图 4-8 （a）Mg-0.5Sn-2Y 和（b）Mg-1Sn-2Y 铸态合金的 XRD 结果

### 4.2.3 Mg-Sn-Y 合金中析出相及其与基体的界面特性

近年来，基于量子力学的第一性原理计算被广泛用于评估金属晶体材料的性

能[12, 13]。第一性原理计算除了可以在原子尺度建立析出物自身晶体结构外，还可以建立析出相与基体间详细的界面结构。通过相关计算参数的设置，得到晶体结构的总能量。通常，运用生成焓（$\Delta H$）、结合能（$E_{coh}$）、弹性常数、界面结合强度等参数表征预测析出相自身热力学、力学性质及其与基体间界面性质对材料宏观力学性能的影响[14]。

生成焓是表征相结构热力学稳定性的重要参数，表示物质反应过程中释放或吸收的能量[15]。若生成焓为正值，表明生成物的总能量大于反应物，该过程为吸热反应；相反，生成焓为负值，该过程为放热反应。若生成焓为负值，其值越低，说明此相在凝固过程中越容易形成。结合能可用于衡量结构的稳定性，反映晶体分解为单个原子时所消耗的外界功[16]。若结合能为负值，其值越低，说明晶体结构的稳定性越高。生成焓和结合能计算式具体如下[17]：

$$\Delta H = \frac{E_{tot}^{AB} - \left(N_A E_{form}^A + N_B E_{form}^B\right)}{N_A + N_B} \quad (4\text{-}1)$$

$$E_{coh} = \frac{E_{tot}^{AB} - \left(N_A E_{atom}^A + N_B E_{atom}^B\right)}{N_A + N_B} \quad (4\text{-}2)$$

式中，$E_{form}^A$ 和 $E_{form}^B$ 分别为 A、B 单个基态原子能量；$E_{tot}^{AB}$ 为体系总能量；$E_{atom}^A$ 和 $E_{atom}^B$ 分别为 A、B 单个自由态原子能量；$N_A$ 和 $N_B$ 分别为 A、B 原子个数。考虑到计算相均由金属原子组成，选用广义梯度近似 GGA-PBE。

图 4-9 为 $Mg_2Sn$、$Mg_{24}Y_5$、$Sn_3Y_5$ 三种析出相生成焓和结合能的计算值。在 SCF 精度 $1.0 \times 10^{-6}$ eV 进行结构优化后，计算得到 $Mg_2Sn$、$Mg_{24}Y_5$、$Sn_3Y_5$ 能量分别为 $-2043.99$ eV、$-24342.50$ eV、$-2516.12$ eV。基于式（4-1）、式（4-2）得到生成焓和结合能结果，如图 4-9 所示。从图 4-9 中可看出 $Mg_2Sn$、$Mg_{24}Y_5$ 和

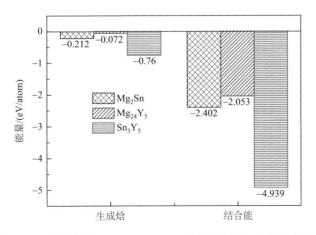

图 4-9　三种析出相 $Mg_2Sn$、$Mg_{24}Y_5$ 和 $Sn_3Y_5$ 的生成焓和结合能

$Sn_3Y_5$ 的生成焓分别为 –0.212 eV/atom、–0.072 eV/atom、–0.76 eV/atom，可以看出它们的生成焓数值都是负的，说明三种析出相在凝固过程中均可形成。相比之下，$Mg_{24}Y_5$、$Mg_2Sn$、$Sn_3Y_5$ 生成焓绝对值依次升高，可以说明，$Sn_3Y_5$ 在合金凝固过程中更易形成，$Mg_2Sn$ 次之，$Mg_{24}Y_5$ 最难。同时，从图 4-9 中还可以看出，$Mg_2Sn$、$Mg_{24}Y_5$ 和 $Sn_3Y_5$ 结合能分别为 –2.402 eV/atom、–2.053 eV/atom、–4.939 eV/atom。可知 $Sn_3Y_5$ 具有最低的结合能，其值约为 $Mg_2Sn$、$Mg_{24}Y_5$ 结合能的两倍，由此说明与 $Mg_2Sn$、$Mg_{24}Y_5$ 相相比，$Sn_3Y_5$ 相具有更好的热力学稳定性。

通过弹性常数等评估析出相自身力学稳定性有利于进一步理解各析出相自身特性对材料力学性能的影响[18]。因此本节主要利用第一性原理计算 Mg-Sn-Y 合金体系中析出相 $Mg_2Sn$、$Mg_{24}Y_5$ 和 $Sn_3Y_5$ 的弹性常数。对于六方结构，存在六个相互独立的弹性常数 $C_{11}$、$C_{12}$、$C_{13}$、$C_{33}$、$C_{44}$ 和 $C_{66}$。对于立方结构，仅有三个相互独立的弹性常数 $C_{11}$、$C_{12}$ 和 $C_{44}$。对析出相的力学稳定性进行初步评估，立方结构和六方结构分别需满足以下标准[19, 20]：

$$(C_{11}-C_{12})>0,\ (C_{11}+2C_{12})>0,\ C_{44}>0 \tag{4-3}$$

$$C_{11}>0,\ C_{11}>|C_{12}|,\ C_{44}>0,\ [(C_{11}+C_{12})C_{33}-2C_{13}^2]>0 \tag{4-4}$$

结合表 4-2 计算结果可以看出立方结构 $Mg_2Sn$、$Mg_{24}Y_5$ 和六方结构 $Sn_3Y_5$ 均满足上述限制条件，由此说明这三种析出相均是力学稳定的。同时，表 4-2 中也列出了其他学者计算得到的 $Mg_2Sn$ 弹性常数，可以发现本研究计算数值与他们的基本保持一致，进一步说明本研究计算参数选取的合理性。

表 4-2　$Mg_2Sn$、$Mg_{24}Y_5$ 和 $Sn_3Y_5$ 弹性常数计算结果

| 相 | $C_{11}$ | $C_{12}$ | $C_{13}$ | $C_{33}$ | $C_{44}$ | $C_{66}$ | 参考文献 |
|---|---|---|---|---|---|---|---|
| $Mg_2Sn$ | 67.57 | 25.41 | — | — | 33.72 | — | 本研究工作 |
| $Mg_2Sn$ | 69.8 | 25.9 | | | 31.1 | | [21] |
| $Mg_{24}Y_5$ | 81.83 | 17.63 | — | — | 21.98 | — | 本研究工作 |
| $Sn_3Y_5$ | 167.38 | 49.72 | 32.62 | 119.60 | 48.57 | 58.83 | 本研究工作 |

为进一步探索物相力学性能，基于以上立方结构 $Mg_2Sn$、$Mg_{24}Y_5$ 相和六方结构 $Sn_3Y_5$ 相的弹性常数，由 Voigt 近似估算得到高对称结构研究体系的体模量（$B$）和剪切模量（$G$）[22, 23]。

立方 $Mg_2Sn$、$Mg_{24}Y_5$ 相：

$$B=(C_{11}+2C_{12})/3 \tag{4-5}$$

$$G=(C_{11}-C_{12}+3C_{44})/5 \tag{4-6}$$

六方 $Sn_3Y_5$ 相：

$$B = (2C_{11} + 2C_{12} + 4C_{13} + C_{33})/9 \tag{4-7}$$

$$G = (2C_{11} - C_{12} - 2C_{13} + C_{33} + 6C_{44} + 3C_{66})/15 \tag{4-8}$$

析出相 $Mg_2Sn$、$Mg_{24}Y_5$ 和 $Sn_3Y_5$ 体模量（$B$）、剪切模量（$G$）及比值 $B/G$ 计算结果如表 4-3 所示。

**表 4-3　析出相 $Mg_2Sn$、$Mg_{24}Y_5$ 和 $Sn_3Y_5$ 体模量（$B$）、剪切模量（$G$）和 $B/G$ 比值计算结果**

| 相 | $B$/GPa | $G$/GPa | $B/G$ | 参考文献 |
|---|---|---|---|---|
| Mg | 35 | 17 | 2.06 | [24] |
| $Mg_2Sn$ | 39.46 | 28.66 | 1.38 | 本研究工作 |
| | 40.5 | 27.4 | 1.48 | [21] |
| $Mg_{24}Y_5$ | 40.48 | 32.85 | 1.23 | 本研究工作 |
| $Sn_3Y_5$ | 76.03 | 53.82 | 1.41 | 本研究工作 |

体模量反映了外加压应力作用下材料的抗体积变形能力，值越大则抗体积变形能力越强[25]。从表 4-3 的计算结果可以看出，三种析出相的体模量均大于 $\alpha$-Mg 相的体模量（35GPa），说明 Mg-Sn-Y 合金中 $Mg_2Sn$、$Mg_{24}Y_5$ 和 $Sn_3Y_5$ 析出相的形成均可能提高镁基体的抗压体积变形能力。其中，$Sn_3Y_5$ 相体模量最大，说明 $Sn_3Y_5$ 相在镁合金中抗体积变形能力最强；而 $Mg_{24}Y_5$ 和 $Mg_2Sn$ 相的体模量值小于 $Sn_3Y_5$ 相，说明两者抗体积变形能力接近。剪切模量反映了在剪切应力作用下材料的抗变形能力，值越大则抗变形能力越强[26]。剪切模量的大小顺序为 $\alpha$-Mg＜$Mg_2Sn$＜$Mg_{24}Y_5$＜$Sn_3Y_5$，这表明在剪切应力下 $Sn_3Y_5$ 相在合金中的抗变形能力最强，$Mg_{24}Y_5$ 相次之，$Mg_2Sn$ 相最弱。Pugh 判据[27]提出 $B/G$ 比值可用于评判材料韧脆性，$B/G$ 比值 1.75 是韧脆性临界值。$B/G$ 比值小于 1.75，说明该材料表现为脆性；$B/G$ 比值大于 1.75，说明该材料表现为韧性，并且 $B/G$ 比值越大表明材料具有越好的韧性。从表 4-3 中可以看出，析出相 $B/G$ 比值的大小顺序为 $Mg_{24}Y_5$＜$Mg_2Sn$＜$Sn_3Y_5$＜1.75＜$\alpha$-Mg，说明 $Mg_2Sn$、$Mg_{24}Y_5$ 和 $Sn_3Y_5$ 相在合金材料中均表现出脆性。

基于昆士兰大学 Zhang 等[28, 29]提出的边-边匹配模型，本课题组前期研究工作[30, 31]及已报道研究[32]，预测并实验得到三种析出相与镁基体间的界面匹配关系，分别为 $(10\bar{1}1)_{Mg} / (220)_{Mg_2Sn}$，$[\bar{2}113]_{Mg}//[001]_{Mg_2Sn}$；$(0002)_{Mg} / (3\bar{3}0)_{Mg_{24}Y_5}$，$[2\bar{1}\bar{1}0]_{Mg}// [001]_{Mg_{24}Y_5}$；$(10\bar{1}0)_{Mg} / (11\bar{2}2)_{Sn_3Y_5}$，$[0001]_{Mg}//[11\bar{2}3]_{Sn_3Y_5}$。因此，本研究后续采用的界面匹配模型分别为 $(10\bar{1}1)_{Mg} / (220)_{Mg_2Sn}$，$(0002)_{Mg} / (3\bar{3}0)_{Mg_{24}Y_5}$，$(10\bar{1}0)_{Mg} / (11\bar{2}2)_{Sn_3Y_5}$。界面模型中表面的选择需满足晶体结构特征，以提高计算的精确性，因此需对表面模型进行结构收敛性测试，得到合适的原子层数。此外，考虑到晶体的三维周期性结构，在每个表面模型上方添加 10 Å 厚度的真空层以阻

止各表面的交互作用。本小节主要从具有不同层数表面模型的表面能去衡量是否达到收敛。表面能具体表达式如下[33]：

$$E_{\text{suf}}(N) = \frac{1}{2A}\left[ E_{\text{tot}} - \left( \frac{N_{\text{slab}}}{N_{\text{bulk}}} \right) E_B^{\text{bulk}} \right] \qquad (4\text{-}9)$$

式中，$A$ 为表面面积；$N_{\text{bulk}}$ 和 $N_{\text{slab}}$ 分别为体结构和表面结构中的原子个数；$E_B^{\text{bulk}}$ 为原子在体结构中的总能量；$E_{\text{tot}}$ 为表面的总能量；$E_{\text{suf}}$ 为计算后所得到的相关表面模型的表面能。

图 4-10 为收敛测试过程中不同原子层数的 $(10\bar{1}0)_{\text{Mg}}$、$(10\bar{1}1)_{\text{Mg}}$、$(220)_{\text{Mg}_2\text{Sn}}$、$(3\bar{3}0)_{\text{Mg}_{24}\text{Y}_5}$ 和 $(11\bar{2}2)_{\text{Sn}_3\text{Y}_5}$ 表面模型。图 4-11 是收敛测试过程中不同原子层数的 $(10\bar{1}0)_{\text{Mg}}$、$(10\bar{1}1)_{\text{Mg}}$、$(220)_{\text{Mg}_2\text{Sn}}$、$(3\bar{3}0)_{\text{Mg}_{24}\text{Y}_5}$ 和 $(11\bar{2}2)_{\text{Sn}_3\text{Y}_5}$ 表面的表面能。从图 4-11 的表面能结果分别得到不同表面模型的原子层数：4 层 $(10\bar{1}0)_{\text{Mg}}$，4 层 $(10\bar{1}1)_{\text{Mg}}$，7 层 $(220)_{\text{Mg}_2\text{Sn}}$，9 层 $(3\bar{3}0)_{\text{Mg}_{24}\text{Y}_5}$，5 层 $(11\bar{2}2)_{\text{Sn}_3\text{Y}_5}$。对于 $(0002)_{\text{Mg}}$ 表面模型的厚度选择文献报道的 5 层原子层数[34]。

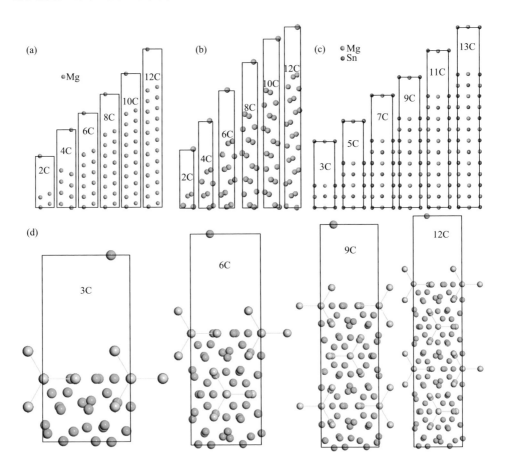

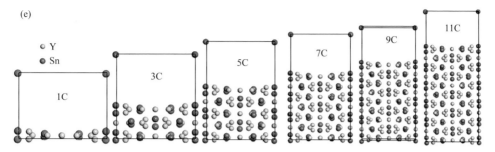

图 4-10 收敛性测试中的表面模型：（a）$(10\bar{1}0)_{Mg}$；（b）$(10\bar{1}1)_{Mg}$；（c）$(220)_{Mg_2Sn}$；（d）$(3\bar{3}0)_{Mg_{24}Y_5}$；（e）$(11\bar{2}2)_{Sn_3Y_5}$

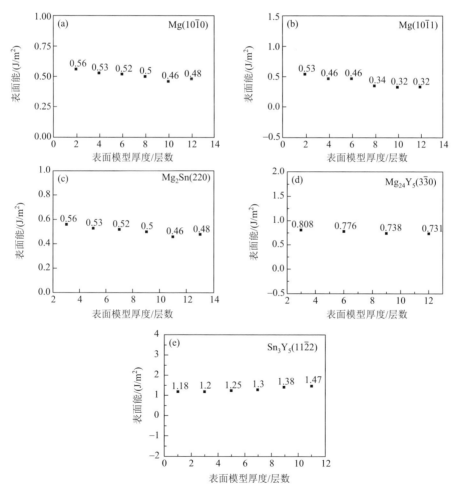

图 4-11 不同原子层表面的表面能：（a）$(10\bar{1}0)_{Mg}$；（b）$(10\bar{1}1)_{Mg}$；（c）$(220)_{Mg_2Sn}$；（d）$(3\bar{3}0)_{Mg_{24}Y_5}$；（e）$(11\bar{2}2)_{Sn_3Y_5}$

基于以上表面模型收敛性测试，建立如图 4-12 所示的三种析出相 Mg₂Sn、Mg₂₄Y₅、Sn₃Y₅ 与 α-Mg 基体间的界面模型结构。对于 $(10\bar{1}1)_{Mg}$ / $(220)_{Mg_2Sn}$ 界面，将 4 层 $(10\bar{1}1)_{Mg}$ 置于 7 层 $(220)_{Mg_2Sn}$ 上方。对于 $(0002)_{Mg}$ / $(3\bar{3}0)_{Mg_{24}Y_5}$ 界面，将 5 层 $(0002)_{Mg}$ 置于 9 层 $(3\bar{3}0)_{Mg_{24}Y_5}$ 上方。对于 $(10\bar{1}0)_{Mg}$ / $(11\bar{2}2)_{Sn_3Y_5}$ 界面，4 层 $(10\bar{1}0)_{Mg}$ 置于 5 层的 $(11\bar{2}2)_{Sn_3Y_5}$ 上方。通过表面模型可知，$(11\bar{2}2)_{Sn_3Y_5}$ 表面的晶格常数分别为 $a = 15.419$ Å，$b = 11.044$ Å，$(10\bar{1}0)_{Mg}$ 表面的晶格常数分别为 $a = 16.047$ Å，$b = 10.421$ Å，因此，$(10\bar{1}0)_{Mg}$ / $(11\bar{2}2)_{Sn_3Y_5}$ 界面的错配度为 5.64%。$(220)_{Mg_2Sn}$ 表面的晶格常数分别为 $a = 13.530$ Å，$b = 4.784$ Å，$(10\bar{1}1)_{Mg}$ 表面的晶格常数分别为 $a = 11.811$ Å，$b = 3.209$ Å，因此，$(10\bar{1}1)_{Mg}$ / $(220)_{Mg_2Sn}$ 界面的错配度为 12.63%。根据 Bramfitt[35]提出的二维晶格错配理论模型，$(10\bar{1}1)_{Mg}$ / $(220)_{Mg_2Sn}$ 和 $(10\bar{1}0)_{Mg}$ / $(11\bar{2}2)_{Sn_3Y_5}$ 界面错配度对计算结果产生的影响可忽略。考虑到周期性边界条件并且为了补偿界面的错配程度，将 Mg 在 $U$、$V$ 方向进行小幅度拉伸或压缩，使界面间达到共格。同时，在界面模型上面加入 10 Å 的真空层以防止相邻表面的交互作用。三种析出相 Mg₂Sn、Mg₂₄Y₅、Sn₃Y₅ 与 α-Mg 基体间的界面模型 $(10\bar{1}1)_{Mg}$ / $(220)_{Mg_2Sn}$、$(0002)_{Mg}$ / $(3\bar{3}0)_{Mg_{24}Y_5}$、$(10\bar{1}0)_{Mg}$ / $(11\bar{2}2)_{Sn_3Y_5}$ 如图 4-12 所示。

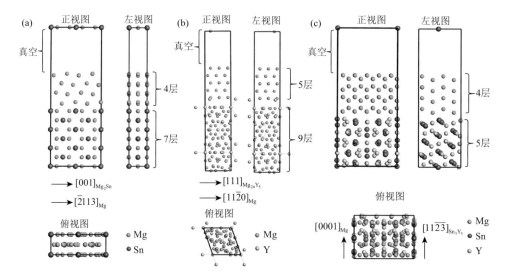

图 4-12　Mg₂Sn、Mg₂₄Y₅、Sn₃Y₅ 和 α-Mg 基体间的界面模型：（a）$(10\bar{1}1)_{Mg}$ / $(220)_{Mg_2Sn}$；（b）$(0002)_{Mg}$ / $(3\bar{3}0)_{Mg_{24}Y_5}$；（c）$(10\bar{1}0)_{Mg}$ / $(11\bar{2}2)_{Sn_3Y_5}$

通常析出相与基体间界面性质可通过界面能与界面理论强度（黏附功）描述。界面能 $\gamma_{A/B}$ 作为金属材料中一个重要的热力学参数，反映了系统混乱的原子排列而引起的自由能的增加，其具体表达式如下[36, 37]：

$$\gamma_{A/B} = \left( E_{\text{interface}}^{AB} - \sum N_i \mu_i \right) / A_{\text{interface}} - \left( E_{\text{surf}}^{A} + E_{\text{surf}}^{B} \right) \tag{4-10}$$

式中，$A_{\text{interface}}$ 为界面面积；$E_{\text{interface}}^{AB}$ 为界面总能；$E_{\text{surf}}^{A}$ 和 $E_{\text{surf}}^{B}$ 分别为 Mg 基体和析出相的表面能；$N_i$ 为界面模型中 $i$ 原子数，是 $i$ 原子在相应表面模型中的化学势，由于通过收敛性测试选择的表面模型具有体结构模型特征，因此其数值上等于单个 $i$ 原子能量。

黏附功 $W_{ad}$ 反映了析出相与基体间的理论界面强度，其数值越高代表该界面两侧原子相互作用越强[38]，其具体表达式如下：

$$W_{\text{ad}} = \left( E_{\text{surf}}^{\text{Mg}} + E_{\text{surf}}^{\text{intermetallics}} - E_{\text{Mg/intermetallics}} \right) / A \tag{4-11}$$

式中，$E_{\text{surf}}^{\text{Mg}}$ 和 $E_{\text{surf}}^{\text{intermetallics}}$ 为 Mg 基体和析出相的表面模型总能；$E_{\text{Mg/intermetallics}}$ 为界面能；$A$ 为界面面积。

表 4-4 是 $(10\overline{1}1)_{\text{Mg}}$ / $(220)_{\text{Mg}_2\text{Sn}}$、$(0002)_{\text{Mg}}$ / $(3\overline{3}0)_{\text{Mg}_{24}\text{Y}_5}$、$(10\overline{1}0)_{\text{Mg}}$ / $(11\overline{2}2)_{\text{Sn}_3\text{Y}_5}$ 界面的界面能和黏附功的计算结果。从计算结果可以看出 $(10\overline{1}0)_{\text{Mg}}$ / $(11\overline{2}2)_{\text{Sn}_3\text{Y}_5}$ 界面能为–29.20 J/m²，而对于 $(10\overline{1}1)_{\text{Mg}}$ / $(220)_{\text{Mg}_2\text{Sn}}$ 和 $(0002)_{\text{Mg}}$ / $(3\overline{3}0)_{\text{Mg}_{24}\text{Y}_5}$ 界面能分别为 –15.22 J/m²、–11.70 J/m²。$(10\overline{1}0)_{\text{Mg}}$ / $(11\overline{2}2)_{\text{Sn}_3\text{Y}_5}$ 界面能的绝对值约为 Mg₂Sn、Mg₂₄Y₅ 与镁基体界面能的两倍。界面能绝对值越大表明该界面越稳定，因此 Sn₃Y₅/α-Mg 界面从热力学的角度看是更稳定的。此外，对比三种析出相与镁基体间的理想界面强度值可以看出，$(10\overline{1}0)_{\text{Mg}}$ / $(11\overline{2}2)_{\text{Sn}_3\text{Y}_5}$ 界面强度最大，说明该界面在被分离为两个自由表面时需要消耗更多的能量，可更好地抵抗外应力变形。

表 4-4　$(10\overline{1}1)_{\text{Mg}}$ / $(220)_{\text{Mg}_2\text{Sn}}$、$(0002)_{\text{Mg}}$ / $(3\overline{3}0)_{\text{Mg}_{24}\text{Y}_5}$、$(10\overline{1}0)_{\text{Mg}}$ / $(11\overline{2}2)_{\text{Sn}_3\text{Y}_5}$ 的界面能和黏附功

| 界面模型 | 界面能/(J/m²) | 黏附功/(J/m²) |
| --- | --- | --- |
| Mg/Mg₂Sn | −15.22 | 0.19 |
| Mg/Mg₂₄Y₅ | −11.70 | 0.74 |
| Mg/Sn₃Y₅ | −29.20 | 0.91 |

为了详细了解 Mg/Mg₂Sn、Mg/Mg₂₄Y₅ 和 Mg/Sn₃Y₅ 界面的电子结构特征，本小节分析了各界面的差分电荷密度，如图 4-13 所示。从电荷密度图标尺中可知，差分密度在–0.05201 到 0.08183 范围之间用红色到蓝色表示，失去电子表现为红色，得到电子表现为绿色，颜色越倾向于蓝色说明得到电子数越多。从图 4-13 中可以看出，Mg/Mg₂Sn 界面处源于 α-Mg 基体的 Mg 原子周围主要呈现红色，说明界面处 Mg 原子失去电子，源于 Mg₂Sn 的 Sn 原子周围呈现明显

的绿色，说明界面处 Sn 原子得到电子，由此表明 Mg/Mg₂Sn 界面处 Mg、Sn 原子间发生电荷转移从而形成 Mg-Sn 离子键。如图 4-13（b）所示，Mg/Mg₂₄Y₅界面电荷主要聚集在 Mg₂₄Y₅ 内部，而界面处的原子间并没有明显的电荷转移，因此界面处主要形成金属键。如图 4-13（c）所示，Mg/Sn₃Y₅ 界面处源于 Sn₃Y₅的 Sn 原子得到电子，周围区域呈现蓝色，源于 α-Mg 基体的 Mg 原子失去电子，周围区域呈现红色，说明在界面处的 Mg 和 Sn 原子间发生明显的电荷转移，形成 Mg-Sn 离子键，同时，界面处 Y 原子失去电子，界面邻近的 Mg 原子得到电子，说明界面处 Mg 和 Y 原子间也发生了电荷转移，形成 Mg-Y 离子键，因此相比于 Mg/Mg₂Sn 和 Mg/Mg₂₄Y₅ 界面，该界面电荷转移量较多，这说明 Mg/Sn₃Y₅界面原子间发生强烈的交互作用，界面结合更加牢固，这也与界面能计算结果相吻合。

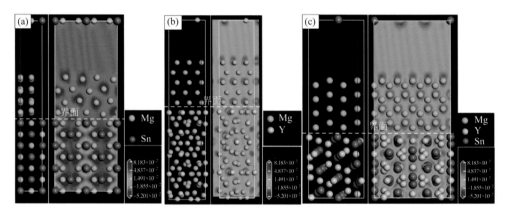

图 4-13　（a）Mg/Mg₂Sn、（b）Mg/Mg₂₄Y₅ 和（c）Mg/Sn₃Y₅ 界面的电荷差分密度图

Mg/Mg₂Sn、Mg/Mg₂₄Y₅ 和 Mg/Sn₃Y₅ 界面的偏态密度和总态密度（DOS）结果如图 4-14、图 4-15 和图 4-16 所示。从图 4-14 可以看出 Mg 原子的态密度分别分布在–45～–40 eV 和–10～2 eV 之间，而 Sn 原子的态密度分布在–10～2 eV 之间。Mg/Mg₂Sn 界面–45～–40 eV 之间的电子主要由 Mg（p）轨道电子贡献，而该界面的主要波峰在–10～2 eV 之间，此能量区间又可分为两部分，在–10～–6 eV 之间主要是 Mg（s）和 Sn（s）分态密度发生共振，在–6～2 eV 之间主要是 Mg（s）、Mg（p）和 Sn（p）分态密度发生明显共振，由此说明–10～–6 eV 之间主要是 Mg（s）和 Sn（s）之间的轨道电子作用，而–6～2 eV 之间主要是 Mg（s）、Mg（p）和 Sn（p）轨道电子的相互作用，并且分波态密度重合度较大，因此 Mg/Mg₂Sn 界面主要是 Mg（s）、Mg（p）和 Sn（p）轨道电子的贡献。

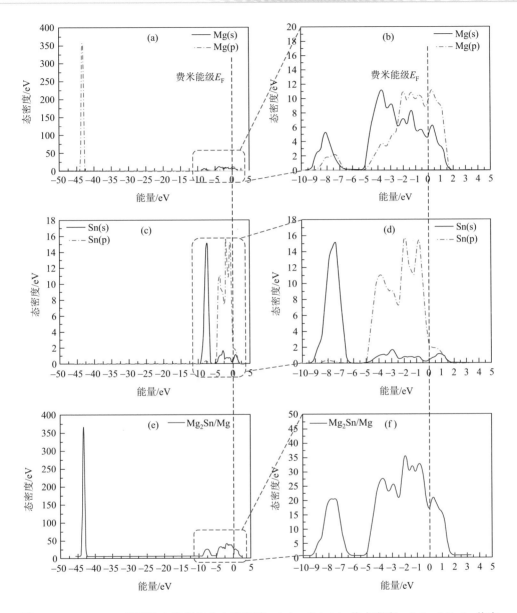

**图 4-14**　Mg/Mg₂Sn 界面偏态密度和总态密度图：（a）、（b）Mg 偏态密度；（c）、（d）Sn 偏态密度；（e）、（f）总态密度

图 4-15 表明，Mg/Mg₂₄Y₅ 界面中 Mg 原子的态密度分布和 Mg/Mg₂Sn 类似，而 Y 原子的态密度分布在 −7～1 eV 之间。Mg/Mg₂₄Y₅ 界面中 −45～−40 eV 之间的电子也主要由 Mg（p）轨道电子贡献，而该界面的 −10～2 eV 之间的波峰主要是由 Mg（s）、Mg（p）和 Y（d）轨道电子贡献，其中 Y（s）和 Y（p）轨道电子

存在小部分贡献。Mg（p）和 Y（p）偏态密度在小范围内重合，因此，Mg/Mg$_{24}$Y$_5$
界面间主要是 Mg（p）和 Y（d）轨道电子微弱的相互作用。

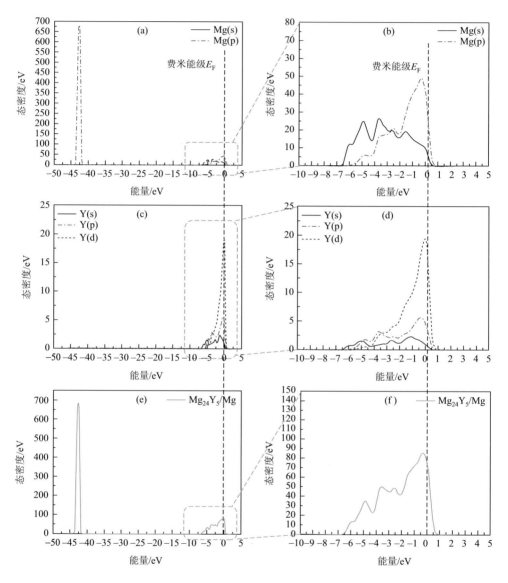

图 4-15　Mg/Mg$_{24}$Y$_5$ 界面偏态密度和总态密度图：（a）、（b）Mg 偏态密度；（c）、（d）Y 偏态
密度；（e）、（f）总态密度

　　图 4-16 表明，Mg/Sn$_3$Y$_5$ 界面在 –45～–40 eV 之间的态密度分布与前两者相似，
均由 Mg（p）轨道电子贡献。而在 –9～–5 eV 之间主要源于 Sn（s）、Y（s）、Y（p）

和 Y（d）轨道电子贡献，在–5～2 eV 之间主要源于 Mg（s）、Mg（p）、Sn（p）、Y（s）、Y（p）和 Y（d）轨道电子贡献。由此说明在–5～2 eV 之间 Mg（s）、Mg（p）、Sn（p）、Y（s）、Y（p）和 Y（d）轨道之间发生强烈的杂化作用。其中 Mg（p）、Sn（p）、Y（s）、Y（d）的轨道电子重合区域大，表明 Mg/Sn$_3$Y$_5$ 界面处 Mg 原子与 Sn 和 Y 原子间发生强烈的杂化。

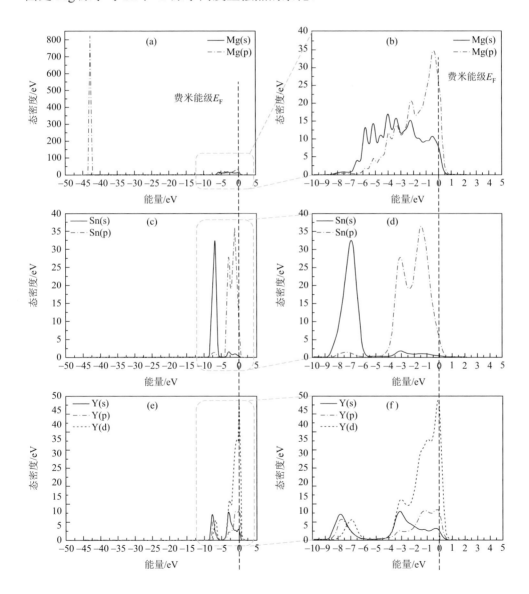

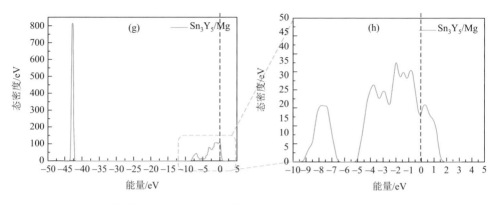

图 4-16 Mg/Sn₃Y₅ 界面偏态密度和总态密度图：(a)、(b) Mg 偏态密度；(c)、(d) Sn 偏态密度，(e)、(f) Y 偏态密度；(g)、(h) 总态密度

### 4.2.4 Sn 和 Y 微合金化对镁合金显微组织及高温力学性能的影响

第一性原理计算结果表明，相比于 Mg₂Sn、Mg₂₄Y₅ 相，Sn₃Y₅ 相具有更好的热力学稳定性、更优异的力学性质以及更高的 Sn₃Y₅/α-Mg 界面稳定性和界面结合强度。因此，本小节首先通过对比 Mg₂Sn 相为主的 Mg-2.5Sn 挤压态合金与以 Sn₃Y₅ 相为主的 Mg-0.5Sn-2Y 合金的室温和高温力学性能，间接验证计算结果的准确性；随后，结合以上计算结果和实验结果，在 Mg-0.5Sn-2Y 合金基础上进一步增加 Y 含量至 3.5 wt%，以实现合金室温和高温力学性能的进一步提高，并分析合金在室温及高温压缩过程中组织演化规律及其对力学性能的影响机制。

根据前面小节分析结果可知，Mg-0.5Sn-2Y 合金中析出相以不规则几何形状的 Sn₃Y₅ 相为主。图 4-17 为 Mg-2.5Sn 铸态和挤压态合金显微组织。Mg-2.5Sn 铸态合金平均晶粒尺寸约为 210 μm。从图 4-17 可以看出 Mg-2.5Sn 挤压态合金中 Mg₂Sn 相以微米级和纳米级颗粒状在合金内弥散分布，微米级 Mg₂Sn 相尺寸约为 1～2 μm。对 Mg-2.5Sn 挤压态合金晶粒尺寸进行统计，平均晶粒尺寸约为 32 μm。

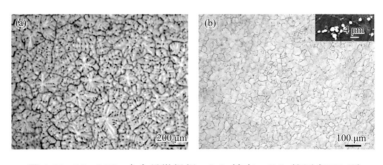

图 4-17 Mg-2.5Sn 合金显微组织：(a) 铸态；(b) 挤压态 ED 面

　　对 Mg-0.5Sn-2Y 挤压态合金显微组织进行观察,如图 4-18 所示。Mg-0.5Sn-2Y 挤压态合金主要由细小的等轴晶和极少量沿挤压(ED)方向拉长的变形晶粒组成,平均晶粒尺寸约为 4.48 μm。此外,可以看出挤压态合金中包含微米级和纳米级析出相。微米级析出相分散较为均匀,其尺寸为 1~3 μm。较大尺寸的微米相在挤压力的作用下发生破碎,呈花瓣状。针对微米级析出相进行半定量分析,如图 4-19 (a) 所示,得出该相中 Sn、Y 原子比接近于 3∶5。结合铸态合金 XRD 结果,表明此相为 $Sn_3Y_5$ 相。图 4-19(b)是挤压态合金沿挤压方向分布的能谱面扫描结果。从图 4-19(b)也可以看出析出相在挤压力的作用下沿 ED 方向分布,并且析出相颗粒处主要富含 Sn 和 Y 元素,由此进一步说明微米级析出相为 $Sn_3Y_5$ 相。此外,

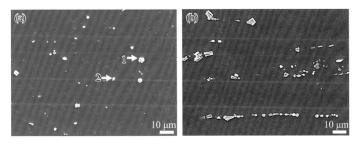

图 4-18　Mg-0.5Sn-2Y 挤压态合金显微组织观察:(a)ED 面;(b)TD 面

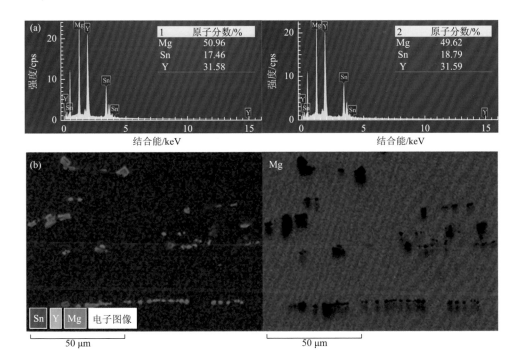

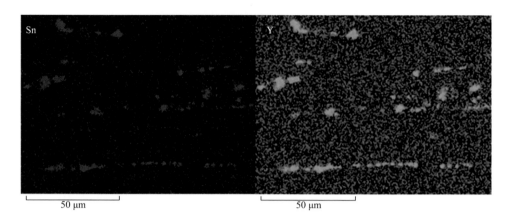

图 4-19　Mg-0.5Sn-2Y 挤压态合金 EDS 和 mapping 图：（a）对应于图 4-18（a）中点 1、2；
（b）对应于图 4-18（b）

为了统计 Mg-Sn-Y 挤压态合金中微米级和纳米级析出相的总含量，分别选择 500 倍、2000 倍和 8000 倍下的 SEM 图像。对 Mg-0.5Sn-2Y 挤压态合金 ED 面析出相的总含量进行统计，其含量约为 2.48%，可以发现挤压前后析出相含量几乎无变化。因此推测挤压态合金中存在的纳米颗粒相仍为 $Sn_3Y_5$ 相，主要是铸态合金中 $Sn_3Y_5$ 相在挤压过程中破碎形成的。

图 4-20 为 Mg-0.5Sn-2Y 和 Mg-2.5Sn 挤压态合金室温及高温（200℃、250℃、300℃）压缩力学性能实验结果。Mg-0.5Sn-2Y 合金在室温、200℃、250℃压缩后均发生断裂，在 300℃表现出更长的软化过程且压缩后未发生断裂。由图 4-20（a）可以看出，该合金屈服强度和抗压强度随温度的升高而小幅度下降，室温、200℃、250℃、300℃下的屈服强度分别约为 136 MPa、134 MPa、119 MPa、113 MPa，室温、200℃、250℃下的抗压强度分别约为 355 MPa、311 MPa、294 MPa（表 4-5）。Mg-2.5Sn 挤压态合金仅在室温压缩后发生断裂，在 200℃、250℃、300℃压缩中均表现较长的软化阶段。Mg-2.5Sn 合金室温屈服强度仅为 69 MPa，压缩强度可达 356 MPa，而在高温下屈服强度发生明显下降，在 200℃、250℃、300℃下的屈服强度分别约为 56 MPa、47 MPa、28 MPa。结合显微组织结果可知，Mg-2.5Sn 和 Mg-0.5Sn-2Y 合金平均晶粒尺寸分别为 32 μm 和 4.48 μm，后者表现出明显的晶粒细化。对于合金中析出相的差别，Mg-2.5Sn 挤压态合金以 $Mg_2Sn$ 相为主，而 Mg-0.5Sn-2Y 合金以 $Sn_3Y_5$ 相为主，析出相尺度均包含微米级和纳米级。此外，Sn 在 Mg 中的固溶度会随着温度的降低急剧下降。当温度为 200℃时最大固溶度仅有 0.45 wt%，所以 Mg-2.5Sn 挤压态合金中 Sn 元素无法较大程度固溶于 Mg 基体中，主要以 $Mg_2Sn$ 相形式存在。对于 Mg-0.5Sn-2Y 合金，由于 Sn 和 Y 元素含量差异较大，除了形成 $Sn_3Y_5$ 相外，还存在 Y 元素固溶。因此，Mg-0.5Sn-2Y 合

金表现出更高的室温屈服强度主要归因于细晶强化、弥散强化和固溶强化的共同作用。相比于 Mg-2.5Sn 挤压态合金，Mg-0.5Sn-2Y 挤压态合金在高温（200℃、250℃、300℃）条件下的压缩屈服强度分别提高约 139%、153%、303%。据本研究计算结果可知，$Mg_2Sn$ 相的自身稳定性、体模量及剪切模量均不及 $Sn_3Y_5$ 相，因此在外加压应力作用下以 $Mg_2Sn$ 相为主的 Mg-2.5Sn 挤压态合金抗变形能力较弱，尤其在高温下。同时，高温下产生更多的可动位错导致动态软化，而 $Mg_2Sn$/Mg 界面稳定性弱于 $Sn_3Y_5$/Mg 对位错，不能产生更好的钉扎作用，使得高温强度明显降低。因此，Mg-0.5Sn-2Y 合金表现出更高的高温屈服强度主要是由于弥散强化和固溶强化的共同作用。为了进一步分析 $Sn_3Y_5$ 相的弥散强化作用和 Y 元素的固溶强化对合金高温强度的贡献，研究将 $Sn_3Y_5$ 强化相为主的 Mg-0.5Sn-2Y 合金与已报道的 Mg-5Y 合金[39]的高温力学性能进行对比，如图 4-21 所示。Mg-5Y 挤压态合金室温、150℃、300℃压缩屈服强度分别为 124 MPa、112 MPa、99 MPa。尽管该合金中 Y 元素含量较高且主要以固溶形式存在，但其室温和高温强度仍低于 Mg-0.5Sn-2Y 合金。因此，推测 $Sn_3Y_5$ 相对高温力学性能的强化作用高于 Y 的固溶强化作用。

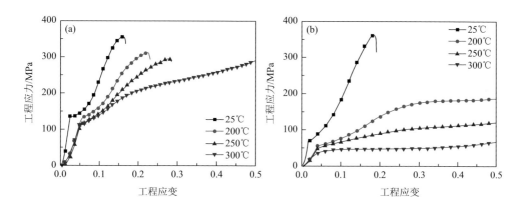

图 4-20　不同挤压态合金室温及高温压缩性能对比：（a）Mg-0.5Sn-2Y；（b）Mg-2.5Sn

表 4-5　Mg-0.5Sn-2Y 和 Mg-2.5Sn 挤压态合金室温及高温抗压强度

| | 25℃ | | 200℃ | | 250℃ | | 300℃ | |
|---|---|---|---|---|---|---|---|---|
| | 压缩屈服强度/MPa | 抗压强度/MPa | 压缩屈服强度/MPa | 抗压强度/MPa | 压缩屈服强度/MPa | 抗压强度/MPa | 压缩屈服强度/MPa | 抗压强度/MPa |
| Mg-0.5Sn-2Y | 136±1 | 355±2 | 134±2 | 311±2 | 119±3 | 294±2 | 113±3 | — |
| Mg-2.5Sn | 69±1 | 356±1 | 56±2 | 179±1 | 47±0 | 109±1 | 28±2 | 53±1 |

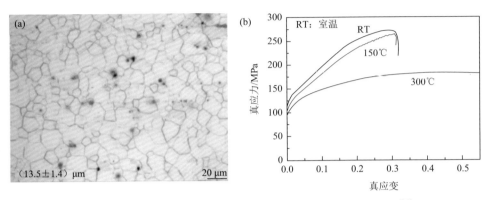

图 4-21 Mg-5Y 挤压板材显微组织（a）和压缩力学性能（b）[39]

基于以上结果，在 Mg-0.5Sn-2Y 的基础上增加 Y 含量至 3.5 wt%以期望实现室温和高温（200℃、250℃、300℃）力学性能的进一步提高。图 4-22 为 Mg-0.5Sn-3.5Y 铸态合金的能谱扫描结果，可见析出相总体分布较为均匀，其形貌呈现出不规则状。不同于 Mg-0.5Sn-2Y 合金，此合金中析出相更加细长，长轴方向 5～30 μm，短轴方向 1～5 μm。为进一步分析析出相种类，对图 4-22（a）中红色方框区域进行能谱面扫描分析，并对图 4-22（b）中点 A、B 处进行能谱点扫描分析。面扫描结果说明图中析出相主要富集 Sn、Y 元素，结合点扫描结果可以得出 Sn、Y 原子比接近于 3∶5。此外，结合图 4-23（b）中的 XRD 结果可以推测 Mg-0.5Sn-3.5Y 合金中析出相以 $Sn_3Y_5$ 为主。采用 Image Pro 软件计算统计出图 4-22（a）中红框区域中 $Sn_3Y_5$ 析出相的含量约为 2.34%。Mg-0.5Sn-3.5Y 合金与 Mg-0.5Sn-2Y 合金中的主要析出相均为 $Sn_3Y_5$ 相，且 $Sn_3Y_5$ 相的含量接近。因此，两种合金的主要差异是 Mg-0.5Sn-3.5Y 铸态合金中 Y 元素的固溶量高于 Mg-0.5Sn-2Y 合金。

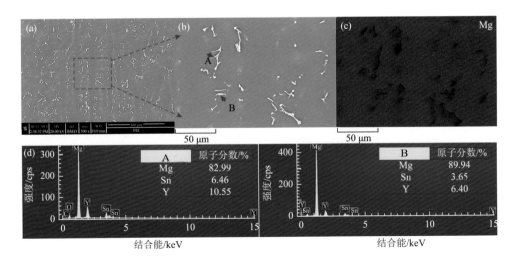

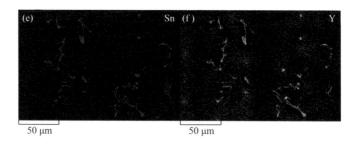

图 4-22 Mg-0.5Sn-3.5Y 铸态合金显微组织及局部面扫（a）、（b）和点扫结果，其中面扫结果（c）、（e）、（f）对应于（b）图，点扫结果（d）对应于（a）中红色方框处

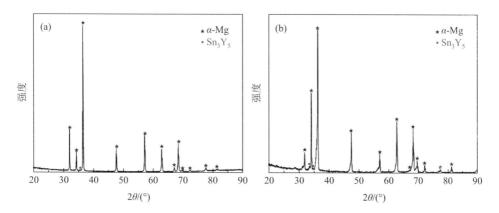

图 4-23 铸态合金 XRD 结果：（a）Mg-0.5Sn-2Y；（b）Mg-0.5Sn-3.5Y

随后，对比了 Mg-0.5Sn-2Y 和 Mg-0.5Sn-3.5Y 铸态合金的室温和高温（200℃、250℃、300℃）压缩力学性能，如图 4-24 所示。压缩力学性能结果列于表 4-6。室温下，Mg-0.5Sn-2Y 铸态合金的压缩屈服强度和抗压强度分别为 46 MPa 和 163 MPa，压缩应变量为 16%，而 Mg-0.5Sn-3.5Y 合金压缩屈服强度约为 59 MPa，抗压强度约为 193 MPa，压缩应变量约为 18%。Y 含量增加，使 Mg-0.5Sn-3.5Y 合金在室温下表现出稍高的强度和塑性，压缩屈服强度、抗压强度和塑性分别提高了 28%、18%和 12.5%。高温下，Mg-0.5Sn-2Y 合金的强度随温度升高而降低，而 Mg-0.5Sn-3.5Y 合金的屈服强度随温度的升高先升高后降低。两种合金高温力学性能的差异更加明显，Mg-0.5Sn-3.5Y 合金的高温屈服强度明显高于 Mg-0.5Sn-2Y 合金，特别是 Mg-0.5Sn-3.5Y 合金 200℃下屈服强度约 109 MPa，是 Mg-0.5Sn-2Y 的 2.4 倍，也是自身室温屈服强度的 1.8 倍。另外，虽然 Mg-0.5Sn-3.5Y 合金抗压强度高温下仍高于 Mg-0.5Sn-2Y 合金，但抗压强度随温度升高而降低。由此表明，Y 元素的固溶强化作用主要促进 Mg-0.5Sn-3.5Y 铸态合金屈服强度提高。

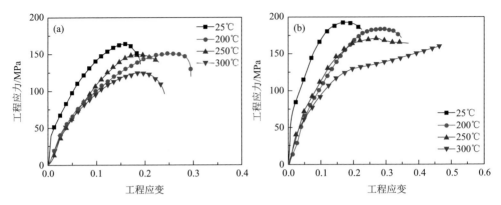

图 4-24 铸态合金压缩力学性能对比：（a）Mg-0.5Sn-2Y；（b）Mg-0.5Sn-3.5Y

表 4-6　Mg-0.5Sn-2Y 和 Mg-0.5Sn-3.5Y 铸态合金室温及高温力学性能结果

| | 25℃ | | | 200℃ | | | 250℃ | | | 300℃ | | |
|---|---|---|---|---|---|---|---|---|---|---|---|---|
| | 压缩屈服强度/MPa | 抗压强度/MPa | 压缩应变量/% | 压缩屈服强度/MPa | 抗压强度/MPa | 压缩应变量/% | 压缩屈服强度/MPa | 抗压强度/MPa | 压缩应变量/% | 压缩屈服强度/MPa | 抗压强度/MPa | 压缩应变量/% |
| Mg-0.5Sn-2Y | 46±1 | 163±2 | 16±1 | 45±2 | 150±3 | 28±0 | 41±1 | 149±2 | 18±1 | 40±1 | 124±2 | 21±1 |
| Mg-0.5Sn-3.5Y | 59±0 | 193±1 | 18±1 | 109±2 | 183±0 | 30±1 | 72±2 | 171±3 | 34±1 | 51±2 | — | — |

　　图 4-25 为 Mg-0.5Sn-3.5Y 挤压态合金的显微组织。图 4-25（a）和（c）分别是挤压态合金 ED 面和 TD 面的光学显微组织。从图 4-25 中可以看出，Mg-0.5Sn-3.5Y 合金经挤压后主要呈现出完全动态再结晶的等轴晶和极少量沿挤压方向分布的拉长变形晶粒，其平均晶粒尺寸约为 3.24 μm。此外，可从图 4-25（b）和（d）SEM 结果看出，微米级析出相颗粒在挤压力的作用下沿挤压方向分布。不同于 Mg-0.5Sn-2Y 合金，该合金中微米级析出相内并未产生明显的裂纹。结合图 4-26 能谱点扫描和面扫描结果，对应于图 4-25（d）中点 1、2 处和红色方框区域，进一步说明此相为 $Sn_3Y_5$。同时，挤压后析出相含量约为 2.57%。对比铸态合金，可以发现挤压后析出相的含量变化不大。由此说明该挤压态合金中分布于晶内和晶界的高密度纳米级颗粒为 $Sn_3Y_5$，如图 4-25（e）所示。

　　上面对 Mg-0.5Sn-3.5Y 挤压态合金显微组织进行了研究，后续将与 Mg-0.5Sn-2Y 合金力学性能进行对比，以进一步研究 Mg-0.5Sn-3.5Y 室温和高温力学性能演变规律。图 4-27 是 Mg-0.5Sn-2Y 和 Mg-0.5Sn-3.5Y 挤压态合金室温、200℃、250℃及 300℃压缩工程应力-应变曲线。表 4-7 列出了所测得的相关力学性能数据。结合图 4-27 和表 4-7，室温下 Mg-0.5Sn-2Y 挤压态合金的压缩屈服强度和抗压强度分别约为 136 MPa 和 355 MPa，压缩应变量约为 16%，而 Mg-0.5Sn-3.5Y 挤压态合金的压缩屈服强度和抗压强度分别为 159 MPa 和 353 MPa，压缩应变量约为 18%。可以看出 Y 含量增加，使 Mg-0.5Sn-3.5Y 挤压态合金在室温下表现出稍高的屈服强度和塑性。

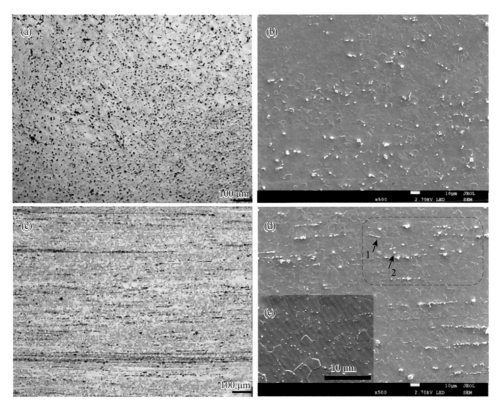

图 4-25　Mg-0.5Sn-3.5Y 挤压态合金显微组织观察：（a）ED 面光学显微组织；（b）ED 面 SEM 图；（c）TD 面光学显微组织；（d）TD 面 SEM 图；TD 面局部放大 SEM 图

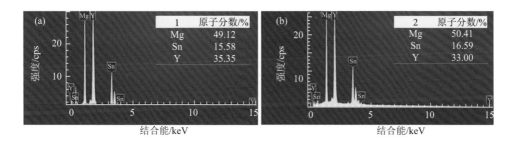

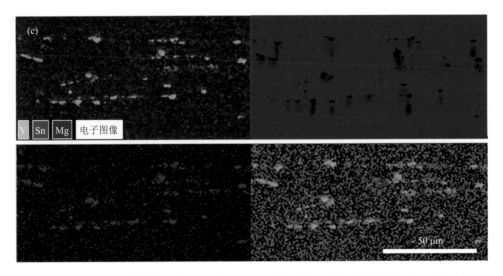

图 4-26 Mg-0.5Sn-2Y 挤压态合金 EDS 和 mapping 图：（a）、（b）对应于图 4-25（d）中点 1、2；（c）对应于图 4-25（d）中红色方框区域

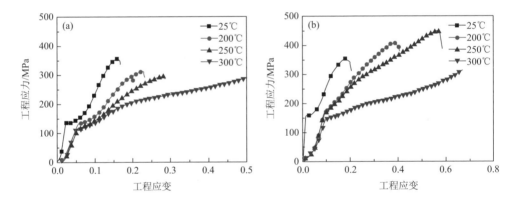

图 4-27 挤压态合金室温及高温压缩工程应力-应变曲线：（a）Mg-0.5Sn-2Y；（b）Mg-0.5Sn-3.5Y

表 4-7 挤压态合金室温及高温压缩实验结果，其中 I 合金对应于 **Mg-0.5Sn-2Y**，II 合金对应于 **Mg-0.5Sn-3.5Y**

| | 25℃ | | | 200℃ | | | 250℃ | | | 300℃ | | |
| --- | --- | --- | --- | --- | --- | --- | --- | --- | --- | --- | --- | --- |
| | 压缩屈服强度/MPa | 抗压强度/MPa | 压缩应变量/% | 压缩屈服强度/MPa | 抗压强度/MPa | 压缩应变量/% | 压缩屈服强度/MPa | 抗压强度/MPa | 压缩应变量/% | 压缩屈服强度/MPa | 抗压强度/MPa | 压缩应变量/% |
| I | 136±1 | 355±2 | 16±1 | 134±2 | 311±2 | 22±1 | 119±3 | 294±2 | 28±1 | 113±3 | — | — |
| II | 159±2 | 353±3 | 18±1 | 174±1 | 408±1 | 38±2 | 166±2 | 448±1 | 56±2 | 150±1 | — | — |

结合 Mg-0.5Sn-2Y 和 Mg-0.5Sn-3.5Y 挤压态合金显微组织和宏观织构结果可知，两种合金中析出相总含量分别为 2.48%和 2.57%，两者最大极密度分别为 4.1 和 2.7（图 4-28），平均晶粒尺寸分别为 4.48 μm 和 3.24 μm。因此，室温下 Mg-0.5Sn-3.5Y 挤压态合金表现出稍高的屈服强度可能是晶粒细化、Y 固溶强化和 $Sn_3Y_5$ 相弥散强化共同作用的结果，表现出稍高塑性可能是 Y 的添加使织构弱化的结果。此时，Mg-0.5Sn-2Y 和 Mg-0.5Sn-3.5Y 挤压态合金室温抗压强度数值几乎保持一致。在 250℃下，Mg-0.5Sn-2Y 挤压态合金压缩屈服强度和抗压强度均呈下降趋势，分别下降至 119 MPa 和 294 MPa。因为在高温下，通过热激活可以克服一些障碍，引发位错运动所需的应力更少，从而导致应力降低[40]。相比于 Mg-0.5Sn-2Y 挤压态合金，Mg-0.5Sn-3.5Y 挤压态合金在 200℃和 250℃的压缩屈服强度和抗压强度分别提高 13%和 31%、52%，因此，可以发现，在高温下，Mg-0.5Sn-3.5Y 合金比 Mg-0.5Sn-2Y 合金表现出更高的高温力学性能。

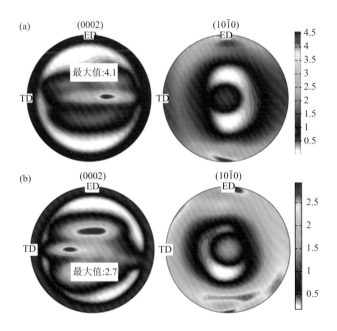

图 4-28　挤压态合金 ED 面宏观织构：（a）Mg-0.5Sn-2Y；（b）Mg-0.5Sn-3.5Y

将本研究中 Mg-0.5Sn-3.5Y 挤压态合金强度与已报道文献结果相对比[41-52]，如图4-29所示，可以发现大部分镁合金高温力学性能不及本研究的Mg-0.5Sn-3.5Y 挤压态合金，比 Mg-0.5Sn-3.5Y 合金高温力学性能更好的镁合金主要是高稀土含量的镁合金，而本研究中的 Mg-0.5Sn-3.5Y 挤压态合金在低含量的前提下表现出优越的高温力学性能。

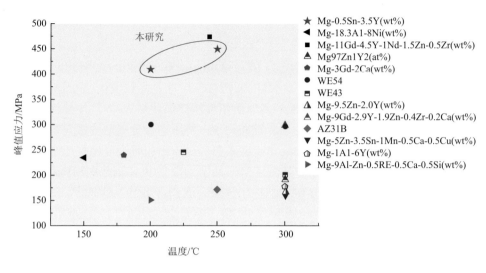

图 4-29　Mg-0.5Sn-3.5Y 挤压态合金与文献报道的不同镁合金高温压缩峰值应力对比结果

　　值得注意的是，Mg-0.5Sn-3.5Y 合金强度在 200℃ 和 250℃ 下表现出温度效应反常力学性能，合金强度和塑性均高于室温，如图 4-27 所示。合金在 200℃ 和 250℃ 下压缩屈服强度和抗压强度分别为 174 MPa、408 MPa 和 166 MPa、448 MPa，相比于室温强度，压缩屈服强度小幅度提高，抗压强度分别提高了 55 MPa、95 MPa，并且在高温下表现出较好的塑性。而对于常规的镁合金，强度随着试验温度的升高而降低。镁合金中类似的反常现象目前主要在高稀土含量的 Mg-Gd-Y-Sm-Zr[53] 和 Mg-11Y-5Gd-2Zn-0.5Zr[54] 合金中有所体现。Mg-Gd-Y-Sm-Zr 合金在 200℃ 和 250℃ 表现出温度效应反常抗拉强度的主要原因是：在 200℃ 和 250℃ 下，底心正交的 $\beta'$ 相向具有更好耐热性的面心立方结构 $\beta_1$ 相转变过程中引起 LPSO 相形成，LPSO 相与镁基体间的共格界面抑制了相界面裂纹的萌发及 LPSO 相自身具有较好的塑性变形能力。对于 Mg-Y-Gd-Zn-Zr 合金，作者推测主要是高温下柱面滑移和锥面滑移的大量激活引起更有效的加工硬化效应。对于本研究中 Mg-0.5Sn-3.5Y 挤压态合金的力学性能的演变规律和影响机制将进一步结合压缩过程中的显微组织进行分析。

### 4.2.5　Mg-Sn-Y 合金力学性能的准原位研究

　　为进一步探究 Mg-0.5Sn-3.5Y 挤压态合金表现出温度效应反常力学性能的内在机理，利用扫描电镜准原位观察表征室温和 250℃ 下压缩过程中不同应变量下的合金组织，对于室温压缩过程中应变量的选择分别对应于图 4-27（b）中工程应力应变曲线上 0%、5%、12%、16% 的应变。对于 250℃ 压缩过程中应变量的选择分别对应于图 4-27（b）中工程应力-应变曲线上 0%、12%、20%、50%的应变。

　　图 4-30 为 Mg-0.5Sn-3.5Y 挤压态合金在室温压缩过程中不同应变量下的显微组织。从图 4-30 中可以看出，室温压缩过程中 $Sn_3Y_5$ 相形貌、尺寸及分布均无明显变化。当应变量为 5%，主要在一部分晶粒内观察到多组不同方向的相互平行且长而直的滑移迹线，如图 4-30（b）所示。随着应变量增加至 12%，出现滑移迹线的晶粒数量增加，但部分晶粒沿压缩方向长度减小，而垂直于压缩方向几乎无变化。同时，在极少量晶界三角交叉处出现显微裂纹。当应变量达到 16%，在大部分晶界出现明显的显微裂纹，如图 4-30（d）所示。为更详细地观察微观裂纹类型，将 16%压缩应变量下的显微组织进一步放大观察，如图 4-31 所示。由此可以发现，微观裂纹主要是晶间开裂导致，且晶间开裂处并无 $Sn_3Y_5$ 相存在。因此，$Sn_3Y_5$ 相及 $Sn_3Y_5$ 相与基体间的界面处并不是裂纹源，$Sn_3Y_5$ 相在室温压缩过程中

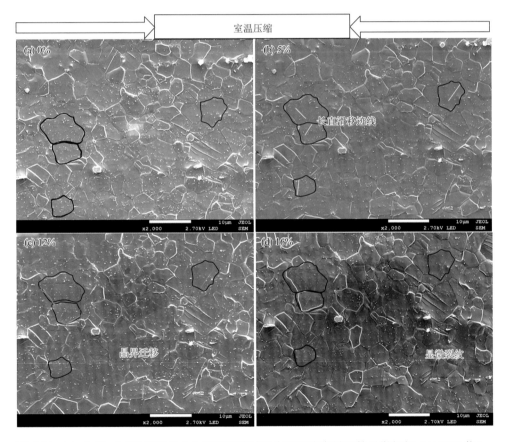

图 **4-30**　Mg-0.5Sn-3.5Y 挤压态合金室温压缩过程中不同应变量下的显微组织（×2000 倍）：
（a）初始态；（b）5%；（c）12%；（d）16%

发挥弥散强化作用。结合第一性原理计算结果，$Sn_3Y_5$ 相自身具有较高的体模量和剪切模量，在外力的作用下能更好地抵抗变形，因此 $Sn_3Y_5$ 相自身在压缩过程中几乎无裂纹产生，并且 $Sn_3Y_5$ 与 $\alpha$-Mg 基体间良好的界面匹配关系和较高的界面强度并未使该界面成为裂纹源。此外，对比了图 4-30（a）和（d）中晶粒尺寸分别沿压缩方向和垂直于压缩方向的变化，其中显微组织横向为压缩方向，纵向为垂直于压缩方向。结果表明，沿压缩方向在较大的应力下，16%应变量下晶粒尺寸由 3.48 μm 减小到 3.09 μm，下降率达到 11.21%；垂直于压缩方向晶粒尺寸由 3.19 μm 增大到 3.32 μm，提升率达到 4.08%，因此晶粒主要发生压缩方向的变形。

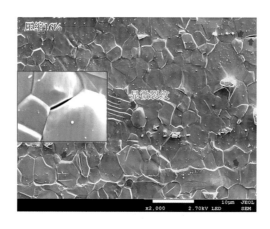

图 4-31　Mg-0.5Sn-3.5Y 挤压态合金室温压缩应变量为 16%的 SEM 图

　　图 4-32 是 Mg-0.5Sn-3.5Y 挤压态合金在室温压缩工程应力-应变曲线 16%应变量下的 EBSD 结果。从图 4-32（a）中可以看出，经过室温压缩后合金中出现了较多的孪晶片层，经孪晶图分析和取向差角度分布可知，取向差角度在 86°左右出现峰值，由此说明 Mg-0.5Sn-3.5Y 挤压态合金室温压缩塑性变形方式之一是 {10$\bar{1}$2} 拉伸孪生。

　　图 4-33 为 Mg-0.5Sn-3.5Y 挤压态合金在 250℃下压缩过程中组织的演变过程。左边为不同压缩应变量下的低倍显微组织，右侧为左图中同一区域放大图。从左图中可以看出，$Sn_3Y_5$ 相分布在压缩过程中无明显变化，从右侧放大图可以发现只有相对较大的微米级 $Sn_3Y_5$ 相颗粒由于压缩前具有裂纹而在压缩过程中破碎成花瓣状，其余 $Sn_3Y_5$ 相形貌及尺寸均无明显变化。当压缩应变量达到 16%时，如图 4-33 中红色方框所示，一部分晶界处形成晶界台阶（GB ledges），一部分晶粒内产生平直的滑移迹线。250℃下进一步增加压缩应变量至 26%，局部晶粒内出现波浪形滑移迹线，这可能是位错交滑移至试样表面留下的痕迹。此时，GB ledges 进一步粗化，少数晶粒内形成显微裂纹，如图 4-33（f）黄色框内所示。

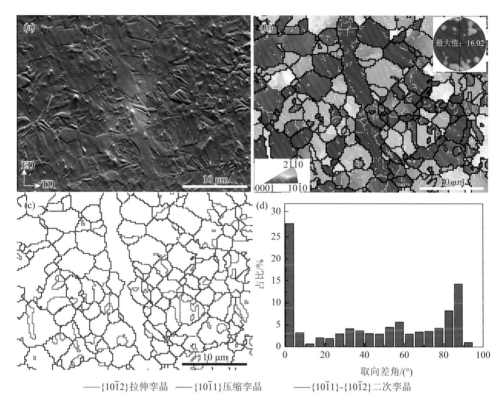

图 4-32　Mg-0.5Sn-3.5Y 挤压态合金在室温压缩工程应力-应变曲线 16%应变量下的 EBSD 结果：
（a）显微组织；（b）IPF 图；（c）孪晶图；（d）取向差角分布图

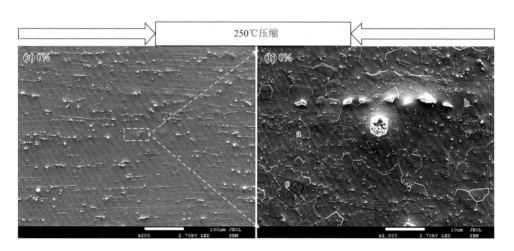

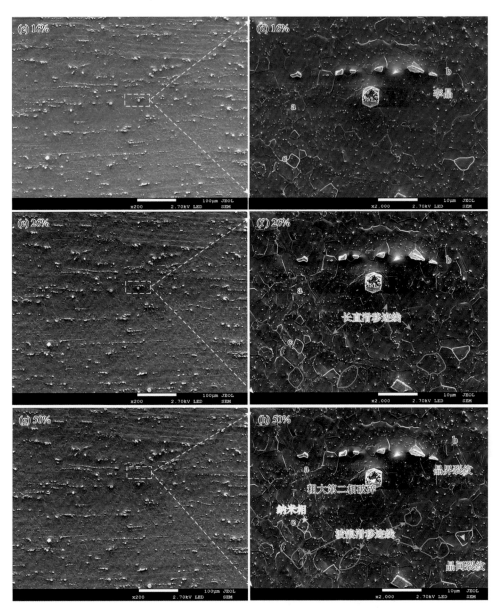

图 4-33 Mg-0.5Sn-3.5Y 挤压态合金 250℃压缩过程中不同应变量下的显微组织：
（a）、（b）初始态；（c）、（d）16%；（e）、（f）26%；（g）、（h）50%

当压缩应变量增加至 50%，部分具有 GB ledges 的晶界处形成晶间裂纹，晶内裂纹进一步扩展。值得注意的是，晶内的纳米颗粒阻碍了晶内裂纹的扩展，如图 4-33（h）黄色箭头所指。

此外，对比了图 4-34（a）和（b）中晶粒尺寸分别沿压缩方向和垂直于压缩方向的变化。结果表明，试样在 250℃经过压缩后晶粒尺寸沿压缩方向由 3.11 μm 减小到 2.75 μm，下降率达到 11.58%；垂直于压缩方向晶粒尺寸由 2.10 μm 增大到 2.17 μm，提升率为 3.33%，主要发生沿压缩方向的变形。据文献报道[55]，AZ31 合金在 250℃拉伸时发生明显的动态再结晶，晶粒尺寸由初始的拉长晶粒转变为平均晶粒尺寸为 4.96 μm 的等轴晶，当温度达到 300℃时，晶粒尺寸增加到 5.66 μm，粗化率达到 14.11%。因此，本研究中的 Mg-0.5Sn-3.5Y 挤压态合金晶粒在 250℃压缩过程中保持较好的稳定性，可更好地维持变形抗力，从而强化合金高温力学性能。一般情况下，温度越高，界面强度下降越明显，迁移速度越快，晶粒越容易长大[11]。然而，在本实验中，总体上看晶粒尺寸无明显变化，这可能是由于虽然固溶在合金中的 Y 原子在高温下是不稳定的，可能通过沉淀来降低过饱和度，但考虑到压缩试验甚至小于 30 min，不可能发生动态析出[50]，而 Y 原子倾向于在晶界偏聚从而产生对晶界的钉扎[56]，加之晶界处 $Sn_3Y_5$ 颗粒对晶界钉扎的共同作用阻碍了高温下晶界的迁移，因此，稳定的细晶使合金强度升高。同时，纳米级 $Sn_3Y_5$ 颗粒相在 250℃压缩后分布几乎无明显变化，仍主要均匀分布在晶内。相比于室温，高温下热激活作用产生更多可动位错，一部分位错在压缩变形过程中通过滑移至表面，而另一部分位错被高热稳定性的纳米 $Sn_3Y_5$ 颗粒钉扎，从而促进更长的加工硬化阶段，使合金高温峰值应力提高。

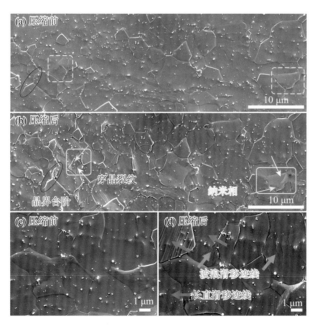

图 4-34　Mg-0.5Sn-3.5Y 挤压态合金室温压缩前后显微组织对比局部放大图

（a）压缩前；（b）压缩后；（c）压缩前局部放大图；（d）压缩后局部放大图

图 4-35 是 Mg-0.5Sn-3.5Y 挤压态合金在 250℃压缩工程应力-应变曲线应变量 50%下的 EBSD 结果，从图 4-35 中可以明显看出，经高温压缩后合金中出现孪晶片层，取向差角度在 86°左右出现峰值，由此说明 Mg-0.5Sn-3.5Y 挤压态合金 250℃压缩塑性变形方式之一是 {10$\bar{1}$2} 拉伸孪生。

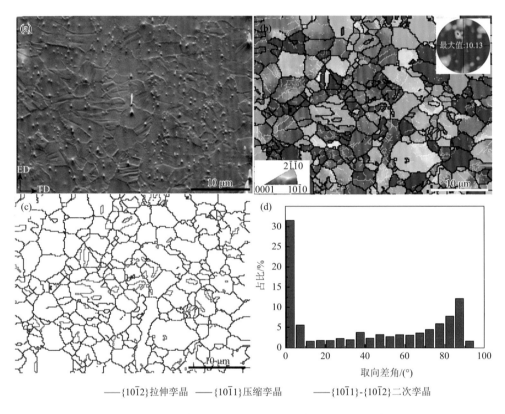

——{10$\bar{1}$2}拉伸孪晶 ——{10$\bar{1}$1}压缩孪晶 ——{10$\bar{1}$1}-{10$\bar{1}$2}二次孪晶

图 4-35　Mg-0.5Sn-3.5Y 挤压态合金在 250℃压缩工程应力-应变曲线应变量 50%下的 EBSD 结果：（a）显微组织；（b）IPF 图；（c）孪晶图；（d）取向差角分布图

根据以上结果，可得出 Mg-0.5Sn-3.5Y 挤压态合金室温和高温过程中的组织演变规律。室温下，随压缩应变量增加，主要在试样表面晶粒内产生平直的滑移迹线并形成大量的孪晶片层，结合 EBSD 结果可知室温压缩过程是单滑移和拉伸孪生协同作用来协调变形，当应变量继续增加使晶界结合强度低于此处应力时产生晶间裂纹。Sn$_3$Y$_5$ 相颗粒在压缩过程中始终保持稳定状态，起到弥散强化的作用。

Mg-0.5Sn-3.5Y 挤压态合金在 250℃下压缩过程中，位于晶界处的高热稳定性纳米级 Sn$_3$Y$_5$ 相颗粒的形貌、尺寸及分布均无明显变化，抑制了高温压缩过程中晶粒的长大，晶粒内均匀高密度纳米级 $Sn_3Y_5$ 颗粒阻碍晶粒内裂纹的扩展，从而有利于合金强塑性的提高。此外，在一定的压缩应变量下，晶粒内除了平直的滑移迹线外还存在波浪形滑移迹线以及孪晶片层，由此可知，高温压缩过程是通过单滑移、交滑移和拉伸孪晶协同作用来协调变形。

　　因此，结合第一性原理计算结果和压缩过程显微组织演变规律可得出 Mg-0.5Sn-3Y 合金在室温和 250℃下表现出优异压缩性能的主要强化机制：室温压缩过程中位错增殖，晶界处高温稳定性和高模量的纳米级 $Sn_3Y_5$ 颗粒可有效钉扎晶界，阻碍压缩过程中晶界的迁移，抑制晶粒粗化，增加了合金变形抗力。晶内弥散分布的纳米级 $Sn_3Y_5$ 相与基体间具有稳定的界面，有效阻碍位错运动，使变形抗力增大，位错塞积导致的局部应力主要通过单滑移和拉伸孪生得到缓解；在高温下，$Sn_3Y_5$ 相与基体间具有较低的界面能，高温压缩过程中自身不易粗化，仍可有效发挥钉扎晶界阻碍位错运动的作用。高温下的热激活作用使位错在压缩过程中更易交滑移，应力除了可通过单滑移和拉伸孪生外，还可通过交滑移得到释放。在 $Sn_3Y_5$ 相稳定维持变形抗力的同时热激活增加的交滑移可更有效延长加工硬化阶段，提高峰值应力，并且晶界和晶内的纳米颗粒 $Sn_3Y_5$ 相可阻碍晶间和晶内裂纹扩展，从而使合金表现优异的塑性。

## 4.3　　Sn 微合金化制备耐高温变形 Mg-Y 基合金

### 4.3.1　耐高温变形 Mg-$x$Y-$y$Sn 合金的制备

　　在 Mg-Y-Sn 合金中，不同 Y、Sn 含量的合金中析出相的种类不同，在 Y/Sn 质量比为 4 和 7 的情况下析出相为 $Sn_3Y_5$。上面的计算结果表明，$Sn_3Y_5$ 相兼具优异的本征特性及界面特性。因此，选取 Y、Sn 质量为极端的两种比例，即 Y/Sn 比为 4 和 10 时，设计并制备出不同 Y、Sn 含量的仅析出 $Sn_3Y_5$ 相的 Mg-Y-Sn 合金，通过 Sn 对 Mg-Y 合金进行微合金化处理，Sn 的添加量不超过 2 wt%。本节以 Mg-$x$Y-$y$Sn 合金为研究对象，通过调整合金成分（即 Sn、Y 比例），再对其进行热挤压得到含单一 $Sn_3Y_5$ 析出相的挤压态 Mg-$x$Y-$y$Sn 合金，探索合金比例及含量对显微组织、室高温力学性能及加工硬化行为的影响，以期得到力学性能与成本兼顾的合金，并分析该合金的高温强化机制。

　　本节合金的熔炼方法与上一小节相同，使用 ICP-AES 对均匀化退火（500℃保温 10 h）后的合金进行成分测试，实际合金成分如表 4-8 所示。

表 4-8  Mg-xY-ySn 合金的实际成分（wt%）

| 合金名义成分 | Mg | Y | Sn |
|---|---|---|---|
| Mg-3Y-0.3Sn | 余量 | 3.08 | 0.36 |
| Mg-5Y-0.5Sn | 余量 | 5.13 | 0.51 |
| Mg-6Y-0.6Sn | 余量 | 6.25 | 0.63 |
| Mg-10Y-1Sn | 余量 | 10.18 | 1.13 |
| Mg-2Y-0.5Sn | 余量 | 1.86 | 0.51 |
| Mg-4Y-1Sn | 余量 | 4.2 | 1.1 |
| Mg-6Y-1.5Sn | 余量 | 6.1 | 1.4 |
| Mg-8Y-2Sn | 余量 | 7.8 | 2.1 |
| Mg-6Y | 余量 | 6.2 | — |

　　将均匀化热处理后的样品机加工成直径 30 mm、高 30 mm 的圆柱，使用 200 T 的立式挤压机完成合金的热挤压。挤压参数分别为：坯料温度和模具预热温度为 400℃，挤压冲头速度为 2 mm/s，挤压比为 9，冷却方式为水冷，挤压后试样直径为 10 mm。

### 4.3.2　高合金含量 Mg-Y-Sn 合金的显微组织和高温力学性能

　　图 4-36 是挤压态 Mg-3Y-0.3Sn 合金沿挤压方向观察到的 SEM 显微组织结果。从图 4-36（a）和（b）中可以看出，Mg-3Y-0.3Sn 合金挤压棒材呈现典型的双峰组织，由再结晶细晶及未完全再结晶的粗晶组成，其中再结晶细晶平均尺寸约 8.9 μm。局部区域出现的拉长晶粒说明该合金在挤压过程中没有完全动态再结晶。此外，合金中可以清晰地观察到微量微米级第二相沿着挤压方向分布，其尺寸基本大于 1 μm，呈不规则形状。为进一步确定该合金中微米级析出相的具体成分，使用 SEM-EDS 和 XRD 进行物相表征，图 4-36（e）和（f）反映出微米级析出相

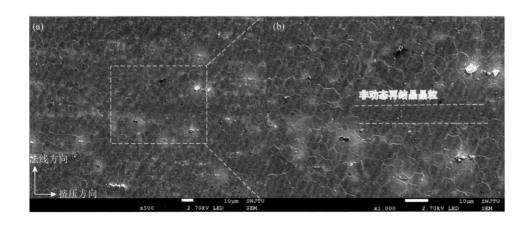

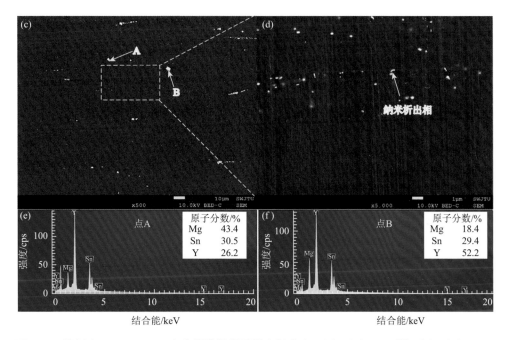

图 4-36　挤压态 Mg-3Y-0.3Sn 合金显微组织及析出相确定：(a)、(b) SEM 图；(c)、(d) BSEM 图；(e)、(f) EDS 图

A 和 B 中 Sn、Y 原子比为 4：5。此外，结合 XRD 结果（图 4-37），认为该合金中的微米级析出相是 $Sn_3Y_5$。同时，可以观察到少量纳米级析出相随机分布于基体中，合金中第二相的体积分数约为 2.13%。

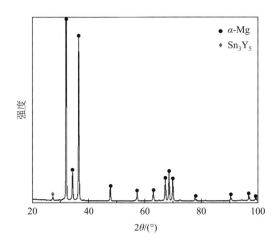

图 4-37　挤压态 Mg-3Y-0.3Sn 合金 XRD 图谱

挤压态 Mg-5Y-0.5Sn 合金的 SEM 图像如图 4-38 所示。合金中仍然出现了混晶组织，其中细长的未再结晶晶粒沿合金的挤压方向条型分布，再结晶晶粒的平均尺寸约 8.5 μm。该合金中微米级第二相依然是沿挤压方向较连续地分布，尺寸均大于 1 μm，且呈不规则矩形。对微米级析出相进行 SEM-EDS 分析，发现 Sn、Y 原子比接近 3∶5，结合 XRD 结果（图 4-39），得出合金中的微米级析出相是 $Sn_3Y_5$。此外，少量纳米析出相也随机分布于基体中。统计发现，相比于 Mg-3Y-0.3Sn 合金，该合金中第二相的体积分数增加到约 2.96%。

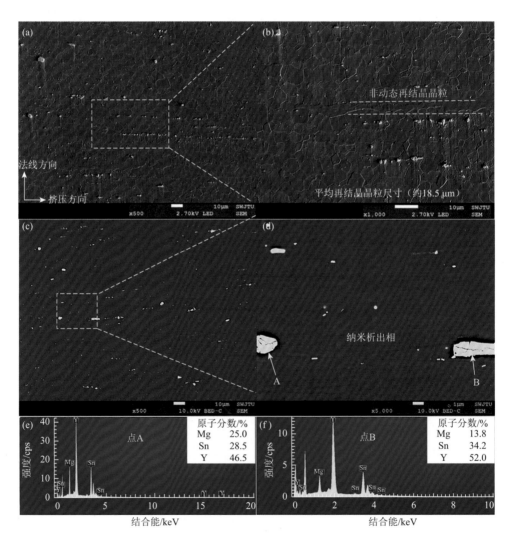

图 4-38　挤压态 Mg-5Y-0.5Sn 合金显微组织及析出相确定：(a)、(b) SEM 图；(c)、(d) BSEM 图；(e)、(f) EDS 图

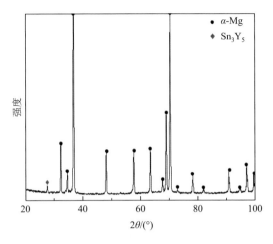

图 4-39 挤压态 Mg-5Y-0.5Sn 合金 XRD 图谱

挤压态 Mg-6Y-0.6Sn 合金的 SEM 和 EDS 结果如图 4-40 所示。合金挤压后仍然出现了双峰组织，微米第二相沿挤压方向呈流线型分布。其中再结晶晶粒尺寸大约为 7.6 μm，微米级析出相尺寸基本大于 1 μm 且形状各异。对微米级析出相进行 SEM-EDS 分析，发现 Sn、Y 原子比接近 3∶5，结合图 4-41 中 XRD 结果，认为合金中的微米级析出相是 $Sn_3Y_5$。此外该合金中还存在大量纳米级析出相弥散分布于基体中。经统计，第二相的体积分数约为 3.68%。相比 Mg-3Y-0.3Sn 合金和 Mg-5Y-0.5Sn 合金，Mg-6Y-0.6Sn 合金析出相总含量进一步增加，其中纳米析出相数量明显增多。

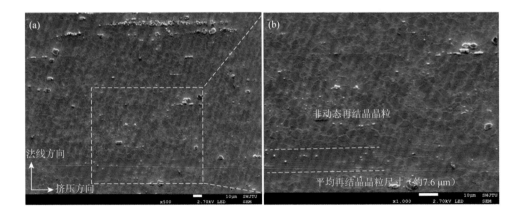

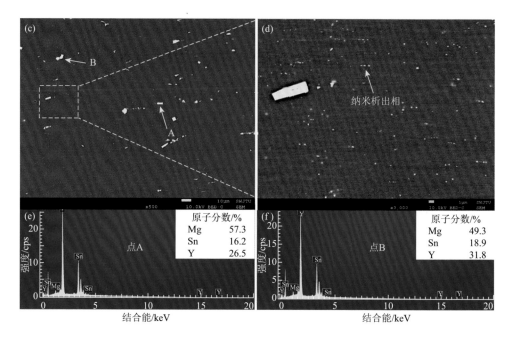

图 4-40 挤压态 Mg-6Y-0.6Sn 合金显微组织及析出相确定：（a）、（b）SEM 图；（c）、（d）BSEM 图；（e）、（f）EDS 图

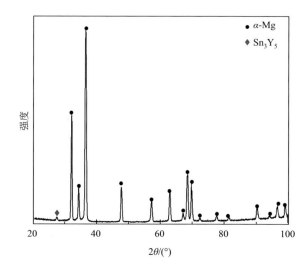

图 4-41 挤压态 Mg-6Y-0.6Sn 合金 XRD 图谱

挤压态 Mg-10Y-1Sn 合金的 SEM 和 EDS 结果如图 4-42 所示。合金仍然呈现不完全再结晶组织，其中再结晶晶粒尺寸大约为 8.7 μm。合金中存在大量沿挤压

方向析出的第二相。微米级析出相的 SEM-EDS 结果显示 Sn、Y 原子比接近 3：5，结合 XRD 结果（图 4-43）得到合金中的微米级析出相仍为 $Sn_3Y_5$。从图 4-42（c）和（d）中可以看出，合金中几乎无纳米析出相，均为连续聚集分布的微米相。统计得到第二相的体积分数是 10.69%。在拉伸变形过程中，较大且团聚的第二相处易产生应力集中，是裂纹源的首选位置[57]。

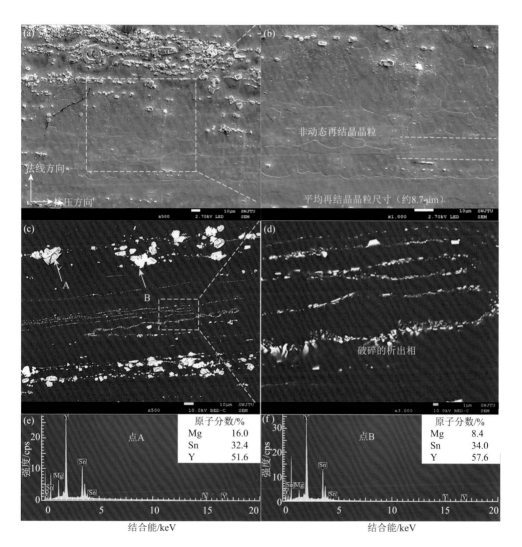

图 4-42　挤压态 Mg-10Y-1Sn 合金显微组织及析出相：（a）、（b）SEM；（c）、（d）BSEM；
（e）、（f）EDS

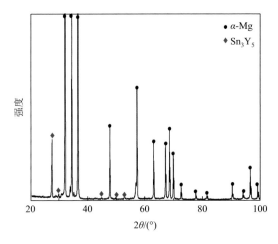

图 4-43 挤压态 Mg-10Y-1Sn 合金 XRD 图谱

图 4-44 是 Sn/Y 质量比为 1∶10 时，即 Mg-3Y-0.3Sn、Mg-5Y-0.5Sn、Mg-6Y-0.6Sn 和 Mg-10Y-1Sn 四种挤压态合金在 ED-TD 平面的 EBSD 的结果。首先，从图 4-44 中可以看出四种合金均呈现典型的双峰组织，即由细小的再结晶晶粒（6～10 μm）和沿 ED 拉长的粗大未再结晶晶粒共同组成，统计得到四种合金的动态再结晶的比例分别为 77%、75%、59% 和 63%。在晶粒取向图中，大角度晶界（high angle grain boundary，HAGB，$\theta \geqslant 15°$）由黑色线条来表示，小角度晶界（low angle grain boundary，LAGB，$2° \leqslant \theta < 15°$）通过白色实线来表示，其中小角度晶界主要存在于未再结晶区域。Mg-0.3Sn-3Y 合金表现出较强的 $[10\bar{1}0]$ 基面丝织构，即晶体的基面和 $[10\bar{1}0]$ 方向平行于 ED。Mg-5Y-0.5Sn 合金的织构类型没有发生明显变化，但织构强度有所降低。Mg-6Y-0.6Sn 合金组织中极密度向 TD 方向偏转角度增大，织构强度增加。随着合金含量的进一步增加，Mg-10Y-1Sn 合金的织构类型仍然没有明显变化，相比于 Mg-6Y-0.6Sn 合金，其织构强度有所增加。分别对比四种合金中再结晶区域和未再结晶区域的织构，如图 4-45 所示，反极图清楚地显示了两区域的晶粒取向。四种合金的未再结晶区域与整体组织相似，均呈现典型的丝织构，而再结晶晶粒为发生偏转的稀土织构。

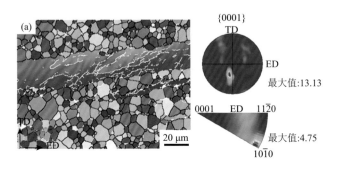

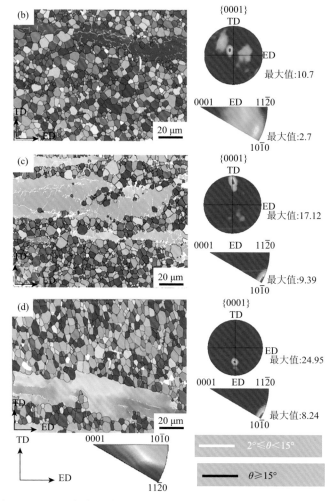

图 4-44　挤压态 Mg-*x*Y-*y*Sn 合金织构；（a）Mg-3Y-0.3Sn；（b）Mg-5Y-0.5Sn；（c）Mg-6Y-0.6Sn；（d）Mg-10Y-1Sn

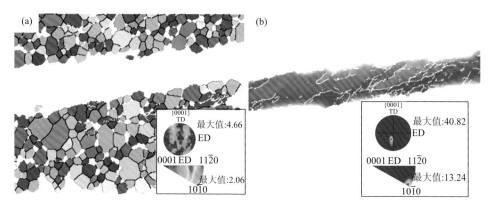

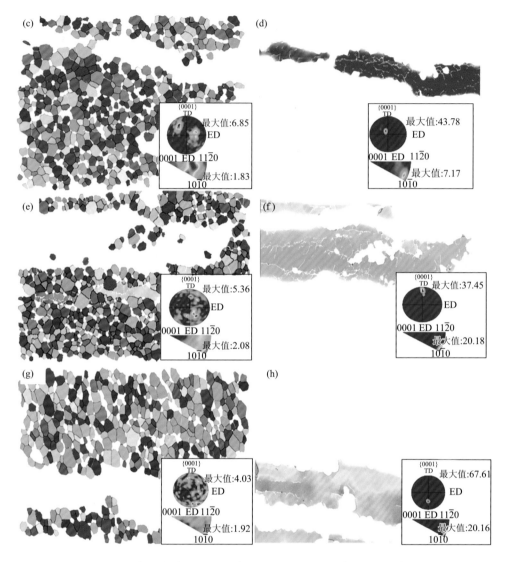

图 4-45　Mg-xY-ySn 挤压态合金动态再结晶区域和非动态再结晶区域织构：（a）、（b）
Mg-3Y-0.3Sn；（c）、（d）Mg-5Y-0.5Sn；（e）、（f）Mg-6Y-0.6Sn；（g）、（h）Mg-10Y-1Sn

　　此外，从合金基面滑移的平均施密特因子（SF）分布图（图 4-46）可以看出，粗大的未再结晶晶粒呈现较低的基面滑移 SF，而大部分再结晶晶粒的基面滑移 SF 值相对较高。随着 Y 含量增加，基面滑移 SF 平均值先降低后增加，其中 Mg-6Y-0.6Sn 合金的 SF 值最小。图 4-47 为四种合金局部 Kernel 平均取向差（KAM）图，结果表明相比于再结晶区域，在变形晶粒区域有较高的局部应变，即细晶区比粗晶区有更低的平均取向差。这主要归因于挤压过程中，DRX 晶粒的形核与长大消耗了大量的应变能，导致粗晶内部的应变数值远高于细晶内部。此外，Mg-6Y-0.6Sn 合金中小角度晶界的含量也最高。

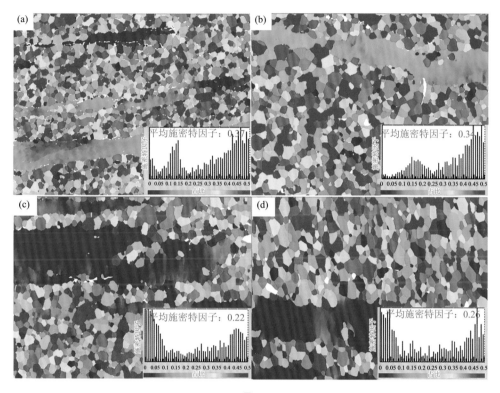

图 4-46　Mg-$x$Y-$y$Sn 挤压态合金（0001）⟨11$\bar{2}$0⟩基面滑移的 SF 分布图：（a）Mg-3Y-0.3Sn；（b）Mg-5Y-0.5Sn；（c）Mg-6Y-0.6Sn；（d）Mg-10Y-1Sn

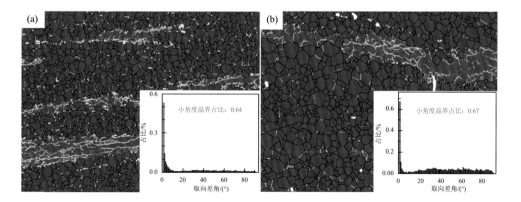

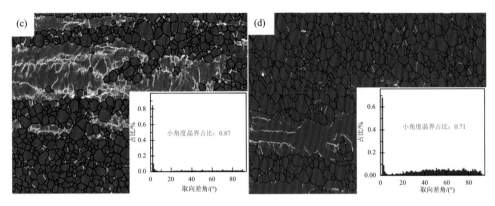

图 4-47　Mg-*x*Y-*y*Sn 合金 KAM 及取向差角分布：（a）Mg-3Y-0.3Sn；（b）Mg-5Y-0.5Sn；
（c）Mg-6Y-0.6Sn；（d）Mg-10Y-1Sn

　　众所周知，在室温下非基面滑移启动的临界分切应力相比基面滑移更大，在变形时较难启动，因此室温下镁合金的主要变形机制为基面滑移。但随着温度升高，非基面滑移启动所需的临界分切应力下降，柱面滑移和锥面滑移容易被激活。四种合金中再结晶区域均为稀土织构，且该区域基面滑移的 SF 相对较高。但随合金含量增加，再结晶区域减少，基面滑移 SF 减小。而未再结晶区域较低的基面滑移 SF 说明该区域在变形过程中不利于基面滑移，且该区域由于存在大量的局部应变和小角度晶界使位错更不容易运动，从而处于硬取向，使合金变形更加困难。此外，高温下为了协调变形，需要更大的外力启动柱面和锥面滑移，因此合金的屈服强度会进一步提高。

　　图 4-48 展示了挤压态 Mg-3Y-0.3Sn、Mg-5Y-0.5Sn、Mg-6Y-0.6Sn 及 Mg-10Y-1Sn 合金在室温、200℃和 300℃下沿着挤压方向拉伸的真塑性应力-应变曲线。从图 4-48 中可以看出，Mg-3Y-0.3Sn 合金的 YS 和 UTS 均随温度升高而减小，但 UTS 在 200℃下降低不明显，在 300℃下有明显降低。Mg-5Y-0.5Sn 合金在 200℃下 YS 明显下降但 UTS 没有减小；随着温度升高至 300℃，YS 基本保持不变，UTS 明显下降。Mg-6Y-0.6Sn 合金的 YS 仍然表现出随温度升高而下降的趋势，但 UTS 在 200℃下甚至高于室温下的。对于 Mg-10Y-1Sn 合金，其 YS 随温度升高没有明显下降，且在 200℃下的 UTS 也高于室温下的，但在 300℃时明显下降。此外，当合金含量超高至 6.6 wt%后，合金的 UTS 表现出高温强化现象，即高温下（200℃）UTS 略高于室温，但在 300℃下四种合金均出现明显的动态软化。合金高温下软化行为与动态回复和动态再结晶（DRX）相关[58, 59]。在动态回复过程中随温度升高屈服强度下降，这与高温下非基面滑移的临界分切应力（CRSS）降低有关[60]。

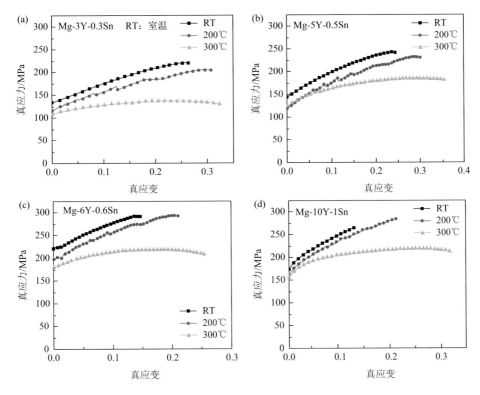

图 4-48　挤压态 Mg-xY-ySn 合金真塑性应力-应变曲线：（a）Mg-3Y-0.3Sn；（b）Mg-5Y-0.5Sn；（c）Mg-6Y-0.6Sn；（d）Mg-10Y-1Sn

　　图 4-49 为挤压态 Mg-3Y-0.3Sn、Mg-5Y-0.5Sn、Mg-6Y-0.6Sn 及 Mg-10Y-1Sn 合金在室温及高温下的强度对比图。从图 4-49 中可以看出，无论在室温下还是高温下，随合金元素含量增加 YS 和 UTS 均呈现先升高后降低的趋势，其中 Mg-6Y-0.6Sn 合金在室温及高温下的强度最大。对比四种合金的显微组织，四种合金的再结晶晶粒的平均尺寸没有较大差异（均为 6~9 μm），所以推测晶粒尺寸不是造成强度差异的主要原因。另外，对比四种合金析出相含量及分布，发现挤压态 Mg-6Y-0.6Sn 合金中总析出相含量虽然低于 Mg-10Y-1Sn，但其弥散分布的纳米析出相含量明显多于 Mg-10Y-1Sn 合金，而后者合金中主要存在大量沿挤压方向分布的团簇微米析出相。有文献报道团簇的微米析出相在变形过程中易产生应力集中成为裂纹萌生点而促使合金强度降低[57]。此外，大量文献报道纳米尺寸的析出相在变形过程中能有效阻碍位错运动以及晶界迁移从而提高抗变形能力[3, 61, 62]。因此，推测 Mg-6Y-0.6Sn 合金在室温和高温下呈现最优的 YS 和 UTS 与其存在的大量纳米析出相有关。此外，Mg-6Y-0.6Sn 合金的非动态再结晶比例最大，该区域具有很强的丝织构，这种取向不利于基面滑移从

而呈现出非常低的基面滑移 SF。因此，在沿 ED 方向的拉伸过程中，基面位错滑移转变为硬取向从而提高屈服强度。从 KAM 图中看到非动态再结晶区域的亚结构（许多小角度晶界和局部应变）也可以阻碍位错运动，产生一定的强化效果。

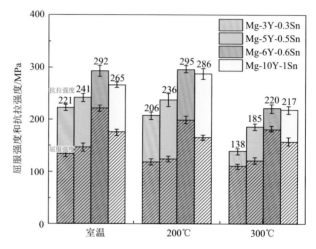

图 4-49　挤压态 Mg-3Y-0.3Sn、Mg-5Y-0.5Sn、Mg-6Y-0.6Sn 和 Mg-10Y-1Sn 合金强度

### 4.3.3　中合金含量 Mg-Y-Sn 合金的显微组织和高温力学性能

图 4-50 为挤压态 Mg-2Y-0.5Sn 合金沿挤压方向平面的 SEM 结果。从图 4-50 中可以看出，Mg-2Y-0.5Sn 合金挤压棒材中大部分是再结晶晶粒，晶粒平均尺寸约 7.9 μm，局部区域也出现拉长晶粒，说明该合金挤压过程中动态再结晶也不完全。此外，在该合金中可以清晰地观察到微米尺寸的析出相沿挤压方向连续平行

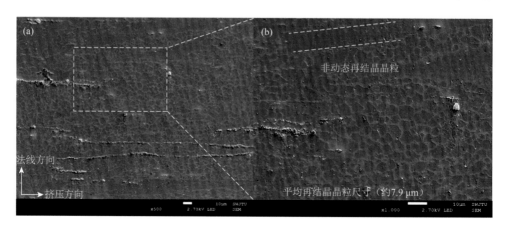

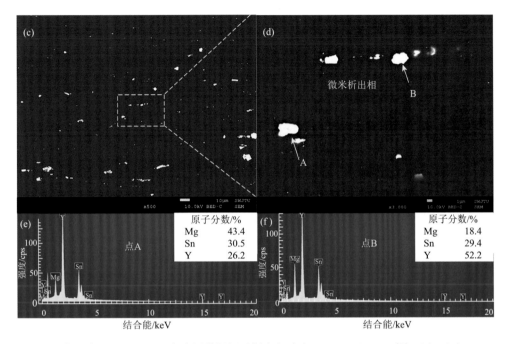

图 4-50　挤压态 Mg-2Y-0.5Sn 合金显微组织及析出相确定：（a）、（b）SEM 图；（c）、（d）BSEM 图；（e）、（f）EDS 图

地分布，其尺寸基本大于 1 μm，且呈不规则形状。对合金进行 SEM-EDS 和 XRD 物相分析，可以看出微米级析出相中 Sn、Y 原子比接近 3：5，结合 XRD 结果认为合金中的微米级析出相是 $Sn_3Y_5$ 相，合金中第二相的体积分数约为 1.97%，如图 4-51 所示。

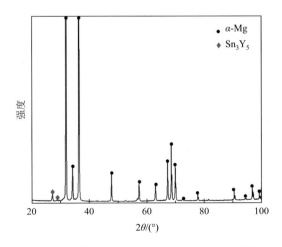

图 4-51　挤压态 Mg-2Y-0.5Sn 合金 XRD 图谱

图 4-52 为挤压态 Mg-4Y-1Sn 合金的 SEM 结果。合金中仍然存在混晶组织，其中再结晶晶粒平均尺寸约 8.1 μm。此外，可以清晰地观察到微米尺寸的析出相仍然沿挤压方向分布，其平均尺寸均大于 1 μm，形状呈不规则矩形。对微米级析出相进行 SEM-EDS 分析，发现 Sn、Y 原子比接近 3∶5，结合 XRD 结果认为合金中的微米级析出相是 $Sn_3Y_5$ 相。统计发现第二相的体积分数约 2.86%，如图 4-53 所示。相比于 Mg-2Y-0.5Sn 合金，Mg-4Y-1Sn 合金中第二相数量增加。

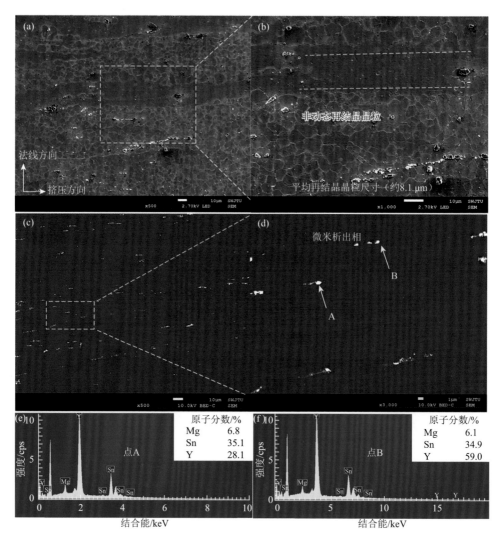

图 4-52 挤压态 Mg-4Y-1Sn 合金显微组织及析出相：（a）、（b）SEM；（c）、（d）BSEM；（e）、（f）EDS

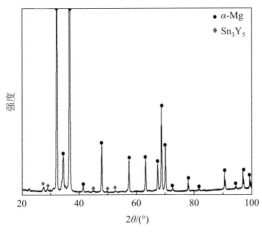

图 4-53　挤压态 Mg-4Y-1Sn 合金 XRD 图谱

　　图 4-54 为挤压态 Mg-6Y-1.5Sn 合金的 SEM 结果。合金经挤压后仍然存在不完全再结晶组织，微米第二相沿挤压方向呈流线型分布。再结晶晶粒尺寸大约为 6.6 μm，微米级析出相尺寸基本大于 1 μm 且形状各异。对微米级析出相进行 SEM-EDS

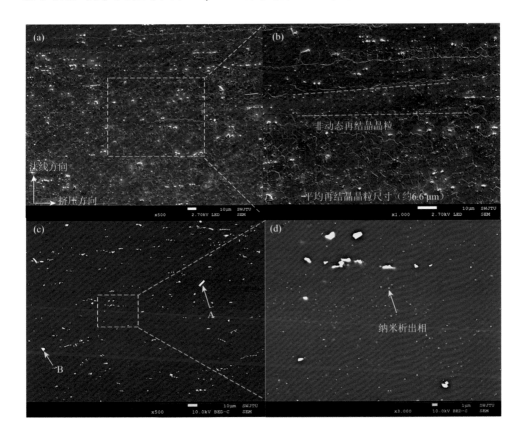

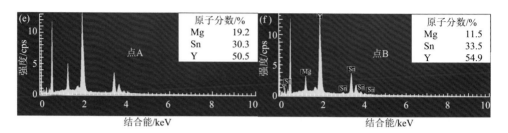

图 4-54 挤压态 Mg-6Y-1.5Sn 合金显微组织及析出相：（a）、（b）SEM；（c）、（d）BSEM；（e）、（f）EDS

分析，发现 Sn、Y 原子比接近 3∶5。根据图 4-55 中 XRD 结果认为合金中的微米级析出相是 $Sn_3Y_5$ 相。此外，可以看到大量纳米级析出相弥散分布于基体中。经统计，第二相的体积分数约 3.94%。相比 Mg-2Y-0.5Sn 合金和 Mg-4Y-1Sn 合金，Mg-6Y-1.5Sn 合金中纳米析出相含量明显增加。

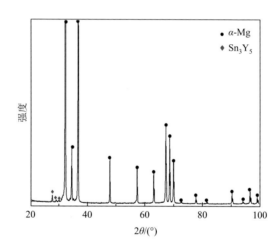

图 4-55 挤压态 Mg-6Y-1.5Sn 合金 XRD 图谱

图 4-56 为挤压态 Mg-8Y-2Sn 合金的 SEM 结果。该合金仍然呈现不完全再结晶组织，其中再结晶晶粒平均尺寸约为 7.8 μm。此外，合金中可以观察到大量微米级第二相沿着挤压方向呈直线分布，但基本不存在纳米析出相。微米级析出相的 SEM-EDS 结果显示 Sn、Y 原子比接近 3∶5，结合 XRD 结果得出合金中的微米级析出相仍然为 $Sn_3Y_5$ 相。统计得到第二相的体积分数约 9.76%。

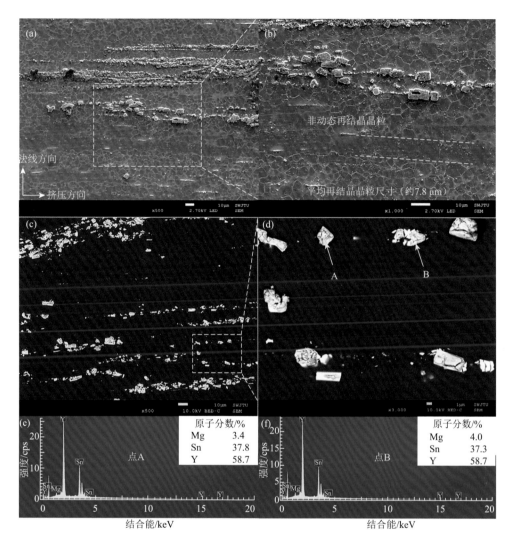

图 4-56 挤压态 Mg-8Y-2Sn 合金显微组织及析出相：（a）、（b）SEM；（c）、（d）BSEM；
（e）、（f）EDS

　　如图 4-57 所示，对比上述四种合金 EDS 及 XRD 结果，可以发现合金中析出相是 $Sn_3Y_5$ 相，即当 Y、Sn 质量比为 4 时合金中主要析出 $Sn_3Y_5$ 相。随合金元素含量的增加析出相总量明显增加，Mg-6Y-1.5Sn 合金中纳米析出相含量最高，但当合金含量增加到 10 wt% 时，Mg-8Y-2Sn 合金中基本不存在纳米析出相，只含有粗大连续分布的微米级析出相。

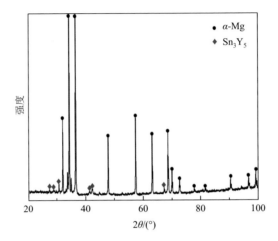

图 4-57 挤压态 Mg-8Y-2Sn 合金 XRD 图谱

图 4-58 是 Y/Sn 质量比为 4 时四种挤压态合金（Mg-2Y-0.5Sn、Mg-4Y-1Sn、Mg-6Y-1.5Sn、Mg-8Y-2Sn）在 ED-TD 平面的 EBSD 的结果。四种合金呈现典型的混晶组织，即由细小的再结晶晶粒和沿 ED 方向被拉长的变形晶粒共同组成，统计得到合金中动态再结晶晶粒的比例分别为 72%、65%、55%和 61%。在晶粒取向图中，仍然是大角度晶界（HAGB，$\theta \geqslant 15°$）由黑色线条表示，小角度晶界（LAGB，$2° \leqslant \theta < 15°$）通过白色线条表示，其中小角度晶界主要存在于未再结晶区域。Mg-2Y-0.5Sn 合金表现出较强的 $[10\bar{1}0]$ 基面丝织构，即晶体的基面和 $[10\bar{1}0]$ 方向平行于 ED 方向。当合金含量增加，织构类型没有发生明显变化，但织构强

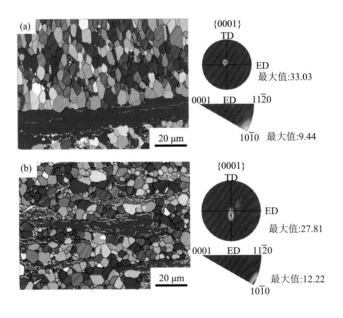

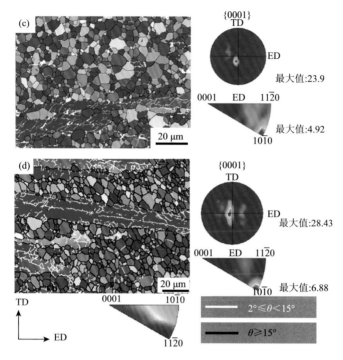

图 4-58　Mg-$x$Y-$y$Sn 挤压态合金织构：（a）Mg-2Y-0.5Sn；（b）Mg-4Y-1Sn；（c）Mg-6Y-1.5Sn；
（d）Mg-8Y-2Sn

度依次降低。分别统计四种合金中再结晶区域和未再结晶区域的织构，如图 4-59
所示，从反极图可以看出，四种合金的未再结晶区域与整体组织相似，也均呈现
典型的丝织构，再结晶晶粒为较随机的取向。

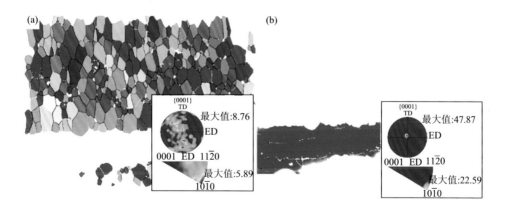

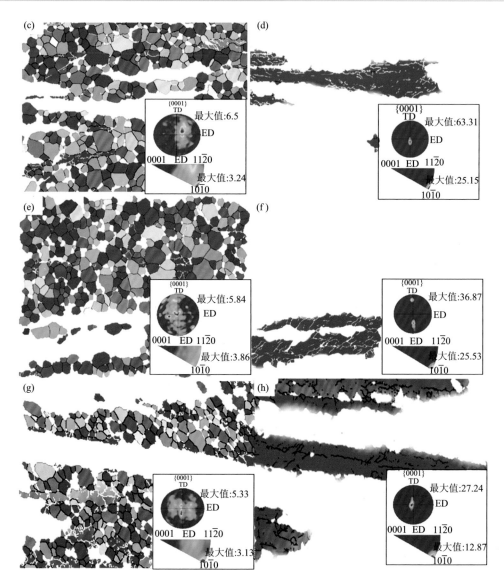

图 4-59  Mg-xY-ySn 挤压态合金再结晶区域和未再结晶区域织构：（a）、（b）Mg-2Y-0.5Sn；
（c）、（d）Mg-4Y-1Sn；（e）、（f）Mg-6Y-1.5Sn；（g）、（h）Mg-8Y-2Sn

　　此外，结合基面滑移 SF 分布图可知（图 4-60），粗大的未再结晶晶粒拥有较低的基面滑移 SF，而大部分再结晶晶粒的基面滑移 SF 值相对较高。随着 Y 含量增加，基面滑移的平均 SF 先降低后增加，其中 Mg-6Y-1.5Sn 合金的 SF 值最小。统计四种合金局部平均取向差（KAM）图，如图 4-61 所示，变形晶粒相比于再结晶区域有较高的局部应变及小角度晶界。其主要原因可能是在挤压过程中动态再结晶晶粒的形核与长大会消耗大量的应变能，使得粗晶内部存在的应变量远高于再结晶晶粒内部。Mg-6Y-1.5Sn 合金中局部应变和小角度晶界数量最高。

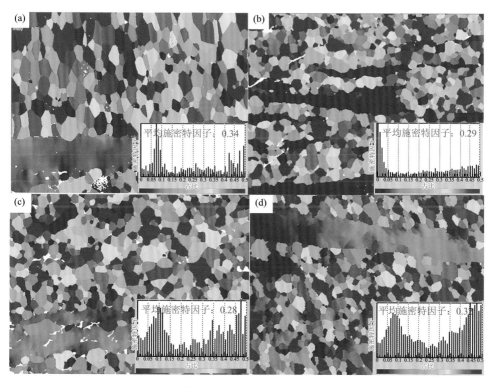

图 4-60　Mg-xY-ySn 合金 (0001)⟨11$\bar{2}$0⟩ 基面滑移的 SF 分布图：(a)Mg-2Y-0.5Sn；(b)Mg-4Y-1Sn；
(c) Mg-6Y-1.5Sn；(d) Mg-8Y-2Sn

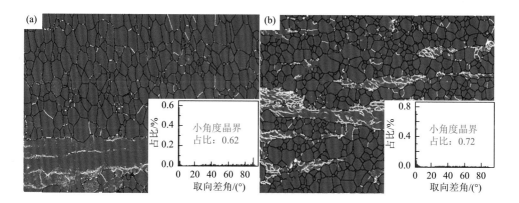

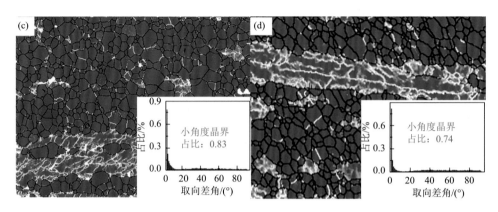

图 4-61 挤压态 Mg-$x$Y-$y$Sn 合金 KAM 及取向差角分布图：（a）Mg-2Y-0.5Sn；（b）Mg-4Y-1Sn；（c）Mg-6Y-1.5Sn；（d）Mg-8Y-2Sn

图 4-62 为挤压态 Mg-2Y-0.5Sn、Mg-4Y-1Sn、Mg-6Y-1.5Sn 及 Mg-8Y-2Sn 合金在室温及高温下沿 ED 拉伸的真塑性应力-应变曲线。从图 4-62 中可以看出，Mg-2Y-0.5Sn 合金的屈服强度随温度升高而减小，但抗拉强度随温度升高下降不明显。相比于室温，合金在 200℃和 300℃下的屈服强度分别下降了 16%和 24%，抗拉强度分别下降了 1%和 6%。随温度升高，Mg-4Y-1Sn 合金的屈服强度没有明显下降，抗拉强度有所提高，且在 300℃时抗拉强度高于室温和 200℃时的。随着拉伸温度的提高，Mg-6Y-1.5Sn 合金的屈服强度没有降低，抗拉强度有所升高。相比于室温，合金在 200℃和 300℃时抗拉强度分别提高了 13%和 10%。从 Mg-8Y-2Sn 合金的真塑性应力-应变曲线中可以看出，温度升高时，合金的屈服强度没有明显下降，且高温下的抗拉强度均高于室温。相比于 Mg-6Y-1.5Sn 合金，Mg-8Y-2Sn 合金的在室温及高温下的强度有明显下降。

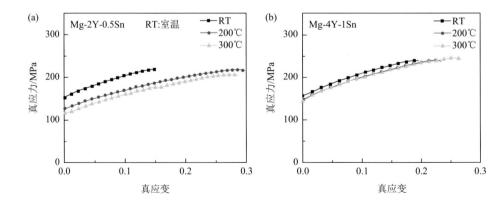

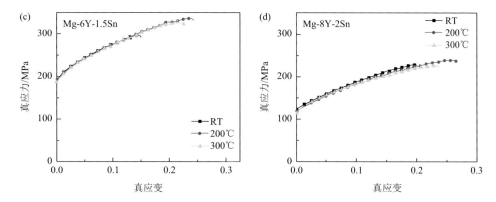

图 4-62　挤压态 Mg-*x*Y-*y*Sn 合金真塑性应力-应变曲线：（a）Mg-2Y-0.5Sn；（b）Mg-4Y-1Sn；（c）Mg-6Y-1.5Sn；（d）Mg-8Y-2Sn

　　图 4-63 为挤压态 Mg-2Y-0.5Sn、Mg-4Y-1Sn、Mg-6Y-1.5Sn 及 Mg-8Y-2Sn 合金在室温及高温下的强度对比图。从图 4-63 中可以看出随合金元素含量增加，屈服强度和抗拉强度先升高后降低，其中 Mg-6Y-1.5Sn 合金在室温及高温下的强度最高。

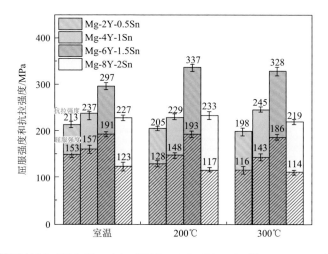

图 4-63　挤压态 Mg-2Y-0.5Sn、Mg-4Y-1Sn、Mg-6Y-1.5Sn 及 Mg-8Y-2Sn 合金的强度

　　综上可以发现在 Y/Sn 质量比为 10 和 4 体系的 8 种合金中，Mg-6Y-0.6Sn 和 Mg-6Y-1.5Sn 合金在室温及高温下均呈现优异的强度，其中 Mg-6Y-0.6Sn 合金在室温、200℃ 和 300℃ 下的抗拉强度分别达到 292 MPa、295 MPa 和 220 MPa，Mg-6Y-1.5Sn 合金在室温、200℃ 和 300℃ 下的抗拉强度分别达到 297 MPa、337 MPa 和 328 MPa，且其 300℃ 下的强度明显优于商用 WE54 以及大部分 GW 系列高稀土耐热镁合金[63-65]。图 4-64 为 200℃ 和 300℃ 下屈服强度和抗拉强度与

合金含量比值的对比图。从图 4-64 中可以看出，无论在 200℃还是 300℃下，与其他合金相比，本研究中 Mg-6Y-0.6Sn 和 Mg-6Y-1.5Sn 两种合金强度与合金含量的比值均处在一个较高的范围，这表明两种合金在高温下获得了强度与合金含量（成本）的平衡，得到强度与成本兼备的结果。

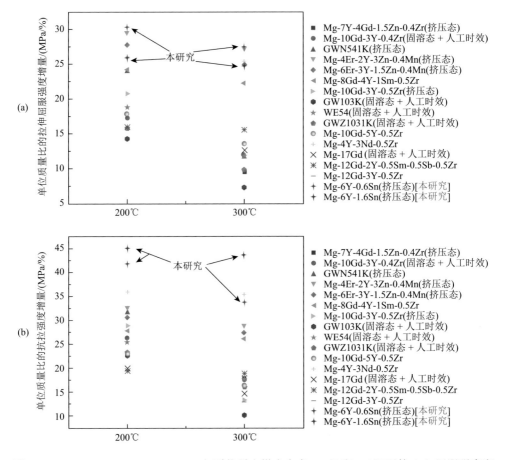

图 4-64　Mg-6Y-0.6Sn、Mg-6Y-1.5Sn 与耐热稀土镁合金在 200℃和 300℃下的（a）屈服强度和（b）抗拉强度与合金含量比值的对比图[66-69]

### 4.3.4　Mg-Y-Sn 合金的室温和高温加工硬化行为

大量文献表明[80-84]，具有混晶组织的镁合金能同时获得高强度和高塑性。Xu 等[80]通过新型快速空气冷却挤压设备制备出具有混晶结构的 Mg-8Gd-4Y-1Zn-0.4Zr（wt%）合金（粗晶尺寸为 50 μm，细晶尺寸为 1.7 μm），其抗拉强度为 514 MPa、断后延伸率为 14.5%，力学性能优于同类合金。对该合金进行拉伸过程准原位 EBSD 分析，发现在拉伸变形过程中，细晶区与粗晶区存在变形不均匀的现象，粗晶和细晶区域积累位错的能力存在差异性。从前期力学性能曲线中可以看出部分合金在室温、高温下的抗拉强度随着应变的增大而提高，这是一种典型的应变强化行为。Mg-5Y-0.5Sn 在 200℃下表现出加工硬化现象，但 300℃时加工硬化消失，这一现象在 Y/Sn 质量比为 10 体系的合金中均出现。但 Y/Sn 质量比为 4 体系的合金（如 Mg-4Y-1Sn 合金）在 300℃下拉伸时仍表现出明显的加工硬化现象。通过应变硬化率曲线来深入分析拉伸过程中不同合金在不同温度下的加工硬化行为具有重要意义。应变硬化率（strain hardening rate，$\theta$）通常表示为：$\theta = \dfrac{\mathrm{d}\sigma}{\mathrm{d}\varepsilon}$，其中 $\sigma$ 和 $\varepsilon$ 分别表示真应力和真塑性应变。应变硬化率也表示合金发生下一步变形的难易程度。

　　图 4-65 展示了 Y、Sn 质量比为 10 时，四种合金的在室、高温下的加工硬化率-真塑性应变曲线。通常镁合金的加工硬化曲线分为五个阶段，不同阶段的出现及形状与变形条件有密切关系。文献表明，当应变速率较高和变形温度较低时易出现第 II 阶段[85]。本节主要选取塑性变形阶段的加工硬化率曲线，对应合金的曲线由两个阶段组成，不同阶段的下降速率不同。曲线急剧下降的部分和缓慢下降部分分别对应加工硬化行为的第Ⅲ和第Ⅳ阶段。从图 4-65 中可以看出，在第Ⅲ阶段，当应变量增加时，加工硬化率急剧下降。在该阶段，螺位错会发生交滑移和攀移，且通过异号位错相消使塞积的位错数量有所降低[86]，此时开始产生软化现象，也就使该阶段的加工硬化率在短时间内快速降低。在第Ⅳ阶段时，曲线表现为较大应变范围内加工硬化率缓慢下降最后趋于 0。在合金变形过程中，当应变量达到一定值时，活动的位错会被位错胞壁吸收，达到一定量后胞状组织会转变成亚结构，同时也出现亚晶界。在变形过程中亚结构有利于缓解动态回复带来的软化，在加工硬化率曲线上表现为下降趋势变缓[85]。

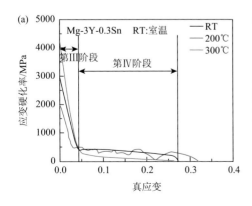
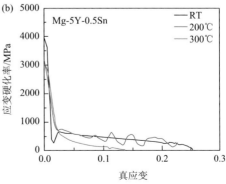

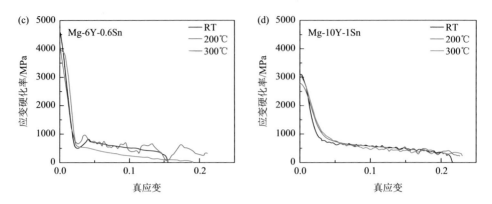

图 4-65 挤压态 Mg-xY-ySn 合金在室温、200℃和300℃下的加工硬化率随真应变变化曲线：（a）Mg-3Y-0.3Sn；（b）Mg-5Y-0.5Sn；（c）Mg-6Y-0.6Sn；（d）Mg-10Y-1Sn

在同一阶段，对比不同温度对加工硬化率的影响，发现对于 Y/Sn 质量比为 10 的合金，在第Ⅲ阶段加工硬化率不随温度升高而线性降低，而第Ⅳ阶段加工硬化率则随温度升高依次降低。对于 Mg-3Y-0.3Sn 合金，在加工硬化第Ⅲ阶段，在 300℃下的加工硬化率明显高于室温和 200℃，但在第Ⅳ阶段，加工硬化率随温度升高而降低。其中 200℃时曲线在第Ⅳ阶段出现明显波动，对应于应力-应变曲线的锯齿流变阶段，推测是由于该温度下拉伸过程中溶质原子与位错产生交互作用而出现 PLC（portevin-Le Chatelier）效应[87]。当溶质原子迁移率与位错移动速度相当时，就会产生 PLC 效应。Mg-5Y-0.5Sn 合金在室温下的加工硬化率高于 Mg-3Y-0.3Sn 合金，高温下加工硬化率降低，且合金仍然表现出随温度升高，加工硬化率下降的趋势。随着合金元素含量进一步增加，Mg-6Y-0.6Sn 合金无论室温还是高温下的加工硬化率均大于前两个合金，且随温度升高加工硬化率降低。最后，对于 Mg-10Y-1Sn 合金，加工硬化率没有随温度升高而明显下降，但相比于 Mg-6Y-0.6Sn 合金明显降低，推测这是发生了动态回复或再结晶带来的软化现象。表 4-9 统计了 Y/Sn 质量比为 10 的 Mg-xY-ySn 合金加工硬化率初始值和 10%应变下的加工硬化率，可以看出无论在室温还是高温下 Mg-6Y-0.6Sn 的初始加工硬化率最大。但在 10%应变量下，Mg-10Y-1Sn 合金的加工硬化率均大于其他合金。Hao 等[88]研究了 14H LPSO 相对挤压态 Mg-Zn-Y-Mn 合金动态再结晶及加工硬化行为的影响，发现加工硬化第Ⅲ阶段与位错湮灭有关，且晶粒尺寸和 14H LPSO 相显著影响该阶段的动态回复速率。有报道称，细晶粒有利于位错滑移，有利于提高动态回复速率[89]。此外，细小析出相对位错阻碍作用使位错密度增加，也会降低动态回复速率[90]。而加工硬化第Ⅳ阶段是大应变加工硬化阶段，与位错胞结构的形成有密切关系，大量存在的细小析出相也会延迟该阶段[89-91]。

**表 4-9　Y/Sn 比为 10 的 Mg-xY-ySn 合金加工硬化率初始值和 10%应变下加工硬化率**

| 合金 | 室温加工硬化率 | | 200℃加工硬化率 | | 300℃加工硬化率 | |
|---|---|---|---|---|---|---|
| | 初始值 | 10% | 初始值 | 10% | 初始值 | 10% |
| Mg-3Y-0.3Sn | 2987 | 421 | 2000 | 333 | 4008 | 151 |
| Mg-5Y-0.5Sn | 3956 | 490 | 3264 | 336 | 2998 | 125 |
| Mg-6Y-0.6Sn | 4630 | 494 | 4013 | 358 | 4026 | 220 |
| Mg-10Y-1Sn | 3013 | 568 | 2767 | 568 | 3201 | 427 |

　　图 4-66 展示了在 Y/Sn 比为 4 时，四种合金的在室高温下的加工硬化率-真塑性应变曲线。Mg-2Y-0.5Sn 合金在曲线第Ⅲ阶段的加工硬化率随温度升高而降低。但第Ⅳ阶段，加工硬化率没有随温度升高而明显下降，甚至趋于一致。此外，第Ⅳ阶段曲线在三个温度下均出现了波动。Mg-4Y-1Sn 合金在第Ⅲ阶段的加工硬化率明显增大，相比于 Mg-2Y-0.5Sn 合金第Ⅳ阶段没有较大改变，仍然是室温和高温下加工硬化率相同。随着合金元素含量进一步增加，Mg-6Y-1.5Sn 合金无论室温还是高温下加工硬化率均大于前两个合金。最后，Mg-8Y-2Sn 合金的加工硬化率出现明显降低的趋势。综上可以得出，Mg-6Y-1.5Sn 合金在 200℃下，无论在第Ⅲ阶段还是第Ⅳ阶段均表现出比室温优越的加工硬化率，且该合金的加工硬化率均高于其他三种合金。文献表明，加工硬化是由于位错运动被第二相和晶界等阻碍而形成的[92]，且加工硬化率随析出相尺寸减小和含量增加而增大[93]。表 4-10 统计了 Y/Sn 比为 4 的 Mg-xY-ySn 合金加工硬化率初始值和 10%应变下的加工硬化率，发现 Mg-6Y-0.6Sn 合金在室温和高温下的初始加工硬化率最大。在 10%应变时，Mg-6Y-1.5Sn 合金在室温及高温下的加工硬化率也高于其他三种合金。

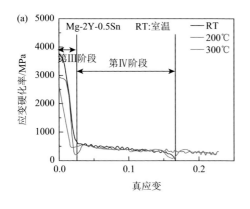
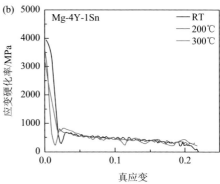

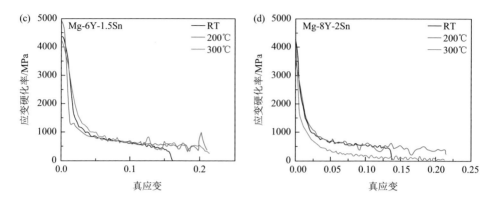

图 4-66 挤压态 Mg-xY-ySn 合金在室温、200℃、300℃下的加工硬化率曲线：(a) Mg-2Y-0.5Sn；
(b) Mg-4Y-1Sn；(c) Mg-6Y-1.5Sn；(d) Mg-8Y-2Sn

表4-10　Y/Sn 比为 4 的 Mg-xY-ySn 合金加工硬化率初始值和 10%应变下加工硬化率

| 合金 | 室温加工硬化率 | | 200℃加工硬化率 | | 300℃加工硬化率 | |
|---|---|---|---|---|---|---|
| | 初始值 | 10% | 初始值 | 10% | 初始值 | 10% |
| Mg-2Y-0.5Sn | 2987 | 425 | 2987 | 423 | 2608 | 424 |
| Mg-4Y-1Sn | 3956 | 465 | 3504 | 465 | 3398 | 463 |
| Mg-6Y-1.5Sn | 4630 | 631 | 4973 | 627 | 4301 | 619 |
| Mg-8Y-2Sn | 3013 | 536 | 3501 | 541 | 3927 | 268 |

从 Mg-xY-ySn 合金 Y/Sn 质量比为 10 和 4 两种体系的力学性能曲线可以看出，在 300℃拉伸过程中四种合金均出现了明显的动态软化，但 Y/Sn 质量比为 4 的四种合金在 300℃下仍表现出较优越的力学性能。为进一步分析两种 Y/Sn 质量比的合金在高温拉伸变形过程中加工硬化行为的差异，对比了合金总含量接近时合金在 300℃下的加工硬化率。图 4-67（a）为 Mg-5Y-0.5Sn 和 Mg-4Y-1Sn 合金在 300℃加工硬化率。从图 4-67（a）中可以看出，Mg-4Y-1Sn 合金在第Ⅲ阶段和第Ⅳ阶段均表现出更高的加工硬化率。对比两合金的动态再结晶比例，也可以发现 Mg-4Y-1Sn 合金的动态再结晶比例更小，相比于动态再结晶区域，变形晶粒区域基面滑移施密特因子更小且有更大的应变储能，这在变形过程中不利于位错启动，在加工硬化第Ⅲ阶段应变增加也不利于位错产生交滑移，使动态回复率较低。此外，未再结晶组织中较多的亚结构可以缓解动态回复带来的软化，从而使 Mg-4Y-1Sn 合金呈现较高的加工硬化率。同理，这也可以解释 Mg-8Y-2Sn 相比于 Mg-10Y-1Sn 有更高的加工硬化率。

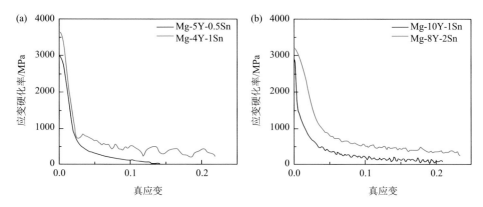

图 4-67　在 300℃不同 Y/Sn 比下加工硬化率曲线对比图：（a）Mg-5Y-0.5Sn 与 Mg-4Y-1Sn；
（b）Mg-10Y-1Sn 与 Mg-8Y-2Sn

## 4.3.5　Sn 微合金化 Mg-Y 合金的高温力学性能和动态再结晶组织

图 4-68 为挤压态 Mg-6Y、Mg-6Y-0.6Sn 和 Mg-6Y-1.5Sn 合金的显微组织。通过 BSEM 可以观察到 Mg-6Y 合金中含有少量微米级析出相，其体积分数约为 0.13%。在添加 0.6 wt%的 Sn 元素后，除了微米级析出相外，还观察到一定量的纳米尺寸析出相，析出相总含量增加至 3.1%。当 Sn 含量进一步增加至 1.5 wt%时，合金中出现大量的纳米尺寸第二相弥散分布于基体中，且析出相总含量增加至 4.1%。析出相含量的增加主要来源于纳米析出相。结合 EDS 与 TEM 分析可知，Mg-Y-Sn 合金中的微米析出相及纳米析出相均以 $Sn_3Y_5$ 相为主。图 4-68（e）为 Mg-6Y-1.5Sn 合金在 300℃拉伸前后的显微组织演变图，结果表明变形前后合金中微米、纳米析出相的形貌尺寸并未发生明显变化。

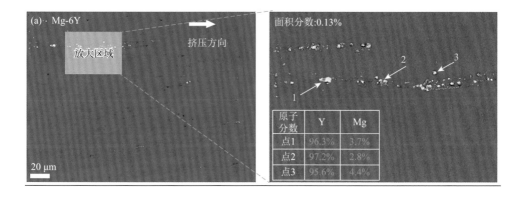

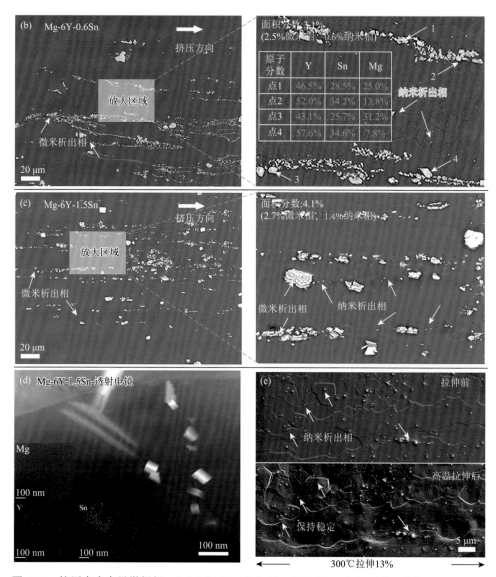

图 4-68　挤压态合金显微组织：（a）Mg-6Y；（b）Mg-6Y-0.6Sn；（c）、（d）、（e）Mg-6Y-1.5Sn

　　图 4-69 为 Mg-6Y、Mg-6Y-0.6Sn 和 Mg-6Y-1.5Sn 合金在 ED-TD 平面的晶粒取向图。图 4-69 表明，挤压态 Mg-6Y 合金呈现完全的再结晶组织，并且具有典型的稀土织构。加入 0.6 wt%的 Sn 元素后合金（Mg-6Y-0.6Sn）呈现混晶组织，其中再结晶和未再结晶组织比例分别是 67%和 33%。未再结晶区域与整体组织相似，呈现典型的丝织构，而再结晶晶粒为稀土织构。当 Sn 含量增加至 1.5 wt%（Mg-6Y-1.5Sn），合金也呈现双峰组织，再结晶和未再结晶组织比例转变为 63%和 37%，且织构类型没有明显变化。但相比于 Mg-6Y-0.6Sn，织构强度有所降低。

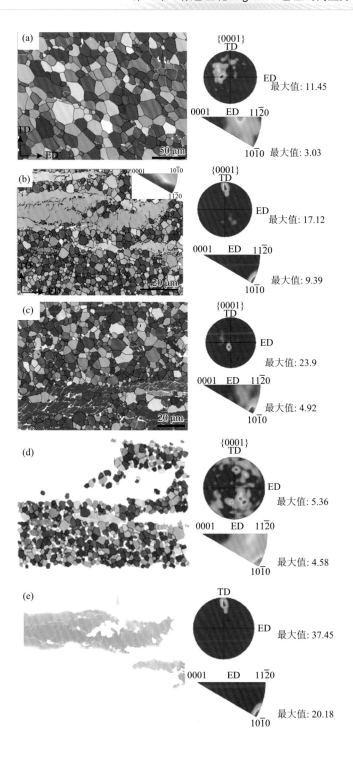

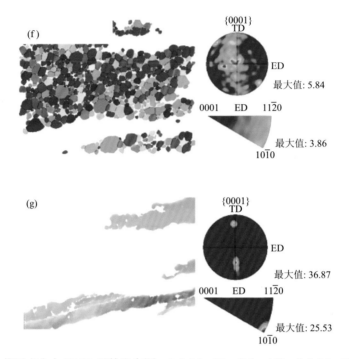

图 4-69 挤压态合金 EBSD 晶粒取向图：（a）Mg-6Y；（b）、（d）、（e）Mg-6Y-0.6Sn；
（c）、（f）、（g）Mg-6Y-1.5Sn

图 4-70 为挤压态 Mg-6Y、Mg-6Y-0.6Sn 和 Mg-6Y-1.5Sn 合金 KAM 及取向差角分布图。可以看出，Mg-6Y 合金的个别晶粒存在微量局部应变，小角度晶界数量约 0.16。对比三种合金的 KAM 图和取向差角分布，Mg-6Y-0.6Sn 合金中局部应变数量明显增加，且主要分布在未再结晶区域，小角度晶界数量增加至 0.51。Mg-6Y-1.5Sn 合金中局部应变和小角度晶界仍然集中在未再结晶区域。由于该合金的未再结晶区域较小，所以小角度晶界数量有所减少。图 4-71 为挤压态 Mg-6Y

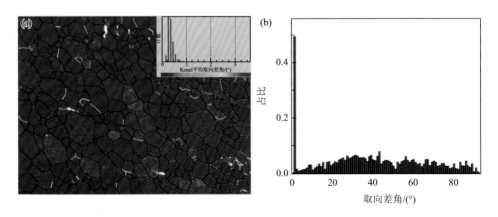

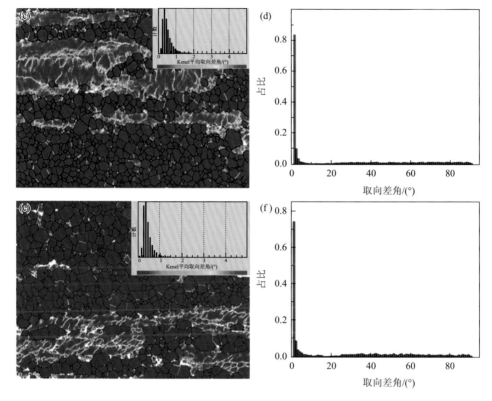

图 4-70　挤压态合金 KAM 及取向差角分布图：（a）、（b）Mg-6Y；（c）、（d）Mg-6Y-0.6Sn；
（e）、（f）Mg-6Y-1.5Sn

合金基面滑移的 SF 分布图，显然加入 Sn 元素后未再结晶区域的 SF 明显低于再结晶区域。统计 SF 在 0.3~0.5 范围内的比例，随 Sn 含量增加该比例减小，说明加入 Sn 元素不利于基面滑移，且 Sn 含量越高，基面滑移越不易激活。

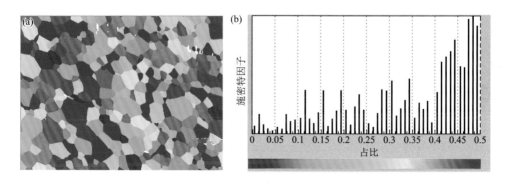

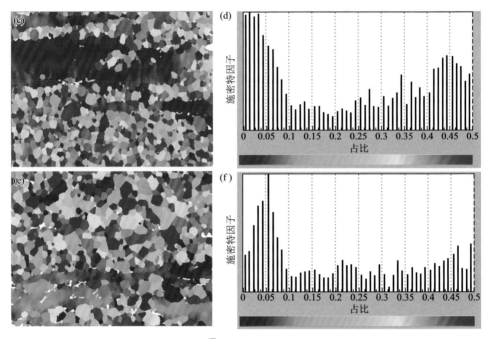

图 4-71 挤压态合金（0001）〈11$\bar{2}$0〉基面滑移的 SF 分布图：（a）、（b）Mg-6Y；
（c）、（d）Mg-6Y-0.6Sn；（e）、（f）Mg-6Y-1.5Sn

为了研究 Mg-Y-Sn 合金在挤压过程中的动态再结晶行为，选取 Mg-6Y-0.6Sn
合金，分析其从铸态到挤压态过渡阶段样品的组织，如图 4-72 所示。从图 4-72
中可以看出，该样品正在经历一个动态再结晶过程，组织由包含大量小角度晶界
的粗大晶粒和细小的再结晶晶粒共同组成。对于粗大晶粒区域，既有呈挤压条带
形状的细长变形晶粒，也有无规则形状的铸态原始晶粒。局部放大区域 A 和区域
B，在再结晶晶界附近出现亚晶粒并出现向变形晶粒内部扩展的趋势，如白色箭头
所示。当变形继续进行时，这些亚晶粒可能会吸收位错并不断扩展从而形成 HAGBs，
这与镁合金的非连续动态再结晶（DDRX）行为特征相似[94]。此外，在区域 B 中可
以看到在变形晶粒内部的小角度晶界（如黑色箭头所示）集中区域出现了再结晶晶
粒，这与连续动态再结晶（CDRX）形成过程相似，即位错→亚结构→LAGBs→
HAGBs。因此，推测该合金在挤压过程中 CDRX 和 DDRX 同时存在。

图 4-73 为 Mg-6Y-0.6Sn 合金挤压后的显微组织。局部放大 Mg-6Y-0.6Sn 合金
的未再结晶区域与变形晶粒区域交界处。在区域 2 中，小角度晶界仍由白色曲线
表示，可以看到在粗大变形晶粒中形成的再结晶晶粒附近有大量小角度晶界，如
箭头 3 和 4 所指。对区域 1 内两晶粒间的取向差进行测量，测量结果如图 4-73（d）
所示，从晶粒内部到晶界 A 处，晶界取向差逐渐增大，在 A 点为动态再结晶形
成的大角度晶界。随距离增加到达变形晶粒内部，此时由于小角度晶界的存在，

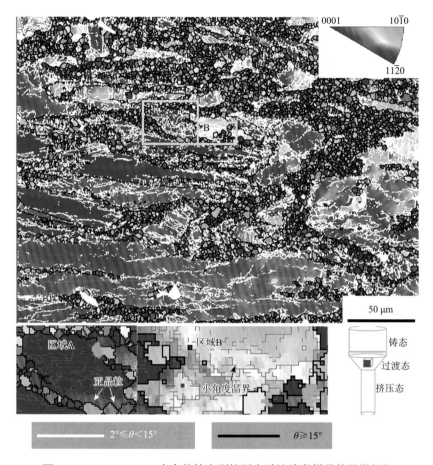

图 4-72　Mg-6Y-0.6Sn 合金从铸态到挤压态过渡阶段样品的显微组织

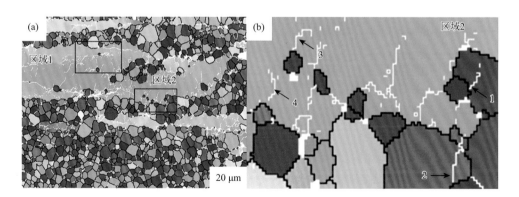

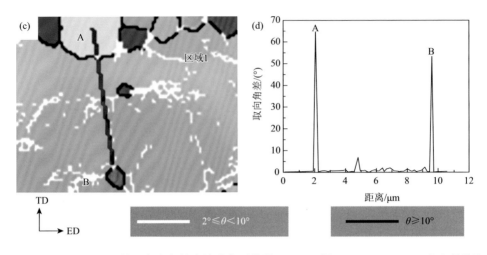

图 4-73　Mg-6Y-0.6Sn 挤压态合金的连续动态再结晶 EBSD 证据：（a）、（b）、（c）合金晶粒取
向及小角度分布；（d）A 点至 B 点处累积取向差分布

取向差均小于 15°。当到达 B 点时，取向差骤然增大。通过取向差分析可以得知，在靠近晶界处取向差角度较大，在远离晶界处取向差值较小，这是 CDRX 机制演化后的重要特征[95]。综上，推测合金在变形过程中 CDRX 是主导的动态再结晶机制，并伴随有 DDRX。

　　上面的研究结果表明，随合金元素含量增加，动态再结晶比例也有所变化，表明不同合金元素含量下，合金的动态再结晶行为有所不同。晶粒间的畸变能差可以为动态再结晶提供驱动力，且无论在哪种动态再结晶机制下，晶粒的形核和长大与合金内位错密度和分布有重要联系[96]。从 Mg-6Y-0.6Sn 合金的 GND 图中可以得出畸变晶粒晶界附近储存的位错明显多于晶粒内部，如图 4-74 所示。再结晶晶粒区域局部应变及小角度晶界数量较少，这表明位错在晶界处积累较多，变形储能较大，可以为 DRX 形核提供驱动力。Sn 原子容易偏析并在晶界富集，通过产生拖曳效应可以抑制晶界迁移和晶粒旋转[97]。此外，文献表明动态再结晶行为的影响因素主要包括堆垛层错能、热变形条件、材料的初始晶粒尺寸、溶质和第二相粒子等[98]。

　　对于层错能对 DRX 的影响，层错能与动态再结晶的关系主要表现为以下两种：在回复过程中，位错湮灭和重新排列会降低材料储存的能量。对于铝合金、α-铁和镍等层错能相对较大的材料，在高温变形期间，很容易发生快速动态再结晶，这通常会阻止位错积累以维持 DDRX。另外，低层错能会促进更宽的堆垛层错的形成，使交滑移或位错攀移更加困难，此类材料主要包括银、奥氏体不锈钢等[98]。对于这些材料，在变形发生动态回复过程中难以形成亚结构，位错密度会积累到较高的水平，最终当位错密度的局部差异足够大时会形成再结晶晶粒，这个动态

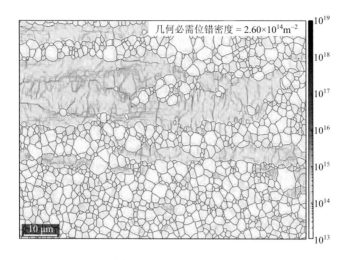

图 4-74　挤压态 Mg-6Y-0.6Sn 合金的 GND 分布图

过程也常发生在 DDRX。总之，层错能的改变会影响层错宽度，进而改变位错分解的过程，较低的层错能会促进这种阻碍位错攀移和交滑移的分解反应，从而延迟阻碍动态再结晶[99]。通过第一性原理计算分析 Sn 和 Y 元素的加入对纯镁层错能的影响，发现 Sn 和 Y 均能降低层错能，但加入 Sn 元素后下降程度更大[100]。因此，Sn 含量越高，合金层错能下降越明显，合金的动态再结晶比例越小。

　　对于合金原始晶粒尺寸对动态再结晶的影响，在 DDRX 期间，晶界是成核的首选位点，所以较大的初始晶粒尺寸提供的形核点就较少[101, 102]。对于 CDRX，原始晶粒尺寸对动态再结晶过程的影响较不明显。Belyakov 等[103]系统地研究了初始显微组织对 304 不锈钢晶粒细化的影响，发现初始晶粒尺寸更细的样品表现出更高的屈服应力，并且更快地达到峰值应力。AZ31 合金在 300℃下[104]和 Mg-8Gd-3Y-0.4Zr 合金在 400℃下[105]变形时，较小的原始晶粒尺寸会增加晶粒细化的动力学，使小角度晶界的取向差呈现更快增长。此外，对于 CDRX 主导的变形，再结晶晶粒尺寸与原始晶粒尺寸没有较大关系[106, 107]。不同金属材料热变形的实验结果证明，当 CDRX 进行到一定程度时，再结晶晶粒尺寸不依赖于初始晶粒尺寸[103, 108]。上面推测 Mg-Y-Sn 合金在挤压变形过程中既发生了 CDRX 也发生了 DDRX，由于铸态 Mg-Y-Sn 合金的晶粒尺寸较大，且均超过 200 μm，推测本研究中合金的原始晶粒尺寸对动态再结晶不产生主要的影响。

　　对于析出相与溶质原子对 DRX 的影响，析出相对动态再结晶行为有重要影响。文献报道，细小弥散的第二相会通过齐纳拖曳效应抑制晶界迁移，从而减缓动态再结晶过程中晶粒的形核和生长[109, 110]。相比之下，由于在变形区有较大的储能，粗大的第二相可以通过 PSN 机制加速动态再结晶[111]。但同时，细小析出相对 DRX 过程中的形核和晶界迁移产生影响，其对动态再结晶也会产生一定的抑制作用[112]。另外，溶质原子会产生拖曳效应降低晶界的移动性。在计算溶质效应对 DDRX 过程的定量影响的 Cu-Sn 合金体系的模型中发现[113]，Sn 延缓了 DDRX 的成核，由于 Sn 原子可能偏析到亚晶界的位错附近并钉扎位错，而它们与空位的作用也会减缓再结晶动力学，因此当合金中弥散分布的纳米析出相和固溶元素含量较高时，对合金动态再结晶的阻碍作用更强，这也促使合金呈现更小的动态再结晶比例。

图 4-75 为挤压态 Mg-6Y、Mg-6Y-0.6Sn 和 Mg-6Y-1.5Sn 合金的真塑性应力-应变曲线及三种合金在室温及高温下的强度对比图。从图 4-75（a）可以看出随温度升高，Mg-6Y 合金屈服强度明显下降，但抗拉强度在 200℃时高于室温。加入 0.6 wt%的 Sn 元素后，如图 4-75（b）所示，合金的屈服强度和抗拉强度都明显增加，在室温、200℃和 300℃下屈服强度分别增加了 73%、72%和 85%，抗拉强度分别增加了 38%、31%和 23%。当 Sn 含量进一步增加至 1.5 wt%，相比于 Mg-6Y，在室温、200℃和 300℃下屈服强度分别增加了 49%、66%和 90%，抗拉强度分别

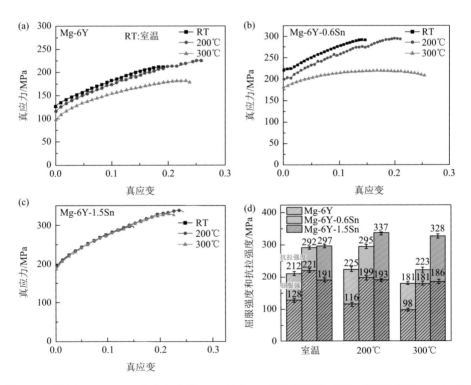

图 4-75　挤压态 Mg-Y-Sn 合金在室温、200℃和 300℃下真塑性应力-应变曲线及 Mg-6Y 与
Mg-6Y-0.6Sn、Mg-6Y-1.5Sn 合金强度

增加了 40%、50%和 81%。显然，加入 Sn 元素后合金的高温强度得到很大提升，尤其在 300℃下。其中 Mg-6Y-0.6Sn 合金具有较高的屈服强度，Mg-6Y-1.5Sn 合金具有较高的抗拉强度。

### 4.3.6　挤压态 Mg-Y-Sn 合金的高温强化机理

图 4-76 为 Mg-6Y-1.5Sn 合金在 300℃下拉伸时同一区域的组织演变图。从图 4-76 中可以看出，在拉伸变形前，合金呈现拉长晶粒和再结晶晶粒的组织，纳米析出相随机分布于基体中。经过 7%拉伸后，部分再结晶晶粒中出现滑移迹线，如图 4-76（d）中晶粒 A、B、C 所示，滑移迹线通常是位错滑移至试样表面留下的痕迹[114]，而未再结晶区域没有明显的变形特征，未观察到滑移迹线或孪晶。

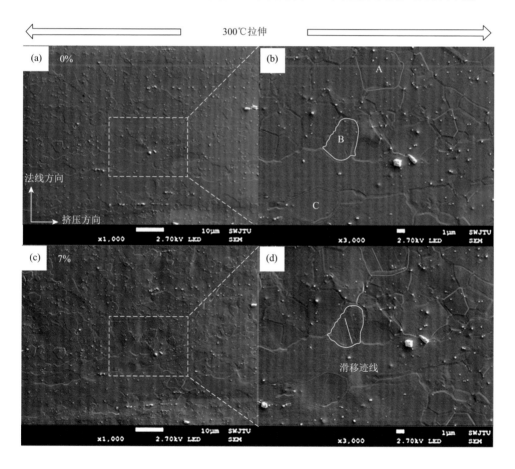

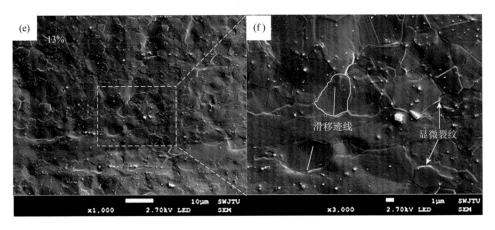

图 4-76 挤压态 Mg-6Y-1.5Sn 合金沿 ED 在 300℃下拉伸的 SEM 准原位拉伸结果：（a）、
（b）0%应变；（c）、（d）7%应变；（e）、（f）13%应变

当继续拉伸至 13%应变时，出现滑移迹线的再结晶晶粒明显增多，且部分晶粒晶界处出现微裂纹，如蓝色箭头所示。此外，研究者发现在 300℃经过拉伸后再结晶晶粒尺寸沿拉伸方向由 5.4 μm 增长到 5.7 μm，增长率为 6%；同时垂直拉伸变形方向的晶粒尺寸由 5.2 μm 减小到 4.9 μm，下降率为 6%，主要发生沿拉伸方向的变形。研究表明[55]，AZ31 合金经过 250℃拉伸后出现了动态再结晶现象，合金中原始拉长晶粒全部转变成平均尺寸为 4.96 μm 的等轴晶。当拉伸温度为 300℃时，再结晶晶粒长大至 5.66 μm。Mg-6Y-1.5Sn 合金中晶粒在 300℃拉伸过程中没有发生明显的动态再结晶以及晶粒长大现象，且未再结晶区域保持较好的变形抗力。通常情况下，温度增加，界面强度会有所下降，界面的迁移速度加快，晶界扩展使晶粒更容易长大[61]，而 Mg-6Y-1.5Sn 合金在 300℃拉伸过程中再结晶晶粒尺寸没有发生较大的变化，说明该合金在高温下晶界具有较好的稳定性，这可能与 Y 原子偏聚于晶界处对晶界钉扎及纳米级析出相阻碍晶界滑动有关。此外，未再结晶区域未观察到任何变形特征，也说明该区域有较好的抗变形能力。

图 4-77 为挤压态 Mg-6Y-1.5Sn 合金在 300℃拉伸时的晶粒取向演变过程，与图 4-76 为同一区域。从图 4-77 中可以看出拉伸前合金呈现典型的丝织构，经过 7%拉伸后，织构类型没有明显变化，织构强度有所降低。此外，拉伸后小角度晶界数量明显增加，如图 4-77（e）中黑色箭头所示，且未再结晶区域和再结晶区域出现了少量 DRX 现象，如图 4-77（e）中方框所示。当继续拉长至 13%应变时，织构强度进一步下降，DRX 现象没有明显增加，如图 4-77（h）中方框所示。边福勃[115]表征了轧制 AZ31 合金在高温拉伸过程中的显微组织和微观织构的演变规律，发现拉伸后基面织构的强度有所降低并形成了锥面织构，推测在变形过程中晶粒发生了较大强度的偏转而使锥面滑移启动，为进一步分析 Mg-6Y-1.5Sn 合金

变形过程中织构与启动的滑移系之间的关系，统计了在两个变形阶段的各滑移模式的激活比例及相应施密特因子。

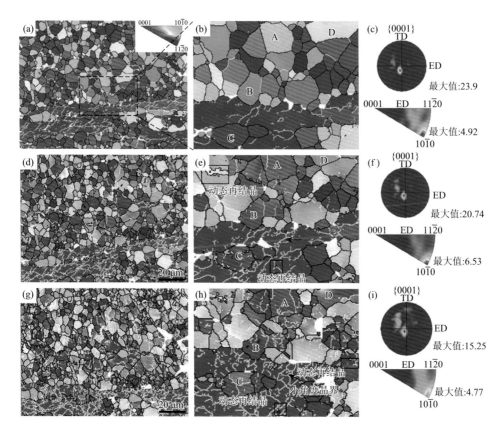

图 4-77　挤压态 Mg-6Y-1.5Sn 合金沿 ED 在 300℃下拉伸的 EBSD 准原位拉伸结果：
（a）～（c）0%应变；（d）～（f）7%应变；（g）～（i）13%应变

图 4-78 为 Mg-6Y-1.5Sn 合金在 7%和 13%拉伸应变下观察到滑移迹线的晶粒中各滑移系统的施密特因子分布及相应激活比例。本研究中观察滑移迹线区域包括再结晶晶粒 103 个和一部分变形晶粒（变形晶粒中未出现滑移迹线）。在经过 7%的拉伸应变后约 15%（15）的再结晶晶粒中观察到滑移迹线，其中激活滑移系里基面 $\langle a \rangle$ 滑移所占比例最大（78%），柱面 $\langle a \rangle$ 滑移和锥面 $\langle c+a \rangle$ 滑移的比例分别占 9% 和 13%。同时也发现激活的基面 $\langle a \rangle$ 滑移中施密特因子大于 0.25 的基面滑移系约为 87%，激活的非基面滑移系中施密特因子大于 0.25 的约为 46%，其中基面滑移的激活比例在 0.25～0.5 区间内所占比例最大。在 13%的拉伸应变后约 33%（34）的再结晶晶粒中观察到滑移迹线，其中激活滑移系里基面 $\langle a \rangle$ 滑移所占比例最大

（63%），柱面〈*a*〉滑移和锥面〈*c* + *a*〉滑移的比例分别占 18% 和 19%。同时也发现激活的基面〈*a*〉滑移中施密特因子大于 0.25 的基面滑移系约 83%，激活的非基面滑移系中施密特因子大于 0.25 的约为 57%，其中基面滑移的激活比例在 0.25～0.5 区间内所占比例仍然最大。图 4-79 为挤压态 Mg-6Y-1.5Sn 合金在不同应变量拉伸后不同滑移系的 SF 分布图。从图 4-79 中可以看出，随应变量增加基面滑移的 SF 有所减小，而柱面和锥面滑移的 SF 有所增加，说明在变形过程中不利于基面滑移，而增加的非基面滑移 SF 会使柱面滑移和锥面滑移有所激活。这也与图 4-78

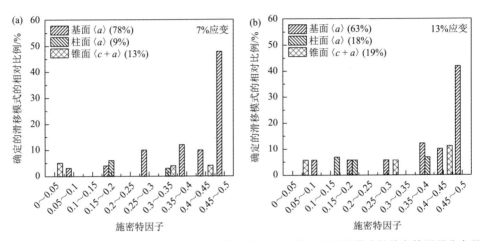

图 4-78　不同应变下 Mg-6Y-1.5Sn 合金准原位拉伸变形试样中各滑移模式的施密特因子分布及确定的滑移模式的相对比例：（a）7%；（b）13%

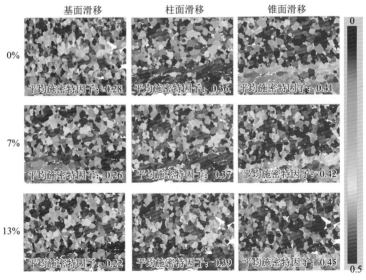

图 4-79　挤压态 Mg-6Y-1.5Sn 合金在 0%、7% 和 13% 拉伸应变量下不同滑移系的 SF 分布图

的滑移迹线统计结果一致，即拉伸过程中基面滑移被抑制且超过 35%的非基面滑移激活。Peng 等[116]研究了 Mn 含量对 Mg-Gd 合金的变形行为的影响，发现随 Mn 元素含量增加，合金中纳米尺寸的第二相也会增多，且由稀土织构的等轴晶转变为丝织构的双峰组织，变形模式由基面滑移主导转变为柱面滑移和锥面滑移主导，基面滑移被抑制也是合金强度提高的原因。

　　图 4-80 为挤压态 Mg-6Y-1.5Sn 合金拉伸前后再结晶区域与未再结晶区域的局部应变分布图。从图 4-80（a）可以看出，在拉伸前未再结晶区域靠近晶界处存在大量局部应变，这也说明在该区域积累了高密度位错，而再结晶区域没有这种现象。拉伸后，如图 4-80（b）所示，未再结晶区域内局部应变增加，部分再结晶晶粒的晶界处也集中了少量局部应变，这可能是变形过程中位错在晶界处的塞积导致，但从整体看应变仍然主要存在于未再结晶区域，这也表明再结晶区域与相邻的未再结晶区域存在应变不协调性。图 4-76 中可以看到在拉伸过程中再结晶晶粒中出现了滑移迹线，说明再结晶晶粒由于位错运动能较好协调变形，因此变形较均匀，而未再结晶区域未观察到任何滑移迹线或者孪晶，且在变形过程中晶粒取向没有发生变化，这可能是拉伸过程中该区域由于基面滑移处于硬取向而无法协调变形，因此产生大量应力集中。此外，在拉伸较大应变量下再结晶区域较多的晶界可以更好地协调变形，而未再结晶区域有限的晶界使变形在局部区域产生更多的积累和集聚，这也可以促进更高加工硬化效应产生。万有富[117]也发现在挤压态 Mg-Y 合金拉伸后，相比于有滑移迹线的晶粒，未出现滑移迹线晶粒的晶内取向差角（intragranular misorientation angle，IGM）和局部平均取向差（KAM）分布更不均匀。此外，也有研究发现混晶组织也存在非均匀变形，而不均匀的变形通过诱导应力提高粗晶积累局部应变能力从而进一步提高合金的加工硬化能力[94]。

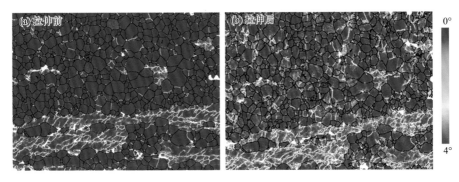

图 4-80　挤压态 Mg-6Y-1.5Sn 合金拉伸前后再结晶区域与未再结晶区域的局部应变分布图

　　几何必需位错（geometrically necessary dislocation，GND）是指为了协调材料中晶粒的变形，保持材料的连续性而产生位错，晶体结构和加载条件，导致了塑性变形不均匀性。图 4-81 为 Mg-6Y-1.5Sn 合金拉伸前后的 GND，从图 4-81（a）中可以看出变形前较大的 GND 主要分布在未再结晶区域和少量较大的再结晶晶粒中，如晶粒中的红色线条所示，而大部分再结晶晶粒呈现浅黄色且未出现 GND，即再结晶晶粒中 GND 数量明显低于未再结晶晶粒，这也说明材料的变形不均匀性主要集中在未再结晶区域。拉伸后，再结晶晶粒的黄色明显加深，且部分晶粒中有红色线条，说明拉伸后 GND 在再结晶晶粒中的数量有所增加，对应到图 4-76 发现这些晶粒中出现了滑移迹线。统计得到拉伸后平均 GND 由 $1.48 \times 10^{14} \, \mathrm{m^{-2}}$ 增加到 $2.74 \times 10^{14} \, \mathrm{m^{-2}}$，对比拉伸前后的 SEM 认为可能与再结晶区域中位错滑移的大量增加有关，这与再结晶晶粒中出现大量滑移迹线的实验结果相符。

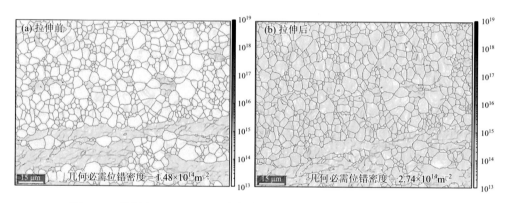

图 4-81　挤压态 Mg-6Y-1.5Sn 合金变形前后的几何必需位错及其密度：
（a）拉伸前；（b）拉伸后

综上，从 KAM 图中可以发现在未再结晶区域有高密度的位错，而大量的位错在变形过程中可以产生一定的位错强化效果，这也使合金表现出较高的加工硬化能力。同时，该区域较强的基面丝织构和较低的基面滑移 SF 说明该区域在变形过程中未再结晶晶粒处于硬取向而难以进行变形，这也促进了强度提升。此外，高密度的纳米析出相在变形过程中可以有效钉扎位错并阻碍裂纹扩展，产生的析出强化效果对合金强度提高也有一定贡献作用。因此，推测该合金较高的强度是由析出相强化、未再结晶区域位错强化和织构强化共同作用的结果。

## 4.4　总结

本章通过研究 Sn、Y 微合金化对 Mg-Sn/Mg-Y 基合金析出相、高温组织演化及高温力学性能的影响，通过微量 Sn、Y 元素的添加，一方面控制稀土总含量，控制成本，另一方面通过形成高温稳定的析出相（如 Sn₃Y₅ 相等）、利用稀土 Y 元素偏聚至晶界，阻碍界面迁移，可使镁合金表现出优异的高温力学性能。本章主要结论如下。

（1）对比以 Mg₂Sn 相为主的 Mg-2.5Sn（wt%）合金及以 Sn₃Y₅ 相为主的 Mg-0.5Sn-2Y（wt%）合金在挤压态下的力学性能，发现 Mg-0.5Sn-2Y（wt%）合金表现出更高的室温、高温力学性能，随着温度的升高强度提高的幅度逐渐增大。在 25℃、200℃、250℃和 300℃下，Mg-0.5Sn-2Y 合金的屈服强度分别比 Mg-2.5Sn 合金提高了 97%、139%、153%和 303%。相比于 Mg₂Sn 相，Sn₃Y₅ 相具有更高的稳定性、较高的体模量和剪切模量以及更加稳定的 Sn₃Y₅/Mg 界面，有利于高温变形过程中阻碍位错运动，提高合金的高温性能。

（2）以 Sn₃Y₅ 相为主的 Mg-0.5Sn-3.5Y 挤压态合金在高温下表现出优异的力学性能。合金在 200℃和 250℃下的抗压强度分别 408 MPa 和 448 MPa，分别比室温下的抗压强度（353 MPa）提高了 55 MPa 和 95 MPa。与 Mg-0.5Sn-2Y 挤压态合金在 200℃下的屈服强度（134 MPa）和抗压强度（311 MPa）相比，Mg-0.5Sn-3.5Y 合金的屈服强度和抗压强度分别提高了 40 MPa 和 97 MPa；与 Mg-0.5Sn-2Y 挤压态合金在 250℃下的屈服强度（119 MPa）和抗压强度（294 MPa）相比，Mg-0.5Sn-3.5Y 合金的屈服强度和抗压强度分别提高了 47 MPa 和 154 MPa；该合金的高温强化机制为：高温下高稳定性的高密度纳米 Sn₃Y₅ 有效钉扎晶界、阻碍晶界滑移，抑制晶间和晶内裂纹扩展，单滑移、交滑移及孪生的协调作用有效延长加工硬化阶段，从而提高了合金强度和塑性。

（3）微量 Sn 的添加使 Mg-Y 合金的析出相从富 Y 相转变为 Sn₃Y₅ 相，合金中出现弥散纳米析出相。此外，加入 Sn 元素后合金从完全的再结晶组织转变为双峰组织，且随 Sn 含量增加再结晶比例减小。相比于 Mg-6Y 合金，加入 Sn 元素后合金的高温强度明显提高。加入 0.6 wt%的 Sn 元素后，在室温、200℃和 300℃下屈服强度分别增加了 73%、71%和 85%，当 Sn 含量进一步增加至 1.5 wt%，在室温、200℃和 300℃下屈服强度分别增加了 49%、66%和 90%。Mg-6Y-1.5Sn 合金在 200℃、300℃下的屈服强度达到 193 MPa、186 MPa，抗拉强度达到 337 MPa、328 MPa，且其 300℃下的强度明显优于商用 WE54 以及大部分 GW 系列高稀土耐热镁合金。

（4）Mg-6Y-1.5Sn 合金的准原位实验结果表明，合金在变形过程中，再结晶区域的基面滑移比例一定程度上被抑制，出现了超过 35%的非基面滑移，而未再结晶区域由于处于硬取向且存在高密度位错而使变形更加困难。推测该合金较高的强度是析出相强化、未再结晶区域位错强化和织构强化共同作用的结果。

## 参 考 文 献

[1] 宋佩维. 耐热镁合金的研究现状与发展趋势[J]. 陕西理工学院学报（自然科学版），2017，33（4）：5-11.

[2] 热焱，郭雨，李彦姣，等. 耐热镁合金及其设计方法[J]. 铸造技术，2019，40（2）：170-172.

[3] Yang H，Xie W L，Song J F，et al. Current progress of research on heat-resistant Mg alloys: A review[J]. International Journal of Minerals，Metallurgy and Materials，2024，31（6）：1406-1425.

[4] Wang Q，Chen Y，Xiao S，et al. Study on microstructure and mechanical properties of as-cast Mg-Sn-Nd alloys[J]. Journal of Rare Earths，2010，28（5）：790-793.

[5] Yu X，Jiang B，Yang H，et al. High temperature oxidation behavior of Mg-Y-Sn，Mg-Y，Mg-Sn alloys and its effect on corrosion property[J]. Applied Surface Science，2015，353：1013-1022.

[6] Muthuraja C，Akalya A，Ahmed R R，et al. Experimental investigation and thermodynamic calculation of the phase equilibria in the Mg-rich region of Mg-Sn-Y alloys[J]. Journal of Alloys Compounds，2016，695：3559-3572.

[7] 赵宏达. 镁合金相图测定及新型 Mg-Sn 基合金设计、制备和力学性能研究[D]. 沈阳：东北大学，2011.

[8] Hu G S，Zhang D F，Zhao D Z，et al. Microstructures and mechanical properties of extruded and aged Mg-Zn-Mn-Sn-Y alloys[J]. Transactions of Nonferrous Metals Society of China，2014，24（10）：3070-3075.

[9] Gorny A，Bamberger M，Katsman A. High temperature phase stabilized microstructure in Mg-Zn-Sn alloys with Y and Sb additions[J]. Journal of Materials Science，2007，42（24）：10014-10022.

[10] Zhao H D，Qin G，Ren Y，et al. Isothermal sections of the Mg-rich corner in the Mg-Sn-Y ternary system at 300 and 400 degrees[J]. Journal of Alloys Compounds，2009，481（1）：140-143.

[11] 潘金生，全健民，田民波，等. 材料科学基础[M]. 北京：清华大学出版社，1998.

[12] Rad A S，Jouibary Y M，Foukolaei V P，et al. Study on the structure and electronic property of adsorbed guanine on aluminum doped graphene: first principles calculations[J]. Current Applied Physics，2016，16（5）：527-533.

[13] Sun J，Remsing R C，Zhang Y，et al. Accurate first-principles structures and energies of diversely bonded systems from an efficient density functional[J]. Nature Chemistry，2016，8（9）：831-836.

[14] Sanyal S，Waghmare U V，Subramanian P R，et al. First-principles understanding of environmental embrittlement of the Ni/NiAl interface[J]. Scripta Materialia，2010，63（4）：391-394.

[15] Liu Y，Ren H，Hu W C，et al. First-principles calculations of strengthening compounds in magnesium alloy: a general review[J]. Journal of Materials Science &Technology，2016，32（12）：1222-1231.

[16] Hu W C，Liu Y，Li D J，et al. Structural，anisotropic elastic and electronic properties of Sr-Zn binary system intermetallic compounds: a first-principles study[J]. Computational Materials Science，2015，99：381-389.

[17] Zhou D W，Liu J S，Peng P. A first-principles study on electronic structure and elastic properties of $Al_4Sr$，$Mg_2Sr$ and $Mg_{23}Sr_6$ phases[J]. Transactions of Nonferrous Metals Society of China，2011，21（12）：2677-2683.

[18] Wilson A J C. Dynamical theory of crystal lattices by M. Born and K. Huang[J]. Acta Crystallographica，1955，8（71）：444.

[19] Zhou W，Liu L，Li B，et al. Structural，elastic and electronic properties of intermetallics in the Pt-Sn system: a density functional investigation[J]. Computational Materials Science，2009，46（4）：921-931.

[20] Cheng H C，Yu C F，Chen W H. First-principles density functional calculation of mechanical，thermodynamic and electronic properties of CuIn and $Cu_2In$ crystals[J]. Journal of Alloys Compounds，2013，546：286-295.

[21] Ganeshan S，Shang S L，Zhang H，et al. Elastic constants of binary Mg compounds from first-principles calculations[J]. Intermetallics，2009，17（5）：313-318.

[22]　Simmons G，Wang H. Single crystal elastic constants and calculated aggregate properties[J]. Journal of the Graduate Research Center，1965，34（1）：1.

[23]　Kart S O，Cagın T. Elastic properties of Ni₂MnGa from first-principles calculations[J]. Journal of Alloys and Compounds，2010，508（1）：177-183.

[24]　吕钟，周健，孙志梅，等. 稀土元素对镁合金结构及力学性能的影响[J].科学通报，2013，58（1）：98-102.

[25]　张乐婷，赵宇宏，孙远洋，等. 压力作用下 Mg₂X（X＝Si，Ge）相热力学性质的第一性原理研究[J]. 高压物理学报，2018，32（3）：10-17.

[26]　傅利，赵宇宏，杨晓敏，等. Mg-Al-Si-Ca 合金系金属间化合物的电子结构和力学性能的第一性原理计算[J]. 稀有金属材料与工程，2014，43（11）：2733-2738.

[27]　Pettifor D G. Theoretical predictions of structure and related properties of intermetallics[J]. Materials Science Technology，2013，8（4）：345-349.

[28]　Zhang M X，Kelly P M. Crystallography and morphology of Widmanstätten cementite in austenite[J]. Acta Materialia，1998，46（13）：4617-4628.

[29]　Zhang M X，Kelly P M. Edge-to-edge matching and its applications：Part Ⅱ. Application to Mg-Al，Mg-Y and Mg-Mn alloys[J]. Acta Materialia，2005，53（4）：1085-1096.

[30]　Qian X Y，Zeng Y，Jiang B，et al. Grain refinement mechanism and improved mechanical properties in Mg-Sn alloy with trace Y addition[J]. Journal of Alloys and Compounds，2020，820：153122.

[31]　Zeng Y，Jiang B，Zhang M X，et al. Effect of Mg₂₄Y₅ intermetallic particles on grain refinement of Mg-9Li alloy[J]. Intermetallics，2014，45：18-23.

[32]　Hao M J，Cheng W L，Wang L F，et al. Texture evolution in Mg-8Sn-1Zn-1Al alloy during hot compression via competition between twinning and dynamic precipitation[J]. Materials Science and Engineering A，2019，748：418-427.

[33]　Pang X，Yang W，Yang J，et al. Atomic structure，stability and electronic properties of S（Al₂CuMg）/Al interface：a first-principles study[J]. Intermetallics，2018，93：329-337.

[34]　Li K，Sun Z G，Wang F，et al. First-principles calculations on Mg/Al₄C₃ interfaces[J]. Applied Surface Science，2013，270：584-589.

[35]　Bramfitt B L. The effect of carbide and nitride additions on the heterogeneous nucleation behavior of liquid iron[J]. Metallurgical and Materials Transactions B，1970，1（10）：2958.

[36]　Myers D. Surfaces，Interfaces，and Colloids：Principles and Applications，Second Edition[M]. Hoboken：VCH Publishers，1991.

[37]　Wang F，Li K，Zhou N G. First-principles calculations on Mg/Al₂CO interfaces[J]. Applied Surface Science，2013，285（PartB）：879-884.

[38]　Wang C，Wang C Y. Ni/Ni₃Al interface：a density functional theory study[J]. Applied Surface Science，2009，255（6）：3669-3675.

[39]　黄广号. 镁钇合金挤压板材拉压不对称性研究[D]. 成都：西南交通大学，2018.

[40]　Zhang J S. Dislocation Motion at Elevated Temperatures-high Temperature Deformation and Fracture of Materials[M]. Beijing：Science Press，2010.

[41]　Hou L G，Li B C，Wu R Z，et al. Microstructure and mechanical properties at elevated temperature of Mg-Al-Ni alloys prepared through powder metallurgy[J]. Journal of Materials Science & Technology，2017，33（9）：947-953.

[42]　Yu Z J，Huang Y D，Dieringa H，et al. High temperature mechanical behavior of an extruded Mg-11Gd-4.5Y-1Nd-1.5Zn-0.5Zr（wt%）alloy[J]. Materials Science and Engineering A，2015，654：213-224.

[43] Zhang M N，Wang J H，Zhu Y P，et al. *Ex-situ* EBSD analysis of hot deformation behavior and microstructural evolution of Mg-1Al-6Y alloy via uniaxial compression[J]. Materials Science and Engineering A，2020，775：138978.

[44] Jia W T，Ma L F，Le Q C，et al. Deformation and fracture behaviors of AZ31B Mg alloy at elevated temperature under uniaxial compression[J]. Journal of Alloys and Compounds，2019，783：863-876.

[45] Wang C，Liu Y T，Lin T，et al. Hot compression deformation behavior of Mg-5Zn-3.5Sn-1 Mn-0.5Ca-0.5Cu alloy[J]. Materials Characterization，2019，157：109896.

[46] Wu F F，Qin C，Zheng Y，et al. Microstructures，tensile properties and creep characteristics of as-extruded AZ91 magnesium alloy containing Si，Ca and rare earth elements[J]. Metals，2019，9（9）：954.

[47] Fatemi S M，Aliyari S，Miresmaeili S M. Dynamic precipitation and dynamic recrystallization during hot deformation of a solutionized WE43 magnesium alloy[J]. Materials Science and Engineering A，2019，762：138076.

[48] Xu C，Pan J P，Nakata T，et al. Hot compression deformation behavior of Mg-9Gd-2.9Y-1.9Zn-0.4Zr-0.2Ca（wt%）alloy[J]. Materials Characterization，2017，124：40-49.

[49] Carsi M，Bartolome M J，Rieiro I，et al. The effect of heterogeneous deformation on the hot deformation of WE54 magnesium alloy[J]. Materials & Design，2014，58：30-35.

[50] Mo N，Mccarroll I，Tan Q Y，et al. Understanding solid solution strengthening at elevated temperatures in a creep-resistant Mg-Gd-Ca alloy[J]. Acta Materialia，2019，181：185-199.

[51] Kwak T Y，Lim H K，Kim W J. Hot compression characteristics and processing maps of a cast Mg-9.5Zn-2.0Y alloy with icosahedral quasicrystalline phase[J]. Journal of Alloys and Compounds，2015，644：645-653.

[52] Shao X H，Yang Z Q，Ma X L. Strengthening and toughening mechanisms in Mg-Zn-Y alloy with a long period stacking ordered structure[J]. Acta materialia，2010，58（14）：4760-4771.

[53] 付三玲. Mg-Gd（-Y-Sm-Zr）耐热镁合金组织和性能研究[D]. 西安：西安理工大学，2016.

[54] 尹冬弟. Mg-11Y-5Gd-2Zn-05.Zr（wt.%）铸造耐热镁合金高温变形、强化及断裂机制的研究[D]. 上海：上海交通大学，2013.

[55] Bruni C，Forcellese A，Gabrielli F，et al. Effect of temperature，strain rate and fibre orientation on the plastic flow behaviour and formability of AZ31 magnesium alloy[J]. Journal of Materials Processing Technology，2010，210（10）：1354-1363.

[56] Robson J D，Haigh S J，Davis B，et al. Grain boundary segregation of rare-earth elements in magnesium alloys[J]. Metallurgical and Materials Transactions A，2016，47（1）：522-530.

[57] Park S H，Jung J G，Yoon J，et al. Influence of Sn addition on the microstructure and mechanical properties of extruded Mg-8Al-2Zn alloy[J]. Materials Science and Engineering A，2015，626：128-135.

[58] Zhong T，Rao K P，Prasad Y V R K，et al. Processing maps，microstructure evolution and deformation mechanisms of extruded AZ31-DMD during hot uniaxial compression[J]. Materials Science and Engineering A，2013，559：773-781.

[59] Rao K P，Prasad Y V R K，Suresh K，et al. Hot deformation behavior of Mg-2Sn-2Ca alloy in as-cast condition and after homogenization[J]. Materials Science and Engineering A，2012，552：444-450.

[60] Chapuis A，Driver J H. Temperature dependency of slip and twinning in plane strain compressed magnesium single crystals[J]. Acta Materialia，2011，59（5）：1986-1994.

[61] Zhou Y，Chen Z，Ji J，et al. Dynamic nano precipitation behavior of as-cast Mg-4Li-4Zn-Y alloy during high temperature deformation[J]. Materials Science and Engineering A，2017，707：110-117.

[62]　Li R G，Li H R，Pan H C，et al. Achieving exceptionally high strength in binary Mg-13Gd alloy by strong texture and substantial precipitates[J]. Scripta Materialia，2021，193：142-146.

[63]　Wang H，Boehlert C J，Wang Q D，et al. *In-situ* analysis of the tensile deformation modes and anisotropy of extruded Mg-10Gd-3Y-0.5Zr（wt.%）at elevated temperatures[J]. International Journal of Plasticity，2016，84：255-276.

[64]　Yu Z，Huang Y，Dieringa H，et al. High temperature mechanical behavior of an extruded Mg-11Gd-4.5Y-1Nd-1.5Zn-0.5Zr（wt%）alloy[J]. Materials Science and Engineering A-Structural Materials Properties Microstructure and Processing，2015，645：213-224.

[65]　Su N，Wu Y，Deng Q，et al. Synergic effects of Gd and Y contents on the age-hardening response and elevated-temperature mechanical properties of extruded Mg-Gd（-Y）-Zn-Mn alloys[J]. Materials Science and Engineering A，2021，810：141019.

[66]　Liu K，Rokhlin L L，Elkin F M，et al. Effect of ageing treatment on the microstructures and mechanical properties of the extruded Mg-7Y-4Gd-1.5Zn-0.4Zr alloy[J]. Materials Science and Engineering A，2010，527（3）：828-834.

[67]　Janik V，Yin D D，Wang Q D，et al. The elevated-temperature mechanical behavior of peak-aged Mg-10Gd-3Y-0.4Zr Alloy[J]. Materials Science and Engineering A，2011，528（7）：3105-3112.

[68]　Yuan L，Shi W，Jiang W，et al. Effect of heat treatment on elevated temperature tensile and creep properties of the extruded Mg-6Gd-4Y-Nd-0.7Zr alloy[J]. Materials Science and Engineering A，2016，658：339-347.

[69]　Li Z，Zhang J，Feng Y，et al. Development of hot-extruded Mg-RE-Zn alloy bar with high mechanical properties[J]. Materials，2019，12（10）：1722.

[70]　Zhang M，Feng Y，Zhang J，et al. Development of extruded Mg-6Er-3Y-1.5Zn-0.4 Mn（wt.%）alloy with high strength at elevated temperature[J]. Journal of Materials Science & Technology，2019，35（10）：2365-2374.

[71]　Yan L，Li Q，Zhu L，et al. Investigation of hot extruded GW84 alloy on high temperature tensile properties and microstructure evolution[J]. Journal of Materials Research and Technology，2021，13：408-416.

[72]　Jafari Nodooshan H R，Wu G，Liu W，et al. Effect of Gd content on high temperature mechanical properties of Mg-Gd-Y-Zr alloy[J]. Materials Science and Engineering A，2016，651：840-847.

[73]　Anyanwu I A，Kamado S，Kojima Y. Platform science and technology for advanced magnesium alloys. Aging characteristics and high temperature tensile properties of Mg-Gd-Y-Zr alloys[J]. Materials Transactions，2001，42（7）：1206-1211.

[74]　Liu X B，Chen R S，Han E H. Effects of ageing treatment on microstructures and properties of Mg-Gd-Y-Zr alloys with and without Zn additions[J]. Journal of Alloys and Compounds，2007，465（1）：232-238.

[75]　Alsagabi S. Elevated-temperature deformation behavior and microstructural evolution of Mg-3Al-1Zn alloy[J]. Transactions of the Indian Institute of Metals，2020，73（1）：135-141.

[76]　Wu G，Jafari Nodooshan H，Zeng X，et al. Microstructure and high temperature tensile properties of Mg-10Gd-5Y-0.5Zr alloy after thermo-mechanical processing[J]. Metals，2018，8（12）：980.

[77]　Zhang M，Feng Y，Zhang J，et al. Development of extruded Mg-6Er-3Y-1.5Zn-0.4Mn（wt.%）alloy with high strength at elevated temperature[J]. Journal of Materials Science &Technology，2019，35（10）：10.

[78]　Kejie L，Quanan L. Microstructure and superior mechanical properties of cast Mg-12Gd-2Y-0.5Sm-0.5Sb-0.5Zr alloy[J]. Materials Science and Engineering A，2011，528（16-17）：5453-5457.

[79]　Avedesian M N，Baker H. ASM Specialty Handbook: Magnesium and Magnesium Alloys [M]. 2nd ed. Materials Park：ASM International，1999.

[80]　Xu C，Fan G H，Nakata T，et al. Deformation behavior of ultra-strong and ductile Mg-Gd-Y-Zn-Zr alloy with

bimodal microstructure[J]. Metallurgical and Materials Transactions A，2018，49（5）：1931-1947.

[81] Ramezani S M，Zarei-Hanzaki A，Abedi H R，et al. Achievement of fine-grained bimodal microstructures and superior mechanical properties in a multi-axially forged GWZ magnesium alloy containing LPSO structures[J]. Journal of Alloys and Compounds，2019，793：134-145.

[82] Li Y，Zha M，Jia H，et al. Tailoring bimodal grain structure of Mg-9Al-1Zn alloy for strength-ductility synergy：Co-regulating effect from coarse $Al_2Y$ and submicron $Mg_{17}Al_{12}$ particles[J]. Journal of Magnesium and Alloys，2021，9（5）：1556-1566.

[83] Xu C，Zheng M Y，Xu S W，et al. Ultra high-strength Mg-Gd-Y-Zn-Zr alloy sheets processed by large-strain hot rolling and ageing[J]. Materials Science and Engineering A，2012，547：93-98.

[84] Yamasaki M，Hashimoto K，Hagihara K，et al. Effect of multimodal microstructure evolution on mechanical properties of Mg-Zn-Y extruded alloy[J]. Acta Materialia，2011，59（9）：3646-3658.

[85] 闫立明. 镁合金加工硬化的研究[D]. 武汉：武汉科技大学，2012.

[86] 张波. 挤压态 AZ31 镁合金第Ⅱ、Ⅲ、Ⅳ阶段加工硬化及位错模型的研究[D]. 武汉：武汉科技大学，2018.

[87] Feng J，Sun H F，Li J C，et al. Tensile flow and work hardening behaviors of ultrafine-grained Mg-3Al-Zn alloy at elevated temperatures[J]. Materials Science and Engineering A，2016，667：97-105.

[88] Hao J，Zhang J，Li B，et al. Effects of 14H LPSO phase on the dynamic recrystallization and work hardening behaviors of an extruded Mg-Zn-Y-Mn alloy[J]. Materials Science and Engineering A，2020，804：140727.

[89] Li W J，Deng K K，Zhang X，et al. Microstructures, tensile properties and work hardening behavior of SiCp/Mg-Zn-Ca composites[J]. Journal of Alloys and Compounds，2017，695：2215-2223.

[90] Liu H，Ju J，Yang X，et al. A two-step dynamic recrystallization induced by LPSO phases and its impact on mechanical property of severe plastic deformation processed $Mg_{97}Y_2Zn_1$ alloy[J]. Journal of Alloys and Compounds，2017，704：509-517.

[91] Wang C，Deng K，Nie K，et al. Competition behavior of the strengthening effects in as-extruded AZ91 matrix：influence of pre-existed $Mg_{17}Al_{12}$ phase[J]. Materials Science and Engineering A，2016，656：102-110.

[92] Fan Y D，Deng K K，Wang C J，et al. Work hardening and softening behavior of Mg-Zn-Ca alloy influenced by deformable Ti particles[J]. Materials Science and Engineering A，2022，833：142336.

[93] Zhang L，Deng K K. Microstructures and mechanical properties of SiCp/Mg-xAl-2Ca composites collectively influenced by SiCp and Al content[J]. Materials Science and Engineering A，2018，725：510-521.

[94] 李永康. 混晶结构镁合金组织调控及强塑性提升机制[D]. 长春：吉林大学，2021.

[95] Esmaeilpour H，Zarei-Hanzaki A，Eftekhari N，et al. Strain induced transformation，dynamic recrystallization and texture evolution during hot compression of an extruded Mg-Gd-Y-Zn-Zr alloy[J]. Materials Science and Engineering A，2020，778：139021.

[96] Kumar N V R，Blandin J J，Desrayaud C，et al. Grain refinement in AZ91 magnesium alloy during thermomechanical processing[J]. Materials Science and Engineering A，2003，359（1）：150-157.

[97] Zhang Q，Li Q，Chen X，et al. Effect of Sn addition on the deformation behavior and microstructural evolution of Mg-Gd-Y-Zr alloy during hot compression[J]. Materials Science and Engineering A，2021，826：142026.

[98] Huang K，Loge R E. A review of dynamic recrystallization phenomena in metallic materials[J]. Materials & Design，2016，111：548-574.

[99] 贺富舒. 挤压和时效对 Mg-Al-Sn-Zn 合金显微组织及力学性能的影响[D]. 哈尔滨：哈尔滨工程大学，2018.

[100] 曾迎. 合金元素对镁合金临界剪切应力与力学行为影响的研究[D]. 重庆：重庆大学，2015.

[101] Sah J P，Richardson G J，Sellars C M. Grain-size effects during dynamic recrystallization of nickel[J]. Metal

Science，1974，8（1）：325-331.

[102] Wahabi M，Gavard L，Montheillet F，et al. Effect of initial grain size on dynamic recrystallization in high purity austenitic stainless steels[J]. Acta materialia，2005，53（17）：4605-4612.

[103] Belyakov A，Tsuzaki K，Miura H，et al. Effect of initial microstructures on grain refinement in a stainless steel by large strain deformation[J]. Acta materialia，2003，51（3）：847-861.

[104] Yang X Y，Sanada M，Miura H，et al. Effect of initial grain size on deformation behavior and dynamic recrystallization of magnesium alloy AZ31[J]. Materials Science Forum，2005，488：223-226.

[105] Wu W X，Jin L，Dong J，et al. Effect of initial microstructure on the dynamic recrystallization behavior of Mg-Gd-Y-Zr alloy[J]. Materials Science and Engineering A，2012，556：519-525.

[106] Gourdet S，Montheillet F. A model of continuous dynamic recrystallization[J]. Acta materialia，2003，51（9）：2685-2699.

[107] Hallberg H，Wallin M，Ristinmaa M. Modeling of continuous dynamic recrystallization in commercial-purity aluminum[J]. Materials Science and Engineering A，2010，527（4-5）：1126-1134.

[108] Takigawa Y，Honda M，Uesugi T，et al. Effect of initial grain size on dynamically recrystallized grain size in AZ31 magnesium alloy[J]. Materials Transactions，2008，49（9）：1979-1982.

[109] Nes E，Ryum N，Hunderi O. On the Zener drag[J]. Acta Metallurgica，1985，33（1）：11-22.

[110] Huang K，Logé R E. Zener Pinning[M]. Amesterdam Boston：Elsevier，2016.

[111] Humphreys F J，Kalu P N. Dislocation-particle interactions during high temperature deformation of two-phase aluminium alloys[J]. Acta Metallurgica，1987，35（12）：2815-2829.

[112] Huang K，Marthinsen K，Zhao Q，et al. The double-edge effect of second-phase particles on the recrystallization behaviour and associated mechanical properties of metallic materials[J]. Progress in Materials Science，2018，92：284-359.

[113] Cram D G，Fang X Y，Zurob H S，et al. The effect of solute on discontinuous dynamic recrystallization[J]. Acta materialia，2012，60（18）：6390-6404.

[114] Yin D D，Boehlert C J，Long L J，et al. Tension-compression asymmetry and the underlying slip/twinning activity in extruded Mg-Y sheets[J]. International Journal of Plasticity，2021，136：102878.

[115] 边福勃. 镁合金高温变形微观组织演变及变形机制的研究[D]. 鞍山：辽宁科技大学，2013.

[116] Peng P，Tang A，She J，et al. Significant improvement in yield stress of Mg-Gd-Mn alloy by forming bimodal grain structure[J]. Materials Science and Engineering A，2021，803：140569.

[117] 万有富. 强织构多晶镁室温应变速率敏感性及变形机制研究[D]. 成都：西南交通大学，2021.

# 第5章

## 微合金化对 Mg-Gd 合金组织
## 与性能的影响

### 5.1 ▶ 引言

　　国内外研究团队在 Mg-Gd 合金基础上制备出高性能镁稀土合金，如 Mg-Gd-(Zn)-Zr(Mn)系合金，其屈服强度可超过 510 MPa。尽管上述镁合金材料能达到极高强度，但主加元素为稀土元素，且质量分数大多超过 7%，这将大大提高合金生产费用并且不利于合金减重。因此，寻求在低 Gd 含量基础上实现优异的力学性能也是目前学者关注的热点之一。

　　本章主要采用低含量 Gd 添加，研究微合金化二元 Mg-Gd 合金的显微组织、织构和力学性能，同时研究了其在挤压过程中微观组织与织构的演变规律。现有文献对低含量 Gd 的镁合金研究相对较少，为了制备得到低成本高性能（特别是塑性）低含量 Mg-Gd 系合金，在 Mg-1Gd（wt%）合金基础上单独添加不同含量 Zn 和 Ca 以及复合添加 Zn/Ca，系统研究 Zn、Ca 微合金化对挤压态 Mg-1Gd 合金的组织、织构和力学性能，为低成本高塑性 Mg-Gd 系合金的制备提供新思路。

### 5.2 ▶ 微合金化二元 Mg-$x$Gd 合金

#### 5.2.1 微合金化 Mg-$x$Gd 合金的制备

**1. 合金设计与熔炼**

　　熔炼用原材料为纯镁、Mg-30Gd 中间合金（wt%），采用井式电阻炉熔炼，模具和坩埚都需要在内壁涂上氮化硼以防止粘模。熔炼工艺如下。

（1）将镁锭在 150℃下预热 30 min 后放入经过预热的电阻炉中，并在炉子升至 600℃左右时通入混合气体保护气氛（$CO_2$ + 0.1%～0.7% $SF_6$，体积分数），熔化镁锭的炉温是 740℃。同时，将模具放到热处理炉中进行 200℃预热，待浇铸时再取出。

（2）待镁锭完全熔化后，清除熔体表面熔渣，并加入去氧化皮的中间合金。随后保温 15～20 min 使中间合金完全熔化，并用六氯乙烷进行精炼，精炼后打渣。

（3）对完全熔化的熔体进行搅拌，使合金元素分布均匀，随后将炉温降至730℃，熔体在该温度下静置 15～20 min 后浇铸。当熔炼过程发生熔体燃烧时，采用 RJ-2 覆盖剂进行灭火。

浇铸模具尺寸为内径 85 mm、高 350 mm。所得铸锭表面质量较好，没有明显的冷隔、皱皮和裂纹等缺陷。为了获得高质量的挤压坯料和满足挤压筒对铸锭尺寸的要求，铸锭被切割为直径 80 mm、高 70 mm 的锭坯。合金成分设计见表 5-1。

表 5-1　合金成分设计

| 合金 | 设计成分 | | 实际成分 | |
| --- | --- | --- | --- | --- |
| | 原子百分数/% | 质量分数/% | 原子百分数/% | 质量分数/% |
| Mg-xGd | 0.1 | 0.6 | 0.09 | 0.55 |
| | 0.3 | 1.9 | 0.26 | 1.64 |
| | 0.5 | 3.2 | 0.46 | 2.90 |
| | 0.7 | 4.4 | 0.61 | 3.82 |

**2. 固溶处理**

对铸态小样进行合金元素的固溶结果分析，待优化的固溶工艺为：480～540℃，保温时间 4～16 h。固溶工艺确定后再对大铸锭进行固溶处理，尽可能使合金元素在锭坯中分布均匀，为后续挤压加工做准备。

**3. 挤压工艺**

挤压前锭坯需要扒皮见光，然后放进保温炉内在 350～420℃之间进行保温 2 h 处理，使锭坯温度均匀。采用 XJ-500 卧式挤压机进行常规板材对称挤压，最大挤压力为 500 T，挤压筒的工作尺寸为直径 85 mm、长 450 mm，挤压速度为 1.2～2.5 m/min，挤压板尺寸有宽 56 mm、厚 2 mm（挤压比为 51∶1）和宽 65 mm、厚 2 mm（挤压比为 44∶1）两种工艺类型。

### 5.2.2 微合金化 Mg-xGd 合金的显微组织

Mg-xGd（x = 0.55、1.64、2.90 和 3.82，wt%，分别用 G1～G4 表示）挤压板的纵截面（ED-ND）心部显微组织如图 5-1 所示。板材在厚度方向上由细小的等轴晶、少量粗晶和挤压流线组成。随 Gd 含量增加，合金 G1～G4 的平均晶粒尺寸分别约为 9.9 μm、7.8 μm、8.7 μm 和 9.8 μm。结果表明，Gd 含量增加，对晶体显微组织几乎无影响。因此，通过微量合金元素的固溶可实现高添加量的效果。

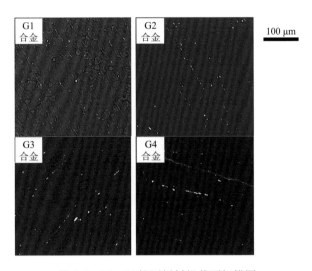

图 5-1　Mg-Gd 挤压板材纵截面扫描图

虽然 Gd 元素在镁合金中的固溶效果弱于 Y 元素，但是 Mg-Gd 合金的再结晶较充分，组织更均匀。Moitra 等[1, 2]进行固溶元素对合金滑移系影响的第一性原理计算，结果显示，固溶原子 Gd 可以通过降低基面与棱柱面非稳定层错能的比值来促进 $\langle c + a \rangle$ 滑移，提高合金的成形性。通过 Mg-Gd 合金的高温固溶，Gd 原子大量固溶于镁基体中，在挤压变形过程中阻碍位错的运动。其余 Gd 原子则与 Mg 结合形成第二相，在挤压过程中或被挤压力破碎为流线分布的小颗粒，或成为再结晶形核点。G1 固溶效果最好，挤压变形主要受固溶效果影响。G2～G4 大铸锭中仍然有较多第二相颗粒尚未固溶到镁基体中，在挤压变形时这些第二相发生破碎并沿挤压方向呈流线型分布。

如图 5-1 所示，与固溶处理后的第二相变化类似，挤压后的第二相随 Gd 含量的增加而增多。G1 合金中的第二相主要以点状（平均尺寸 380nm）和颗粒状（最大尺寸 4.1 μm）沿挤压方向弥散分布。细小弥散分布的第二相在挤压过程中会阻碍再结晶的形成，导致平均晶粒尺寸较大。G2 中的第二相开始逐渐以细小的短棒状沿挤压流线聚集分布，短棒最大长度为 4.3 μm，可以作为再结晶的有效形核点，促进其形核，获得较细的晶粒组织。随 Gd 含量增加，G3 主要以平均尺寸 940nm 的颗粒状和最大长度 6.4 μm 的短棒状形式沿挤压流线聚集，聚集的结果是靠近流线的组织细小，远离流线的部分有极少量粗晶存在，组织不均匀。随 Gd 含量进一步增加，G4 中颗粒状第二相尺寸明显下降至 330nm，且短棒的最大长度减小至 3.2 μm，第二相数量明显增多。经 XRD 验证分析，如图 5-2 所示，随 Gd 含量增加，$Mg_5Gd$ 相含量呈上升趋势，且在 Gd 含量为 3.82 wt%时其衍射峰显著增强。

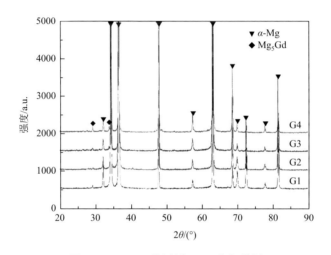

图 5-2　Mg-Gd 挤压板 XRD 物相分析

　　图 5-3 展示了 Mg-Gd 系合金挤压板纵截面心部组织的 IPF 图。由于 Gd、Y 原子半径和电负性都非常接近，其在合金基体中的固溶效果也几乎相同。但显微组织对 Gd 元素固溶的敏感性弱于 Y 元素。高温挤压后，合金基面织构均沿 ED 方向偏转形成双峰织构。G1 基面织构最大极密度分布于 ED 方向上的 22.5°～29.3°之间，其值为 11.00。同时，挤压板基极沿 ED 方向向 TD 方向偏转 13.7°和 17.7°，并在 TD 方向 20.8°附近出现极密度值较小的织构组分。大部分晶粒 c 轴与 ND 方向夹角约为 26.9°，合金织构分布有一定的均匀性和对称性。但比之 Y1 合金织构的对称性和均匀性要差很多。此外，在棱柱面投影图上出现了 ED-TD 的 45°夹角方向的择优取向。G2 基面织构沿 TD 方向具有非常好的对称性。合金最大极密度分布于 ED 方向上的 27.4°～39.8°之间，其值为 12.17。随着 Gd 含量继续增加，合金的织构对称性降低，最大极密度值先增加后减小，沿 ED 方向的偏转角继续增大。G3 的最大极密度值为 18.37，分布于 ED 方向上的

28.9°~43.7°之间，而 G4 的最大极密度值为 11.93，分布于 ED 方向上的 36°~46°之间。结果表明，随着 Gd 含量增加，基面织构沿 ED 方向的偏转角增大，这将使合金在后续变形过程中呈现沿 ED 为基面滑移软取向，沿 TD 为基面滑移硬取向。

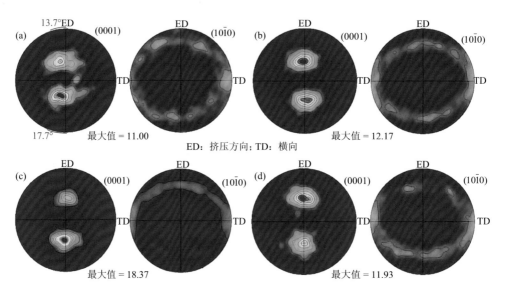

图 5-3　Mg-Gd 系合金挤压板材的织构分析：(a) G1；(b) G2；(c) G3；(d) G4

### 5.2.3　微合金化 Mg-*x*Gd 合金的力学性能

图 5-4 展示了 Mg-Gd 挤压板在沿挤压方向成 0°（ED）、45°和 90°（TD）方向的拉伸真应力-应变曲线。其断后延伸率、屈服强度和抗拉强度结果见表 5-2。

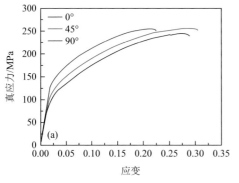
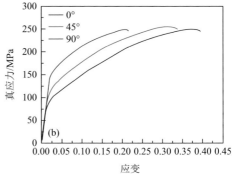

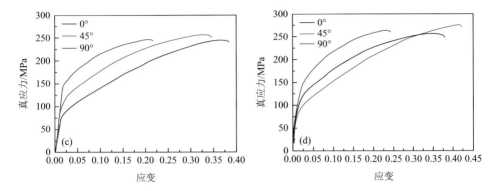

图 5-4　Mg-Gd 二元合金挤压板的真应力-应变曲线：（a）G1；（b）G2；（c）G3；（d）G4

表 5-2　**Mg-Gd 合金板的断后延伸率、屈服强度和抗拉强度**

|  |  | 断后延伸率/% | 屈服强度/MPa | 抗拉强度/MPa |
|---|---|---|---|---|
| G1 | 0° | 25.7 | 103 | 245 |
|  | 45° | 26.5 | 119 | 255 |
|  | 90° | 19.1 | 138 | 254 |
| G2 | 0° | 35.6 | 90 | 250 |
|  | 45° | 25.6 | 110 | 245 |
|  | 90° | 18.5 | 146 | 248 |
| G3 | 0° | 34.8 | 86 | 245 |
|  | 45° | 31.5 | 105 | 256 |
|  | 90° | 19.1 | 146 | 246 |
| G4 | 0° | 33.4 | 114 | 256 |
|  | 45° | 38.7 | 92 | 273 |
|  | 90° | 21.0 | 134 | 262 |

　　由于所有样品的基面织构均沿 ED 方向偏转，且随 Gd 含量增加，偏转角度增大，因而总体上所有合金在 0°方向上均表现出高塑性和低屈服强度。G1 和 G4 合金由于在 ED 和 TD 夹角区域织构组分的形成，它们的最大延伸率出现在 45°方向上。高温固溶使合金的塑性较固溶时效处理态合金有较大提升[3,4]，且降低了合金的各向异性。G1 合金在 45°方向上的屈服强度和延伸率分别为 119 MPa 和 26.5%，表现出最小的各向异性。随 Gd 含量增加，合金的各向异性增加，塑性也大幅增长。G2 中最大延伸率可达 35.6%，屈服强度低至 90 MPa；G3 在 0°和 45°方向上同时拥有超过 30%的高延伸率；G4 在 45°方向上的延伸率高达 38.7%。结果表明，高温固溶可以提高合金的塑性，而固溶之后少量 $Mg_5Gd$ 的存在使得合金的塑性得到了更大的提升。较之 Mg-Y 合金，Mg-Gd 合金有更高的塑性，强度上无明显差别。

## 5.3 Zn 和 Ca 微合金化 Mg-Gd 合金

### 5.3.1 微合金化 Mg-1Gd-$x$Zn-$y$Ca 合金的制备

合金制备过程所采用的原料为工业纯镁（99.9 wt%）、纯 Zn（99.6 wt%）、Mg-30 wt% Gd 中间合金和 Mg-20 wt% Ca 中间合金。锭坯制备工艺与前述基本相同。

铸态 Mg-1Gd-$x$Zn-$y$Ca（$x=0$，$y=0$；$x=0$，$y=0.7$；$x=0.7$，$y=0$；$x=0.7$，$y=0.7$；wt%）合金的 XRF 成分测试如表 5-3 所示，其合金的设计成分基本与实际所测的成分相吻合，对应分别为 Mg-1Gd、Mg-1Gd-0.7Ca、Mg-1Gd-0.7Zn 和 Mg-1Gd-0.7Zn-0.7Ca 合金。

**表 5-3　铸态 Mg-1Gd-$x$Zn-$y$Ca 合金的化学成分**

| 合金 | Mg | Gd/wt% | Ca/wt% | Zn/wt% |
|---|---|---|---|---|
| Mg-1Gd | 余量 | 1.12 | — | — |
| Mg-1Gd-0.7Ca | 余量 | 1.01 | 0.68 | — |
| Mg-1Gd-0.7Zn | 余量 | 1.30 | — | 0.64 |
| Mg-1Gd-0.7Zn-0.7Ca | 余量 | 1.18 | 0.76 | 0.73 |

### 5.3.2 微合金化 Mg-1Gd-$x$Zn-$y$Ca 合金的铸态组织

图 5-5 为铸态 Mg-1Gd-$x$Zn-$y$Ca 合金的金相组织图片，从图 5-5 中可以观察到铸态 Mg-1Gd-$x$Zn-$y$Ca 合金组织均为粗大的晶粒组织，单独添加 0.7 wt% Ca 至 Mg-1Gd 合金中，铸态合金晶粒尺寸发生一定程度的细化。铸态 Mg-1Gd 和 Mg-1Gd-0.7Ca 合金的平均晶粒大小分别约为（890±70）μm 和（870±55）μm。元素 Ca 在镁基体中的固溶度很低，但能够与 Mg 反应得到 Mg$_2$Ca 相。Mg$_2$Ca 相颗粒的生成可以一定程度上限制晶粒在铸造过程中长大，从而达到细化晶粒尺寸的效果。而单独添加 0.7 wt% Zn 不能明显细化铸态 Mg-1Gd 合金的晶粒尺寸，表明低含量 Zn 的添加对铸态 Mg-1Gd 合金的细化效果不明显。但值得注意的是，当复合添加 0.7 wt% Ca 和 0.7 wt% Zn 后，铸态 Mg-1Gd-0.7Zn-0.7Ca 合金晶粒尺寸发生进一步的细化，约为（820±45）μm。

图 5-6 为铸态 Mg-1Gd-$x$Zn-$y$Ca 合金的 SEM 图，从图 5-6 中可以发现铸态

Mg-1Gd 合金中含有少量白色的颗粒状第二相，从前文可得知此第二相为 Mg₅Gd
相。单独添加 0.7 wt% Ca 至 Mg-1Gd 合金中，除了 Mg₅Gd 相之外，生成了另一
种灰色椭圆形第二相颗粒，且分布不均匀。对其进行 EDS 分析，如表 5-4 所示，
该相为 Mg₂Ca 相，与前文分析相同。单独添加 0.7 wt% Zn 至 Mg-1Gd 合金中，铸
态 Mg-1Gd-0.7Zn 合金中没有新的第二相颗粒生成，Zn 完全融入镁基体中。而复
合添加 0.7 wt% Ca 和 0.7 wt% Zn 之后，铸态 Mg-1Gd-0.7Zn-0.7Ca 合金中主要包
含 Mg₅Gd 和 Mg₂Ca 两种第二相颗粒，第二相颗粒体积分数增加，且分布均匀。

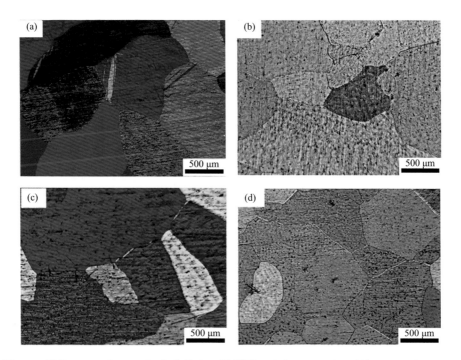

图 5-5　铸态 Mg-1Gd-*x*Zn-*y*Ca 合金的 OM 组织图：（a）Mg-1Gd；（b）Mg-1Gd-0.7Ca；
（c）Mg-1Gd-0.7Zn；（d）Mg-1Gd-0.7Zn-0.7Ca

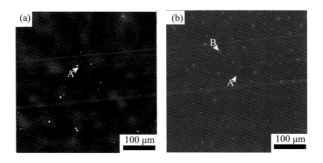

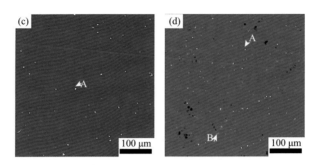

图 5-6 铸态 Mg-1Gd-*x*Zn-*y*Ca 合金的 SEM 图：（a）Mg-1Gd；（b）Mg-1Gd-0.7Ca；
（c）Mg-1Gd-0.7Zn；（d）Mg-1Gd-0.7Zn-0.7Ca

表 5-4 铸态 **Mg-1Gd-*x*Zn-*y*Ca** 合金中第二相 EDS 分析

| 合金 | 位置 | Mg/at% | Gd/at% | Ca/at% |
|---|---|---|---|---|
| Mg-1Gd | A | 87.53 | 12.47 | — |
| Mg-1Gd-0.7Ca | A | 84.34 | 14.21 | 1.45 |
| Mg-1Gd-0.7Ca | B | 73.81 | 0.57 | 25.62 |
| Mg-1Gd-0.7Zn | A | 86.21 | 13.79 | — |
| Mg-1Gd-0.7Zn-0.7Ca | A | 88.56 | 11.12 | 0.32 |
| Mg-1Gd-0.7Zn-0.7Ca | B | 77.43 | 0.53 | 22.04 |

### 5.3.3　微合金化 Mg-1Gd-*x*Zn-*y*Ca 合金的挤压态组织

为了研究对比单独添加 Zn 与 Ca 及其复合添加对挤压态 Mg-1Gd 合金的影响，在 520℃条件下，对铸态 Mg-1Gd-*x*Zn-*y*Ca 合金进行 12 h 固溶处理，随后在 450℃下进行热挤压变形，挤压比为 32∶1。

图 5-7 为挤压态 Mg-1Gd-*x*Zn-*y*Ca 合金板材的 EBSD 微观组织和晶粒尺寸分布图。所有铸态 Mg-1Gd-*x*Zn-*y*Ca 合金在挤压变形后都发生了完全动态再结晶，

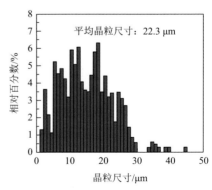

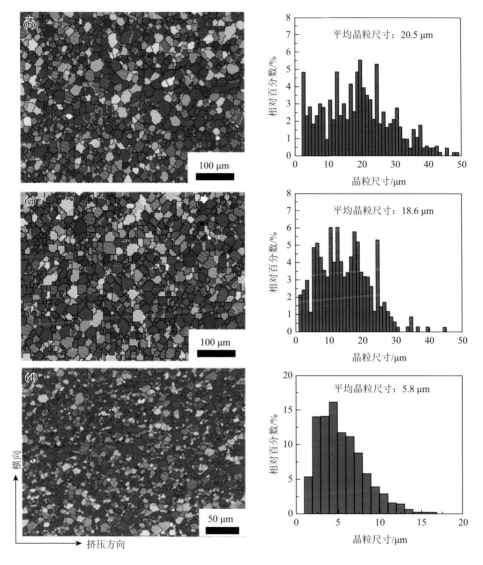

图 5-7　挤压态 Mg-1Gd-xZn-yCa 合金板材的微观组织和晶粒尺寸分布图：（a）Mg-1Gd；
（b）Mg-1Gd-0.7Ca；（c）Mg-1Gd-0.7Zn；（d）Mg-1Gd-0.7Zn-0.7Ca

挤压态合金的显微组织较铸态组织均发生了明显的细化，形成均匀细小分布的等轴晶粒组织。根据 EBSD 数据计算得到挤压态合金板材晶粒尺寸分布，从图 5-7 中可知，挤压态 Mg-1Gd 合金板材平均晶粒尺寸为 22.3 μm，挤压态 Mg-1Gd-0.7Ca 和 Mg-1Gd-0.7Zn 合金板材的平均晶粒尺寸分别为 20.5 μm 和 18.6 μm。而挤压态 Mg-1Gd-0.7Zn-0.7Ca 合金板材的平均晶粒尺寸减小到 5.8 μm，表明 Zn 和 Ca 复合添加更有利于细化挤压态 Mg-1Gd 合金的晶粒尺寸[5]。

图 5-8 为挤压态 Mg-1Gd-$x$Zn-$y$Ca 合金板材的 SEM 图片，表 5-5 为图中相应点的 EDS 分析。由图 5-8 和表 5-5 可知，挤压态 Mg-1Gd 和 Mg-1Gd-0.7Zn 合金板材中存在少量的颗粒状 Mg$_5$Gd 相。除了 Mg$_5$Gd 相之外，挤压态 Mg-1Gd-0.7Ca 和 Mg-1Gd-0.7Zn-0.7Ca 合金板材中还观察到新生成的 Mg$_2$Ca 相颗粒。挤压态 Mg-1Gd-0.7Ca 合金板材中生成大尺寸颗粒 Mg$_2$Ca 相，并沿挤压方向呈不均匀分布，而挤压态 Mg-1Gd-0.7Zn-0.7Ca 合金板材中同样存在着 Mg$_2$Ca 相颗粒，但 Mg$_2$Ca 相颗粒呈现出更均匀分布。对比挤压态 Mg-1Gd-0.7Ca 合金板材，Mg$_2$Ca 相体积分数增加和颗粒尺寸大小发生细化。对挤压态 Mg-1Gd-0.7Ca 和 Mg-1Gd-0.7Zn-0.7Ca 合金板材中第二相体积分数进行统计分析，分别为 3.2% 和 4.5%。

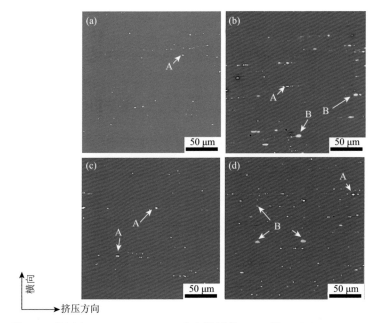

图 5-8　挤压态 Mg-1Gd-$x$Zn-$y$Ca 合金板材的 SEM 图：（a）Mg-1Gd；（b）Mg-1Gd-0.7Ca；（c）Mg-1Gd-0.7Zn；（d）Mg-1Gd-0.7Zn-0.7Ca

**表 5-5　挤压态 Mg-1Gd-$x$Zn-$y$Ca 合金板材第二相 EDS 分析**

| 合金 | 位置 | Mg/at% | Gd/at% | Ca/at% |
|---|---|---|---|---|
| Mg-1Gd | A | 88.73 | 11.27 | — |
| Mg-1Gd-0.7Ca | A | 85.29 | 14.33 | 0.38 |
| Mg-1Gd-0.7Ca | B | 74.21 | 0.64 | 25.25 |
| Mg-1Gd-0.7Zn | A | 87.10 | 12.90 | — |
| Mg-1Gd-0.7Zn-0.7Ca | A | 88.48 | 11.09 | 0.43 |
| Mg-1Gd-0.7Zn-0.7Ca | B | 77.55 | 0.58 | 21.87 |

对挤压态 Mg-1Gd-xZn-yCa 合金板材进行 XRD 图谱分析，如图 5-9 所示。α-Mg（基体）和 Mg₅Gd 相衍射峰存在于所有挤压态 Mg-1Gd-xZn-yCa 合金板材中。挤压态 Mg-1Gd-0.7Zn 合金板材中无新相衍射峰存在，而挤压态 Mg-1Gd-0.7Ca 和 Mg-1Gd-0.7Zn-0.7Ca 合金板材中观察到 Mg₂Ca 相衍射峰。

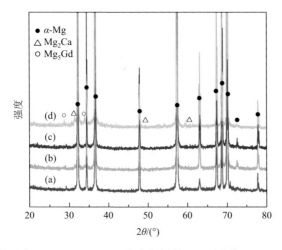

图 5-9　挤压态 Mg-1Gd-xZn-yCa 合金板材的 XRD 图谱：（a）Mg-1Gd；
（b）Mg-1Gd-0.7Ca；（c）Mg-1Gd-0.7Zn；（d）Mg-1Gd-0.7Zn-0.7Ca

为了进一步分析挤压态合金板材中第二相的组成，对挤压态 Mg-1Gd-0.7Ca 和 Mg-1Gd-0.7Zn-0.7Ca 合金板材中的第二相颗粒进行分析，如图 5-10 所示。挤压态 Mg-1Gd-0.7Ca 合金板材中发现少量颗粒状和椭圆状第二相颗粒，根据对应的选区电子衍射分析 [图 5-10（a）和（c）]，可以进一步确定其为 Mg₅Gd 和 Mg₂Ca 相。在挤压态 Mg-1Gd-0.7Zn-0.7Ca 合金板材中可以明显观察到，除了少量的 Mg₅Gd 相，合金中还出现了大量细小 Mg₂Ca 第二相颗粒，根据对应选区电子衍射分析同样可以鉴定为 Mg₅Gd 和 Mg₂Ca 相，颗粒状 Mg₂Ca 相平均颗粒尺寸为 160nm。

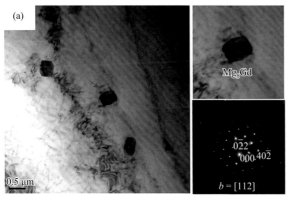

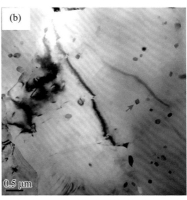

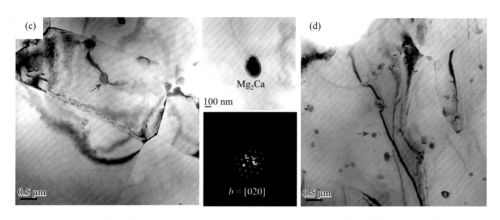

图 5-10  挤压态 Mg-1Gd-0.7Ca 和 Mg-1Gd-0.7Zn-0.7Ca 合金板材 TEM 分析

（a）颗粒状第二相选区电子衍射分析图；（b）颗粒状第二相明场像；（c）椭圆状第二相颗粒选区电子衍射图；（d）细小颗粒第二相明场像

相关文献表明，镁合金在挤压过程中，高密度细小的第二相颗粒能够促进再结晶晶粒形核和抑制再结晶晶粒晶界移动，从而有利于合金晶粒细化[6]。由图 5-7 可知，挤压态 Mg-1Gd-0.7Zn 合金板材晶粒尺寸细化不明显。Wang 等[7]研究发现，挤压态 Mg-10.5Gd-5Y-0.5Zr（wt%）合金的平均晶粒尺寸随着 Zn 含量的增加而减小，认为晶粒尺寸细化归因于合金中增加的块状 LPSO 相可以有效阻碍晶粒长大。而单独添加 0.7 wt% Zn 到 Mg-1Gd 合金中不能有效减小挤压态 Mg-1Gd-0.7Zn 合金板材的晶粒尺寸，其原因是添加的 Zn 含量过少（仅为 0.7 wt%），Zn 元素可以完全固溶于 Mg 基体中，没有生成新的第二相颗粒。同样地，单独添加 0.7 wt% Ca 到 Mg-1Gd 合金中也不能有效减小挤压态 Mg-1Gd-0.7Ca 合金板材晶粒尺寸。众所周知[8, 9]，镁合金中第二相颗粒尺寸和分布状态对晶粒大小有着重要的影响，分布不均匀的大尺寸第二相颗粒不能够有效阻碍晶粒长大，从而不能明显减小挤压态合金晶粒尺寸。因此，含有大量不均匀分布的大颗粒 $Mg_2Ca$ 相的挤压态 Mg-1Gd-0.7Ca 合金板材平均晶粒尺寸减小不明显。复合添加 Zn 和 Ca 到 Mg-1Gd 合金中，可以明显减小合金的平均晶粒尺寸。相关文献报道[10]，Ca 和 Zn 原子由于低的混合焓在挤压过程中能够形成团簇和共团簇，从而可以为第二相形核提供有效形核位点。因此，挤压态 Mg-1Gd-0.7Zn-0.7Ca 合金板材能出现大量细小 $Mg_2Ca$ 相颗粒，如图 5-8 和图 5-10 所示。除此之外，Ca 和 Zn 原子能够共同偏聚在晶界处，相比于 Ca 和 Zn 的单独偏聚，Ca 和 Zn 原子共同偏聚更能够减小其晶界能，从而对晶界的移动提供更强的限制阻碍作用和原子拖曳能力[11]。

为了更清晰地表征 Ca 和 Zn 原子在晶界的偏聚情况，对挤压态 Mg-1Gd-0.7Zn-0.7Ca 合金板材中的晶界进行 HAADF-STEM 分析，如图 5-11 所示。从图 5-11 中可以得出，Ca 和 Zn 原子共同偏聚到晶界上，晶界上 Ca 和 Zn 原子浓度明显要高于基体。因此，Ca 和 Zn 原子共同偏聚可以对再结晶晶粒晶界提供更强大的拖曳效应，从而能够有效抑制再结晶晶粒长大。同样地，Gd 元素作为稀土元素也能够偏聚到晶界处。因此，由于 Ca 和 Zn 原子共同偏聚和大量分布均匀细小 $Mg_2Ca$ 相颗粒的共同影响，挤压态 Mg-1Gd-0.7Zn-0.7Ca 合金板材的晶粒尺寸发生了明显细化。

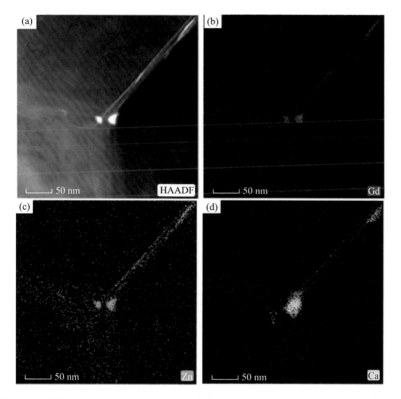

图 5-11　挤压态 Mg-1Gd-0.7Zn-0.7Ca 合金板材的 HAADF-STEM 图和能谱分析

　　图 5-12 是挤压态 Mg-1Gd-$x$Zn-$y$Ca 合金板材沿挤压方向侧面 EBSD（0001）微观极图。由图 5-12 可以观察到，所有挤压态 Mg-1Gd-$x$Zn-$y$Ca 合金板材都表现为沿横向向挤压方向偏转双峰织构，即大部分晶粒 $c$ 轴沿横向向挤压方向偏转约 40°。挤压态 Mg-1Gd 合金板材最大极密度为 15.86。挤压态 Mg-1Gd-0.7Ca 和 Mg-1Gd-0.7Zn 合金板材织构强度发生弱化，最大极密度分别减小至 11.58 和 13.53。与此相比，挤压态 Mg-1Gd-0.7Zn-0.7Ca 合金板材最大极密度明显降低，为 8.56。这表明复合添加 Ca 和 Zn 能够有效弱化挤压态 Mg-1Gd 合金板材织构。

　　挤压态 Mg-1Gd-$x$Zn-$y$Ca 合金板材具有沿横向向挤压方向偏转的双峰织构，主要是由于 Gd 元素固溶。Stanford 等[12]指出添加 Gd 元素能使 Gd 原子固溶进镁基体中，改变镁基体晶格常数和层错能，从而使锥面 $\langle c+a \rangle$ 滑移容易被激活

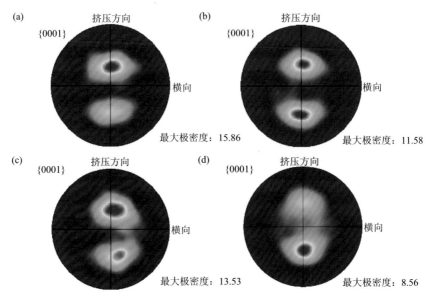

图 5-12　挤压态 Mg-1Gd-$x$Zn-$y$Ca 合金板材的（0001）面极图：（a）Mg-1Gd；（b）Mg-1Gd-0.7Ca；
（c）Mg-1Gd-0.7Zn；　（d）Mg-1Gd-0.7Zn-0.7Ca

启动，形成沿挤压方向偏转的双峰织构。此外，Gd 元素还有着较强固溶原子拖曳效应，可以有效影响晶界移动和晶粒旋转，从而改变其热变形过程中再结晶机制和增加交滑移的产生量，使得镁合金织构发生弱化[13]。相比于挤压态 Mg-1Gd 合金板材，挤压态 Mg-1Gd-0.7Ca 合金板材织构发生弱化，如图 5-12（b）所示。Stanford[14]指出，添加 Ca 元素可以弱化 Mg-Mn 合金的织构强度，主要是由于 Ca 原子较大的半径。Ding 等[15]研究报道了添加 Ca 元素到纯镁中能够弱化其挤压态 Mg-Ca 合金再结晶织构，是由于添加 Ca 元素可以降低合金 $c/a$ 轴比和层错能。另外，颗粒异质形核机制和 Ca 原子偏聚在晶界上同样能够弱化含 Ca 镁合金的织构。图 5-13 为在挤压过程中 Mg-1Gd-0.7Ca 合金中第二相颗粒的扫描图和对应的 EBSD 图。从图 5-13 中可明显观察到动态再结晶晶粒优先于在第二相颗粒处形核（图 5-13 中白色虚线圆圈）。第二相颗粒尺寸大于 1 μm 时，可明显促进颗粒异质形核。如图 5-13（b）所示，具有随机织构，由细小晶粒组成的再结晶晶粒条带形核于初始大颗粒处。相关文献报道指出，由颗粒异质形核机制形成的再结晶晶粒可以有效弱化挤压态和轧制态镁合金织构[16, 17]。挤压态 Mg-1Gd-0.7Ca 合金中粗大的 Mg$_2$Ca 相颗粒在挤压过程中可以有效刺激再结晶晶粒形核，从而起到弱化挤压态 Mg-1Gd-0.7Ca 合金织构的作用。同时，Ca 原子偏聚也能够提高原子拖曳效应，降低晶界移动，从而弱化合金织构。

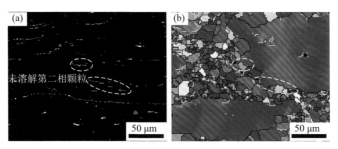

图 5-13　挤压过程中 Mg-1Gd-0.7Ca 合金同一位置的扫描图（a）和 EBSD 图（b）

除此之外，添加 0.7 wt% Zn 到 Mg-1Gd-0.7Ca 合金中可以使得更多晶粒 $c$ 轴向横向发生偏转，此种现象表明了 Mg-1Gd-0.7Zn-0.7Ca 合金在挤压过程中更容易产生柱面滑移。图 5-14 为 Mg-1Gd-0.7Zn-0.7Ca 合金在挤压过程中 A 位置组织的透射电镜图，如图可得知，大量的位错线垂直于基面分布，通过对这些位错线进行鉴定分析，可以确定其为柱面〈$a$〉位错（红色箭头所示）。

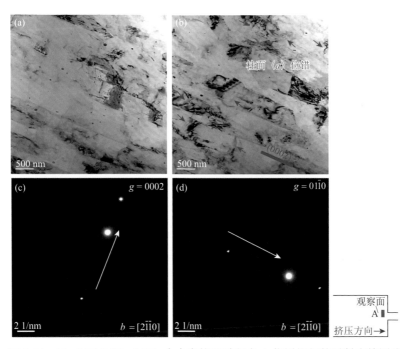

图 5-14　Mg-1Gd-0.7Zn-0.7Ca 合金在挤压过程中 A 位置组织的透射电镜图片

观察面平行挤压方向，为过渡态组织，其中，大框为挤之前的样品，小框为挤出的样品

### 5.3.4　微合金化 Mg-1Gd-$x$Zn-$y$Ca 合金的力学性能

挤压态 Mg-1Gd-$x$Zn-$y$Ca 合金板材沿挤压方向和板材的横向方向拉伸的室温力学

性能,如图 5-15 所示。表 5-6 为合金的力学性能数据。挤压态 Mg-1Gd 合金板材沿挤压方向和横向拉伸时表现出最低屈服强度,分别为 76 MPa 和 125 MPa。而 Mg-1Gd 合金板材沿挤压方向和横向的延伸率分别为 25.3%和 16.8%。挤压态 Mg-1Gd-0.7Zn 合金板材沿挤压方向拉伸时抗拉强度、屈服强度和延伸率分别增加到 291 MPa、97 MPa 和 30.2%,而沿横向增加到 285 MPa、145 MPa 和 21.8%。挤压态 Mg-1Gd-0.7Ca 合金板材沿挤压方向的抗拉强度和屈服强度分别增加到 201 MPa 和 92 MPa,而沿横向增加到 223 MPa 和 140 MPa。但合金板材延伸率出现大幅度下降,挤压态 Mg-1Gd-0.7Ca 合金板材沿挤压方向和横向延伸率分别为 13.2%和 9.8%,相比于挤压态 Mg-1Gd 合金板材分别下降了 47.8%和 41.7%。挤压态 Mg-1Gd-0.7Zn-0.7Ca 合金板材沿挤压方向的抗拉强度、屈服强度和延伸率分别为 339 MPa、135 MPa 和 28.5%,而沿横向为 329 MPa、172 MPa 和 18.6%。为了体现所研究合金在强度和塑性上的优势,对比相关文献所报道的镁合金[18-22]。对比结果表明,微量复合添加 Ca 和 Zn 元素到挤压态 Mg-1Gd 合金中可以显著提高合金的塑性,并能够得到较高的强度。

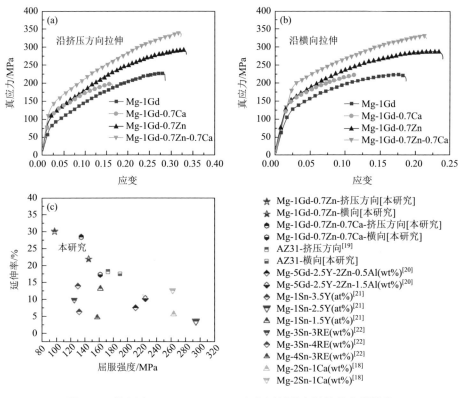

图 5-15 挤压态 Mg-1Gd-xZn-yCa 合金板材的室温拉伸力学性能

单独添加 0.7 wt% Zn 元素可以有效提高挤压态 Mg-1Gd 合金板材屈服强度和延

伸率，如图 5-15 所示。本研究中，单独添加 0.7 wt% Zn 元素不能够有效细化挤压态合金板材晶粒尺寸，所以晶粒尺寸对合金屈服强度和延伸率的影响可以忽略不计。文献表明，添加 Zn 元素提高合金强度和延伸率的机制主要为 Mg-Zn 系合金中 Zn 溶质原子所产生的固溶强化和固溶软化效应[23]。溶质原子的半径对镁合金固溶强化效果有着重要影响。Mg 与 Zn 的原子半径分别为 0.160nm 和 0.133nm。Zn 原子替换掉 Mg 原子后可产生晶格畸变阻碍位错的运动，导致合金屈服强度提高。而固溶软化作用表现为添加 Zn 元素可以提高合金变形时柱面滑移产生量，从而提高合金的塑性。

**表 5-6　挤压态 Mg-1Gd-xZn-yCa 合金板材的延伸率、屈服强度和抗拉强度**

| 合金 | 拉伸方向 | 延伸率/% | 屈服强度/MPa | 抗拉强度/MPa |
|---|---|---|---|---|
| Mg-1Gd | 挤压方向 | 25.3±1.5 | 76±2.2 | 223±3.6 |
| | 横向 | 16.8±1.8 | 125±2.5 | 225±2.8 |
| Mg-1Gd-0.7Ca | 挤压方向 | 13.2±0.9 | 92±3.6 | 201±3.6 |
| | 横向 | 9.8±1.2 | 140±2.9 | 223±4.1 |
| Mg-1Gd-0.7Zn | 挤压方向 | 30.2±1.4 | 97±3.4 | 291±2.9 |
| | 横向 | 21.8±2.0 | 145±3.1 | 285±4.5 |
| Mg-1Gd-0.7Zn-0.7Ca | 挤压方向 | 28.5±0.7 | 135±2.7 | 339±4.2 |
| | 横向 | 18.6±1.3 | 172±3.2 | 329±3.5 |

单独添加 Ca 元素同样不能有效地细化挤压态合金板材晶粒尺寸，所以晶粒尺寸对屈服强度和延伸率的影响可以忽略不计，但添加 0.7 wt% Ca 到 Mg-1Gd 合金中可以形成大量不均匀分布的粗大 $Mg_2Ca$ 相，起到弥散强化的作用从而提高合金的屈服强度。因此，添加 Ca 元素来提高合金板材强度主要归因于大量不均匀分布粗大 $Mg_2Ca$ 相的生成。此外，相对于单独添加 0.7 wt% Ca 和 0.7 wt% Zn，复合添加 0.7 wt% Ca 和 0.7 wt% Zn 元素可以显著提高 Mg-1Gd 合金板材的屈服强度。挤压态 Mg-1Gd-0.7Zn-0.7Ca 合金板材的屈服强度要远大于挤压态 Mg-1Gd-0.7Zn 和 Mg-1Gd-0.7Ca 合金板材。合金屈服强度显著提高的原因可归结于晶粒尺寸细化和第二相颗粒分布。合金的屈服强度与晶粒尺寸符合霍尔-佩奇关系[24]：

$$\sigma_s = \sigma_0 + kd^{-1/2} \tag{5-1}$$

式中，$\sigma_0$、$d$ 和 $k$ 分别为摩擦应力、晶粒尺寸和霍尔-佩奇系数（$k = 0.23$ MPa·m$^{1/2}$[25]）。挤压态 Mg-1Gd 合金板材的平均晶粒大小为 22.3 μm，而挤压态 Mg-1Gd-0.7Zn-0.7Ca 合金板材的平均晶粒尺寸显著减小至 5.8 μm。合金晶粒的细化可以显著提高晶界强化效果。对比于挤压态 Mg-1Gd 合金板材，晶粒尺寸对挤压态 Mg-1Gd-0.7Zn-0.7Ca 合金板材屈服强度的贡献计算为 46.8 MPa。另外，第二相颗粒的形貌、含量和分布状态对镁合金强度有着重要的影响[26]。合金屈服强度与第二相颗粒尺寸和体积分数符合奥罗万准则[27]：

$$YS \propto f^{1/2} d_1^{-1} \ln d_1 \tag{5-2}$$

式中，$f$ 和 $d_1$ 分别为第二相颗粒体积分数和平均颗粒尺寸。从式（5-2）中可得知，第二相颗粒尺寸越小和体积分数越大，其合金屈服强度越高。挤压态 Mg-1Gd-0.7Zn-0.7Ca 合金板材中 $Mg_2Ca$ 相颗粒细化和均匀分布状态可以有效提高其合金屈服强度。

此外，镁合金织构也影响屈服强度。挤压态 Mg-1Gd-$x$Zn-$y$Ca 合金板材沿挤压方向和横向拉伸时基面施密特因子分布图如图 5-16 所示。相比于挤压态 Mg-1Gd 合金板材，挤压态 Mg-1Gd-0.7Zn、Mg-1Gd-0.7Ca 和 Mg-1Gd-0.7Zn-0.7Ca 合金板材沿挤压方向和横向拉伸时有着更多具有高基面施密特因子的晶粒。高的基面施密特因子代表着更容易被激活启动基面滑移，从而导致合金屈服强度降低。如图 5-16 所示，Ca、Zn 单独添加与复合添加 Ca 和 Zn 使得更多的晶粒拥有高基面施密特因子，不利于提高挤压态合金屈服强度。对比挤压态合金板材沿横向拉伸，所有挤压态 Mg-1Gd-$x$Zn-$y$Ca 合金板材沿挤压方向拉伸表现为低的屈服强度，这归因于沿挤压方向拉伸时高的基面施密特因子。

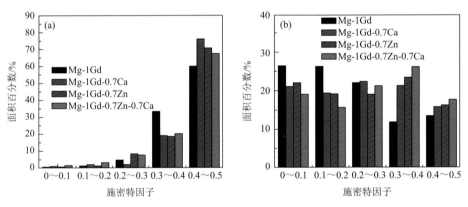

图 5-16　挤压态 Mg-1Gd-$x$Zn-$y$Ca 板材沿不同方向拉伸时基面施密特因子分布

（a）沿挤压方向；（b）沿横向

对于合金板材塑性而言，挤压态 Mg-1Gd-0.7Ca 合金板材沿两个方向拉伸时都表现出最差的延伸率。单独添加 0.7 wt% Ca 元素不能够有效细化挤压态合金板材晶粒尺寸，所以晶粒尺寸对延伸率影响可以忽略不计。而添加 0.7 wt% Ca 到 Mg-1Gd 合金中可以形成大量不均匀分布的粗大 $Mg_2Ca$ 相颗粒。因此，合金塑性下降的主要原因是生成了大量不均匀粗大的 $Mg_2Ca$ 相颗粒。一般而言，镁合金中存在的粗大第二相颗粒在拉伸过程中不容易进行协调变形，会阻碍位错运动，从而容易在第二相颗粒处引起应力集中而导致裂纹产生，降低合金塑性[28]。值得注意的是，挤压态 Mg-1Gd-0.7Zn-0.7Ca 合金板材的延伸率要比 Mg-1Gd-0.7Ca

合金板材约高 2 倍。从两种合金板材显微组织来看，挤压态 Mg-1Gd-0.7Ca 和 Mg-1Gd-0.7Zn-0.7Ca 合金板材的平均晶粒尺寸分别为 20.5 μm 和 5.8 μm。同时，挤压态 Mg-1Gd-0.7Zn-0.7Ca 合金板材包含了大量均匀分布的细小 Mg₂Ca 颗粒相。细小的晶粒组织和均匀分布的细小第二相颗粒有助于提高挤压态 Mg-1Gd-0.7Zn-0.7Ca 合金的塑性。此外，除了晶粒尺寸大小和第二相颗粒影响之外，挤压态 Mg-1Gd-0.7Zn-0.7Ca 合金板材相比于 Mg-1Gd-0.7Ca 合金板材表现出高于两倍塑性的原因可归因于以下几个因素。

### 1. 更多柱面滑移产生

Zn 元素的添加可以提高镁合金在室温拉伸过程中柱面滑移的产生量，柱面滑移可以协调晶粒沿 $c$ 轴方向的塑性变形，从而提高合金塑性。Mukai 等[29]报道了元素 Zn 的添加可降低柱面滑移的层错能，从而有利于柱面滑移的激活启动。为了研究分析挤压态 Mg-1Gd-0.7Ca 和 Mg-1Gd-0.7Zn-0.7Ca 合金板材沿挤压方向拉伸过程中的变形机制，将挤压态 Mg-1Gd-0.7Ca 合金板材拉伸至 10%应变（接近断后延伸率），将挤压态 Mg-1Gd-0.7Zn-0.7Ca 合金板材拉伸至 25%应变（接近断后延伸率），如图 5-17 所示，挤压态 Mg-1Gd-0.7Zn-0.7Ca 合金板材沿挤压方向拉伸后出现的拉伸孪晶体积分数要低于 Mg-1Gd-0.7Ca 合金板材。文献指出[30]，更多拉伸孪晶产生可以有效提高镁合金延伸率。这就表明了在室温拉伸变形过程中，拉伸孪晶是提高挤压态 Mg-1Gd-0.7Zn-0.7Ca 合金板材塑性的主要因素。此外，对两种挤压态合金板材进行 IGMA 分析，如图 5-17（d）和图 5-17（h）所示。IGMA 分析的详细理论可从 Chun 等发表的文献中得知[31]。基面滑移和锥面$\langle c + a \rangle$滑移的激活启动可使得 IGMA 沿$\langle 10\bar{1}0 \rangle$和$\langle 2\bar{1}\bar{1}0 \rangle$轴分布，而柱面滑移的激活启动可使得 IGMA 沿 $\langle 0001 \rangle$ 轴分布。

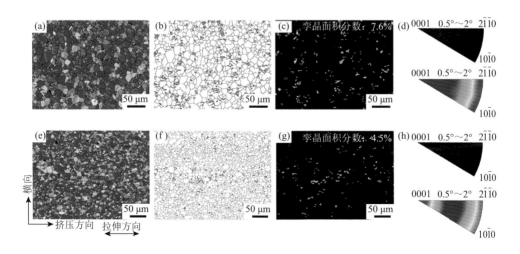

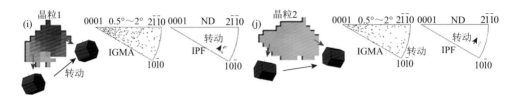

图 5-17　挤压态合金板材拉伸后组织分析：（a）～（d）Mg-1Gd-0.7Ca 拉伸 10%应变后组织：IPF 图、孪晶图、孪晶面积百分数、IGMA 分析；（e）～（h）Mg-1Gd-0.7Zn-0.7Ca 拉伸 10%应变后组织：IPF 图、孪晶图、孪晶面积百分数、IGMA 分析；（i）Mg-1Gd-0.7Zn-0.7Ca 合金拉伸后存在晶内取向梯度差的晶粒 1；（j）Mg-1Gd-0.7Zn-0.7Ca 合金拉伸后存在晶内取向梯度差的晶粒 2

　　挤压态 Mg-1Gd-0.7Ca 合金板材拉伸后的 IGMA 分布主要是沿 $\langle 10\bar{1}0 \rangle$ 和 $\langle 2\bar{1}\bar{1}0 \rangle$ 轴分布，而挤压态 Mg-1Gd-0.7Zn-0.7Ca 合金板材 IGMA 分布除了沿 $\langle 10\bar{1}0 \rangle$ 和 $\langle 2\bar{1}\bar{1}0 \rangle$ 轴分布，还能观察到一部分沿着 $\langle 0001 \rangle$ 轴分布。与此同时，挤压态 Mg-1Gd-0.7Zn-0.7Ca 合金板材拉伸后还可以观察到大量晶粒内部出现取向梯度差（表现为在晶粒内部出现颜色梯度），如图 5-17 中晶粒 1 和晶粒 2 所示。晶粒 1 和晶粒 2 内的三维晶体取向分布、IGMA 分布和反极图点图分别表示晶粒内部取向状态。文献表明[32]，镁合金在变形过程中柱面滑移产生可以使得晶粒绕 $c$ 轴发生旋转，这就意味着该晶粒发生了柱面滑移。因此，添加 Zn 元素到 Mg-1Gd-0.7Ca 合金中可以促进柱面滑移产生从而提高其合金塑性。

　　**2. 抑制晶界微裂纹产生**

　　图 5-18 为挤压态 Mg-1Gd、Mg-1Gd-0.7Ca 和 Mg-1Gd-0.7Zn-0.7Ca 合金板材沿挤压方向拉伸变形 8%应变后晶界裂纹产生情况。

　　经过室温拉伸变形，在挤压态 Mg-1Gd 合金板材中可以观察到一些沿着晶界分布且具有粗糙表面的微裂纹，如图 5-18（a）和（b）所示。这表明 Gd 元素的添加可以增强纯镁的晶界稳定性，从而减少晶间微裂纹的产生。相关文献报道指出[33]，纯镁板材经拉伸小变形后就可以形成大量的晶间和晶内微裂纹。单独添加 0.7 wt% Ca 元素到 Mg-1Gd 合金中，挤压态 Mg-1Gd-0.7Ca 合金板材中可以观察到大量具有光滑表面的微裂纹 [图 5-18（c）和（d）]。而对于复合添加 0.7 wt% Ca 和 0.7 wt% Zn，挤压态 Mg-1Gd-0.7Zn-0.7Ca 合金板材中仅仅能够在晶界处观察到少量具有粗糙表面的微裂纹 [图 5-18（e）和（f）]。Zeng 等[11]也指出 Ca 元素能使得合金晶界发生脆化，而复合添加 Ca 和 Zn 可使得 Ca 和 Zn 原子复合偏聚到晶界上，有利于增加晶界的聚合能力，减少拉伸过程中的晶界裂纹，达到提高镁合金塑性的作用。因此，单独添加 0.7 wt% Ca 到 Mg-1Gd 合金中使得合金晶界脆化，而复合添加 Ca 和 Zn 可以提高晶界聚合能从而使得合金塑性增加。

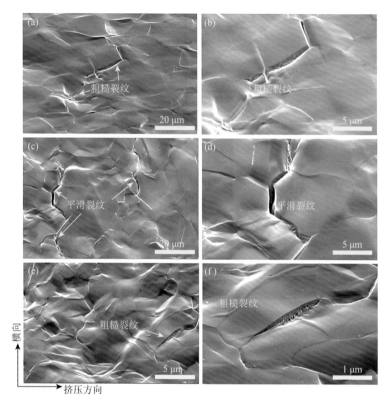

图 5-18　挤压态 Mg-1Gd [（a），（b）]、Mg-1Gd-0.7Ca [（c），（d）] 和 Mg-1Gd-0.7Zn-0.7Ca [（e），（f）] 合金板材沿挤压方向拉伸变形 8%应变后的晶界裂纹

**3. 应变协调能力增加**

Tahreen 等[34]指出滑移位错不能穿过晶界取向大于 35°的晶界。因此，应力容易在此类晶界处聚集从而引起应力集中，导致合金塑性降低。图 5-19 为挤压态 Mg-1Gd、Mg-1Gd-0.7Ca 和 Mg-1Gd-0.7Zn-0.7Ca 合金板材沿挤压方向拉伸变形 8%应变后滑移迹线穿过晶界扫描图和所对应的 EBSD 图。

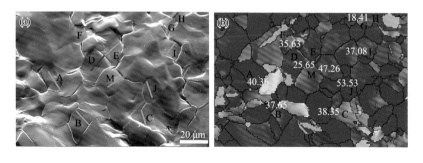

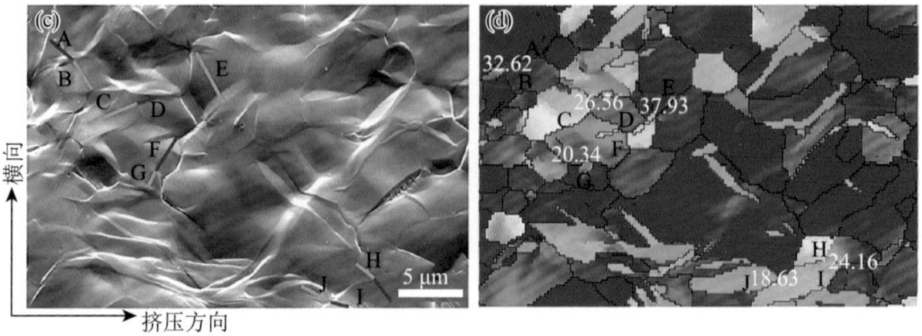

图 5-19　挤压态 Mg-1Gd-0.7Ca [（a），（b）] 和 Mg-1Gd-0.7Zn-0.7Ca [（c），（d）] 合金板材沿挤压方向拉伸变形 8%应变后滑移迹线穿过晶界扫描图 [（a），（c）] 和所对应的 EBSD 图 [（b），（d）]

　　挤压态 Mg-1Gd-0.7Ca 合金板材中，晶粒 A、B 和 C 中的滑移迹线不能穿过晶界滑移到相邻的晶粒内部，主要是由于晶界拥有高的晶界取向差（37°～41°）。然而晶粒 D 中的滑移迹线能够穿过其晶界滑移到相邻晶粒 E 内部，其晶界取向差为 25.65°。同样地，挤压态 Mg-1Gd-0.7Ca 合金板材中也能够观察到大量的滑移迹线穿过晶界滑移到相邻晶粒内部，其晶界取向差较小。经统计分析，对比挤压态 Mg-1Gd-0.7Ca 和 Mg-1Gd-0.7Zn-0.7Ca 合金板材的取向差角分布可知，挤压态 Mg-1Gd-0.7Zn-0.7Ca 合金板材较多的取向差角分布在 15°～35°之间（挤压态 Mg-1Gd-0.7Ca 和 Mg-1Gd-0.7Zn-0.7Ca 合金板材分别为 23.6%和 28.1%）。因此，相比挤压态 Mg-1Gd-0.7Ca 合金板材，挤压态 Mg-1Gd-0.7Zn-0.7Ca 合金板材能够表现出更好应变协调能力，从而导致其拥有较高塑性。

　　由上面的分析讨论得出，相比挤压态 Mg-1Gd-0.7Ca 合金板材，挤压态 Mg-1Gd-0.7Zn-0.7Ca 合金板材能够表现出更高的延伸率，主要原因是晶粒细化、均匀分布细小第二相颗粒、更多柱面滑移启动、抑制晶界微裂纹和提高应变协调能力共同作用。

## 5.4　总结

　　本章研究了微合金化二元 Mg-Gd 合金以及 Zn、Ca 微合金化 Mg-Gd-Zn-Ca 合金的显微组织和力学性能。首先，对比分析了不同含量二元挤压态 Mg-Gd 合金的组织、织构以及室温力学性能。然后，系统研究了 Zn、Ca 复合微合金化对 Mg-Gd-Zn-Ca 合金挤压态组织、织构以及室温力学的影响。主要结论如下：

　　（1）Mg-Gd 挤压态合金表现出良好的各向同性。随 Gd 含量增加，合金 45°方向上的塑性显著增加，合金的各向异性增加。Mg-1.64Gd 合金的最大（0°）和最小（90°）延伸率分别为 35.6%和 18.5%。Mg-3.82Gd 合金的最大（45°）和最小

（90°）延伸率则分别为 38.7% 和 21.0%。较之 Mg-Y，Mg-Gd 合金具有更高的塑性，强度上无明显差别。

（2）随着 Ca 或 Zn 含量的增加，铸态 Mg-1Gd 合金显微组织发生细化。Ca 的添加可以使 Mg-1Gd 合金中生成新的粗大 $Mg_2Ca$ 相，$Mg_2Ca$ 相随 Ca 的增加而增加；此外，相比于单独添加 0.7 wt% Ca 和 0.7 wt% Zn，复合添加 0.7 wt% Ca 和 0.7 wt% Zn 更加有效地细化铸态 Mg-1Gd 合金的显微组织，合金中含有少量 $Mg_5Gd$ 相和大量的 $Mg_2Ca$ 相。

（3）单独添加微量 Ca 和 Zn 不能明显细化挤压态 Mg-1Gd 合金的晶粒尺寸。此外，相比于单独添加 0.7 wt% Ca 和 0.7 wt% Zn，复合添加 0.7 wt% Ca 和 0.7 wt% Zn 可以更为显著地细化挤压态 Mg-1Gd 合金的晶粒尺寸。

（4）Ca 和 Zn 的添加可以弱化挤压态 Mg-1Gd 合金织构强度，随着 Ca 和 Zn 含量的增加，合金织构减弱。单独添加 Ca 弱化织构的原因主要是 $Mg_2Ca$ 相的生成促使 PSN 机制增强和 Ca 原子偏聚。单独添加 Zn 弱化织构的原因主要是 Zn 的固溶（添加 0 wt%～1.0 wt% Zn）。此外，相比于单独添加 0.7 wt% Ca 和 0.7 wt% Zn，复合添加 0.7 wt% Ca 和 0.7 wt% Zn 更能弱化挤压态 Mg-1Gd 合金的织构，其主要原因为 Ca 和 Zn 原子的共同偏聚和大量细小的 $Mg_2Ca$ 相促进 PSN 机制。

（5）单独添加 Ca 合金的屈服强度增加，但塑性降低的主要原因为生成的较大尺寸 $Mg_2Ca$ 相在拉伸变形过程中容易产生应力集中，加快裂纹的产生。单独添加 Zn 也能使合金屈服强度增加，塑性提高的原因主要是合金织构弱化。此外，相比于单独添加 0.7 wt% Ca 和 0.7 wt% Zn，复合添加 0.7 wt% Ca 和 0.7 wt% Zn 的挤压态 Mg-1Gd 合金具有较高的屈服强度和较好的塑性，其原因为晶粒细化、均匀分布细小第二相颗粒、更多柱面滑移启动、抑制晶界微裂纹和提高应变协调能力的共同作用。

## 参 考 文 献

[1]　Moitra A，Kim S G，Horstemeyer M F. Solute effect on the ⟨a + c⟩ dislocation nucleation mechanism in magnesium[J]. Acta Materialia，2014，75：106-112.

[2]　Moitra A，Kim S G，Horstemeyer M F. Solute effect on basal and prismatic slip systems of Mg[J]. Journal of Physics-Condensed Matter，2014，26（44）：445004.

[3]　Qian S，Dong C，Liu T，et al. Solute-homogenization model and its experimental verification in Mg-Gd-based alloys[J]. Journal of Materials Science & Technology，2018，34（7）：1132-1141.

[4]　Gao L，Chen R S，Han E H. Effects of rare-earth elements Gd and Y on the solid solution strengthening of Mg alloys[J]. Journal of Alloys and Compounds，2009，481（1）：379-384.

[5]　Langelier B，Nasiri A M，Lee S Y，et al. Improving microstructure and ductility in the Mg-Zn alloy system by combinational Ce-Ca microalloying[J]. Materials Science and Engineering A，2015，620：76-84.

[6]　Kim S H，Jung J G，You B S，et al. Microstructure and texture variation with Gd addition in extruded

magnesium[J]. Journal of Alloys and Compounds, 2017, 695: 344-350.

[7] Wang Y, Zhang F, Wang Y, et al. Effect of Zn content on the microstructure and mechanical properties of Mg-Gd-Y-Zr alloys[J]. Materials Science and Engineering A, 2019, 745: 149-158.

[8] Robson J D, Henry D T, Davis B. Particle effects on recrystallization in magnesium-manganese alloys: particle-stimulated nucleation[J]. Acta Materialia, 2009, 57 (9): 2739-2747.

[9] Liao H, Kim J, Liu T, et al. Effects of Mn addition on the microstructures, mechanical properties and work-hardening of Mg-1Sn alloy[J]. Materials Science and Engineering A, 2019, 754: 778-785.

[10] Oh J, Ohkubo T, Mukai T, et al. TEM and 3DAP characterization of an age-hardened Mg-Ca-Zn alloy[J]. Scripta Materialia, 2005, 53 (6): 675-679.

[11] Zeng Z R, Zhu Y M, Xu S W, et al. Texture evolution during static recrystallization of cold-rolled magnesium alloys[J]. Acta Materialia, 2016, 105: 479-494.

[12] Stanford N, Atwell D, Barnett M R. The effect of Gd on the recrystallisation, texture and deformation behaviour of magnesium-based alloys[J]. Acta Materialia, 2010, 58 (20): 6773-6783.

[13] Hadorn J P, Sasaki T T, Nakata T, et al. Solute clustering and grain boundary segregation in extruded dilute Mg-Gd alloys[J]. Scripta Materialia, 2014, 93: 28-31.

[14] Stanford N. The effect of calcium on the texture, microstructure and mechanical properties of extruded Mg-Mn-Ca alloys[J]. Materials Science and Engineering A, 2010, 528 (1): 314-322.

[15] Ding H, Shi X, Wang Y, et al. Texture weakening and ductility variation of Mg-2Zn alloy with Ca or RE addition[J]. Materials Science and Engineering A, 2015, 645: 196-204.

[16] Zhang B, Wang Y, Geng L, et al. Effects of calcium on texture and mechanical properties of hot-extruded Mg-Zn-Ca alloys[J]. Materials Science and Engineering A, 2012, 539: 56-60.

[17] Bohlen J, Nürnberg M R, Senn J W, et al. The texture and anisotropy of magnesium-zinc-rare earth alloy sheets[J]. Acta Materialia, 2007, 55 (6): 2101-2112.

[18] Pan H, Qin G, Xu M, et al. Enhancing mechanical properties of Mg-Sn alloys by combining addition of Ca and Zn[J]. Materials & Design, 2015, 83: 736-744.

[19] Xu J, Yang T, Jiang B, et al. Improved mechanical properties of Mg-3Al-1Zn alloy sheets by optimizing the extrusion die angles: microstructural and texture evolution[J]. Journal of Alloys and Compounds, 2018, 762: 719-729.

[20] Fang C, Liu G, Hao H, et al. Effect of Al addition on microstructure, texture and mechanical properties of Mg-5Gd-2.5Y-2Zn alloy[J]. Journal of Alloys and Compounds, 2016, 686: 347-355.

[21] Zhao H D, Qin G W, Ren Y P, et al. Microstructure and tensile properties of as-extruded Mg-Sn-Y alloys[J]. Transactions of Nonferrous Metals Society of China, 2010, 20: S493-S497.

[22] Lim H K, Sohn S W, Kim D H, et al. Effect of addition of Sn on the microstructure and mechanical properties of Mg-MM (misch-metal) alloys[J]. Journal of Alloys and Compounds, 2008, 454 (1): 515-522.

[23] Blake A H, Cáceres C H. Solid-solution hardening and softening in Mg-Zn alloys[J]. Materials Science and Engineering A, 2008, 483: 161-163.

[24] Hansen N. Hall-Petch relation and boundary strengthening[J]. Scripta Materialia, 2004, 51 (8): 801-806.

[25] Yu H, Li C, Xin Y, et al. The mechanism for the high dependence of the Hall-Petch slope for twinning/slip on texture in Mg alloys[J]. Acta Materialia, 2017, 128: 313-326.

[26] Yu H, Kim Y M, You B S, et al. Effects of cerium addition on the microstructure, mechanical properties and hot workability of ZK60 alloy[J]. Materials Science and Engineering A, 2013, 559 (C): 798-807.

[27] Nie J F. Effects of precipitate shape and orientation on dispersion strengthening in magnesium alloys[J]. Scripta Materialia，2003，48（8）：1009-1015.

[28] Guan K，Meng F，Qin P，et al. Effects of samarium content on microstructure and mechanical properties of Mg-0.5Zn-0.5Zr alloy[J]. Journal of Materials Science & Technology，2019，35（7）：1368-1377.

[29] Hase T，Ohtagaki T，Yamaguchi M，et al. Effect of aluminum or zinc solute addition on enhancing impact fracture toughness in Mg-Ca alloys[J]. Acta Materialia，2016，104：283-294.

[30] Wang Q，Song Y，Jiang B，et al. Fabrication of Mg/Mg composite with sleeve-core structure and its effect on room-temperature yield asymmetry via bimetal casting-co-extrusion[J]. Materials Science and Engineering A，2020，769：138476.

[31] Chun Y B，Davies C H J. Investigation of Prism ⟨a⟩ Slip in Warm-Rolled AZ31 Alloy[J]. Metallurgical and Materials Transactions A，2011，42（13）：4113-4125.

[32] Cepeda-Jiménez C M，Molina-Aldareguia J M，Pérez-Prado M T. Effect of grain size on slip activity in pure magnesium polycrystals[J]. Acta Materialia，2015，84：443-456.

[33] Zeng Z R，Bian M Z，Xu S W，et al. Effects of dilute additions of Zn and Ca on ductility of magnesium alloy sheet[J]. Materials Science and Engineering A，2016，674：459-471.

[34] Tahreen N，Zhang D F，Pan F S，et al. Hot deformation and work hardening behavior of an extruded Mg-Zn-Mn-Y alloy[J]. Journal of Materials Science & Technology，2015，31（12）：1161-1170.

# 第6章

## Zn 和 Ca 微合金化 Mg-Sn 和 Mg-Al-Mn 合金的组织与性能

### 6.1 ▶ 引言

近年来，如何开发非稀土微合金化高塑性变形镁合金正日益成为新的行业热点，以 Mg-Sn 系合金为例，在镁合金中 Sn 元素添加所造成的影响可归结于两部分：①以固溶元素形式存在的 Sn 元素有助于镁合金中堆垛层错能的降低，进而会阻碍交滑移乃至位错的攀移。②以 Mg$_2$Sn 第二相的形式存在：一方面其在热挤压沉淀析出时可有效阻碍动态再结晶晶粒长大；另一方面其拥有高的熔点（770℃）。然而，尽管高含量 Sn 的添加有利于强度提升，但是也易产生粗大的 Mg$_2$Sn 相，使之成为微裂纹萌生的起源，进而显著降低合金的塑性。因此，为了获得具有优异综合力学性能的 Mg-Sn 系合金，在低含量 Mg-Sn 合金基础上添加额外合金元素被视为行之有效的方法之一。

本章在低含量 Mg-1Sn（wt%）合金基础上，采用 Zn 和 Ca 单一/双微合金化耦合挤压手段，研究微合金化对挤压变形合金组织、织构以及力学性能的影响。与此同时，初步探索非稀土多元微合金化 Mg-Al-Zn-Mn-Ca 轧制变形合金的组织和织构演变规律，为低成本高性能非稀土变形镁合金的制备提供理论指导和思路。

### 6.2 ▶ Zn 和 Ca 微合金化 Mg-Sn 合金

#### 6.2.1 微合金化 Mg-Sn-Zn-Ca 合金的制备

合金制备过程所采用的原料为工业纯镁（纯度：99.9 wt%）、纯 Sn（纯度：

99.6 wt%)、纯 Zn（纯度：99.6 wt%）和 Mg-20 wt% Ca 中间合金。如表 6-1 所示，铸态合金的设计成分与实际所测的成分相吻合。

表 6-1　所制备镁锡基合金实际的化学成分

| 编号 | 名义合金成分 | 质量分数/% | | | |
|---|---|---|---|---|---|
| | | Sn | Zn | Ca | Mg |
| 合金 1 | Mg-1.0Sn | 1.07 | — | — | 余量 |
| 合金 2 | Mg-1.0Sn-0.5Zn | 1.16 | 0.48 | — | 余量 |
| 合金 3 | Mg-1.0Sn-0.7Ca | 1.28 | — | 0.69 | 余量 |
| 合金 4 | Mg-1.0Sn-0.5Zn-0.5Ca | 1.10 | 0.55 | 0.47 | 余量 |

## 6.2.2　微合金化 Mg-Sn-Zn-Ca 合金的组织

图 6-1 和图 6-2 分别为四种合金挤压态的背散射扫描图及 X 射线衍射分析图谱。表 6-2 呈现了四种挤压态合金点扫描时的能谱分析结果。从图 6-1 中可发现，

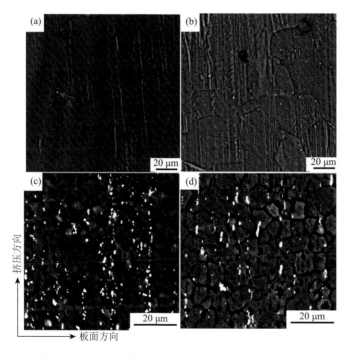

图 6-1　四种挤压态 Mg-1.0Sn 基合金的背散射扫描结果：（a）Mg-1.0Sn 合金；（b）Mg-1.0Sn-0.5Zn；（c）Mg-1.0Sn-0.7Ca 合金；（d）Mg-1.0Sn-0.5Zn-0.5Ca 合金

合金 1 和合金 2 中的第二相数量均较少，而对于合金 3 和合金 4，存在着大量球状或不规则形状的颗粒相，且以白色条带的形式沿着挤压方向分布。表 6-2 展示了相对应的能谱分析结果。合金 1 和合金 2 中分布的少量第二相为 $Mg_2Sn$，归因于 Sn、Zn 元素在镁基体中较大的固溶度及 Mg 与 Sn 元素间较大电负性差异[1]。合金 3 和合金 4 中粗大的块状的第二相被证实是 CaMgSn，且 CaMgSn 优先于 $Mg_2Sn$ 形成。研究表明[2, 3]，Sn、Ca 间的质量比将会影响 Mg-Sn-Ca 合金中的相组成。当质量比接近 3∶1 时，近乎所有的 Ca 都结合形成了 CaMgSn 相；当质量比小于 2.5∶1 时，Ca 元素的存在形式除了 CaMgSn 还有 $Mg_2Ca$ 相。针对本研究中的 Mg-1.0Sn-0.7Ca 和 Mg-1.0Sn-0.5Ca-0.5Zn 合金而言，Sn/Ca 质量比均小于 2.5∶1，因此 Ca 的存在形式包括 CaMgSn 及 $Mg_2Ca$ 相。

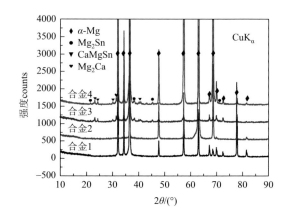

图 6-2 挤压态 Mg-Sn 系合金的 XRD 图谱

表 6-2 图 6-1 中挤压态镁锡基合金被标记测量点处的能谱分析结果

| 位置 | 原子分数/% | | | |
|---|---|---|---|---|
| | Mg | Sn | Zn | Ca |
| A | 99.6 | 0.4 | — | — |
| B | 99.4 | 0.3 | 0.3 | — |
| C | 75.1 | 15.1 | | 9.8 |
| D | 94.7 | 4.1 | — | 1.2 |
| E | 87.7 | 6.3 | 0.8 | 5.2 |
| F | 96.2 | 2.7 | — | 1.1 |

　　为了进一步揭示上述合金 3 和合金 4 中第二相的具体情况，图 6-3 呈现了透射电镜的详细观察情况（包括第二相的衍射花样及对应的能谱分析结果）。观察结

果表明,合金 3 和合金 4 均由粗大、块状的 CaMgSn 相(稀疏分布;长度为 475 nm～ 2.47 μm,宽度为 295～837 nm)和细小、球状的 $Mg_2Ca$(均匀分布,直径约为 25～ 101 nm)颗粒相构成。在合金 3 中 CaMgSn 相的体积分数及相尺寸均小于对应合金 4 中,而合金 3 中 $Mg_2Ca$ 的体积分数比合金 4 更多。

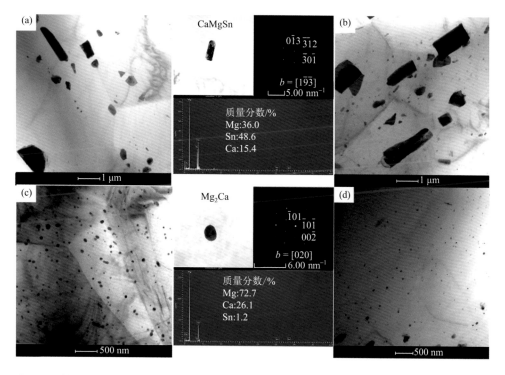

图 6-3　挤压态合金板材中典型的沉淀相及伴随着其各自的衍射斑点和相应能谱分析结果:
(a)、(c) Mg-1.0Sn-0.7Ca 合金板材;(b)、(d) Mg-1.0Sn-0.5Zn-0.5Ca 合金板材

从图 6-4 中可发现,相比于合金 1,合金 2 的平均晶粒尺寸略微减小(24.6 μm), 这主要是由于 Zn 的富集区加速 $Mg_2Sn$ 沉淀相的生成,阻碍了晶粒长大[4]。针对含 Ca 的合金,合金 3 和合金 4 中均发生了显著的晶粒细化,其平均晶粒尺寸分别为 9.7 μm 和 7.2 μm,认为产生的热稳定 CaMgSn 及 $Mg_2Ca$ 沉淀相对挤压过程中动态再结晶晶粒的长大起到明显的阻碍作用[5]。另外,相关研究表明[6],Ca 元素易在晶界处富集,进而偏聚的 Ca 原子将会对再结晶晶粒晶界起到严重的拖曳效应,并最终抑制动态再结晶晶粒长大。然而,值得注意的是,尽管合金 4 相对于合金 3 Ca 含量更少,但其晶粒尺寸反而更小。这可能归结于以下两方面因素:①Zn 和 Ca 具有低的混合结合焓[7],在热挤压时倾向于以 Ca-Zn 团簇的形式存在。这种 Ca-Zn 团簇将可作为挤压或随后冷却过程中沉淀相的形核质点,在一定程度上弥补了合金 4 中不足

的 Ca 含量。②Zn 和 Ca 原子会产生共偏聚现象，相比于单独 Ca 的添加，可导致更强烈的晶界能减少，进而使得晶界移动愈发困难。此外，Zn 和 Ca 的共偏聚，相比于单独 Zn、Ca 的添加，对晶界的拖曳效果更大。因此，相比合金 3，合金 4 中更小的晶粒尺寸归结于 Ca-Zn 团簇的生成（作为沉淀相的形核质点）和 Zn、Ca 间在晶界处的共偏聚现象（更强的拖曳效应）。

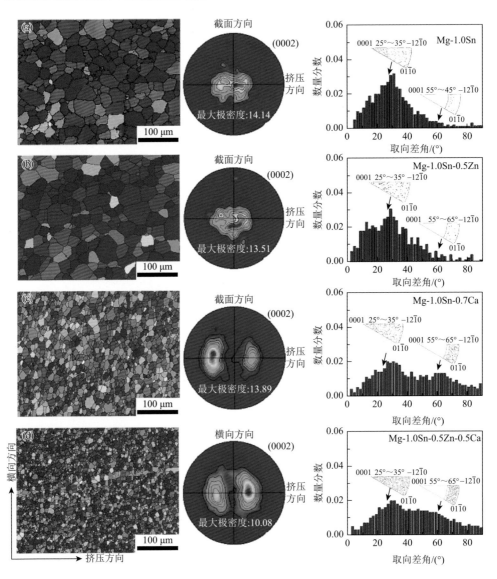

图 6-4　四种挤压态 Mg-1.0Sn 基合金的 EBSD 反极图、（0002）极图和取向差角分布情况：
（a）Mg-1.0Sn 合金；（b）Mg-1.0Sn-0.5Zn 合金；（c）Mg-1.0Sn-0.7Ca 合金；
（d）Mg-1.0Sn-0.5Zn-0.5Ca 合金

　　为了进一步分析四种挤压态 Mg-1.0Sn 基合金的组织及织构特点，图 6-4 展示了 EBSD 反极图、（0002）极图及对应的取向差角分布图。合金 1 和合金 2 均为典型的基面织构，而合金 3 和合金 4 呈现出沿着挤压方向分散的双峰织构，其中最大极密度从极图中心向挤压方向倾转了大约 35°。此外，从合金 1 到合金 4，最大织构强度呈现出逐渐减小的趋势。从取向差角分布图上，可观察到四种合金均在 30° 上存在着明显的峰值。这种围绕 c 轴 30° 附近的取向峰与再结晶和晶粒长大的过程存在着密切联系。Biswas 等[8]也报道了在镁合金退火过程中围绕 c 轴 30° 附近形核及晶粒择优长大的情况。值得注意的是，除了 30° 取向峰之外，在含 Ca 的试样中存在着额外的 60° 取向峰。此时 60° 取向峰的出现主要来源于沿挤压方向倾斜的双峰织构[9]，其中一些晶粒的 c 轴从极图中心向挤压方向倾转了大约 30°。

　　相比合金 1 和合金 2，在添加 Ca 的合金中（合金 3 和合金 4）非基面织构的形成主要归结于以下两个方面：第一，含 Ca 合金中织构的弱化与 Ca 原子大的原子尺寸及缓慢的扩散速率有关。Ding 等[10]也揭示了固溶 Ca 元素的存在将会有助于挤压方向倾斜织构的形成，通过影响 c/a 轴比降低了合金的多层错能。第二，Jiang 等[11]也报道了通过 PSN 机制的再结晶晶粒与整体织构的弱化存在着密切的关系。而关于颗粒相的存在对动态再结晶形核是抑制还是促进，这在很大程度上取决于沉淀相的颗粒尺寸。颗粒的尺寸大于 1 μm 时可作为有效的形核质点来促进动态再结晶，而尺寸小于 1 μm 的沉淀颗粒相将阻碍动态再结晶的发生。因此，本研究中，含 Ca 合金中织构的弱化归结于热稳定的 CaMgSn（尺寸大于 1 μm）所引发的 PSN 效应。此外，值得注意的是，合金 4 相对于合金 3 而言，0.5 wt% Zn 的添加将会导致织构的弱化及最大极密度沿 TD 方向偏移。其主要原因与 Zn 的添加使得挤压过程中柱面滑移被更大程度地激活有关[12]。

### 6.2.3　微合金化 Mg–Sn–Zn–Ca 合金的力学性能

　　图 6-5（a）和（b）分别展现了四种挤压态合金沿挤压方向和横向的真实拉伸应力-应变曲线。表 6-3 对应于四种合金的屈服强度、抗拉强度以及延伸率。

表 6-3　四种挤压态镁锡基合金的力学表现

| 编号 | 名义合金成分 | 沿挤压方向拉伸 | | | 沿横向拉伸 | | |
|---|---|---|---|---|---|---|---|
| | | 屈服强度/MPa | 抗拉强度/MPa | 延伸率/% | 屈服强度/MPa | 抗拉强度/MPa | 延伸率/% |
| 合金 1 | Mg-1.0Sn | 103.9±2.5 | 218.7±2.9 | 12.9±0.5 | 136.3±2.3 | 253.2±2.3 | 8.9±0.3 |
| 合金 2 | Mg-1.0Sn-0.5Zn | 129.4±2.4 | 260.9±2.7 | 17.6±0.9 | 153.1±1.2 | 262.1±1.9 | 14.3±0.6 |

续表

| 编号 | 名义合金成分 | 沿挤压方向拉伸 | | | 沿横向拉伸 | | |
|---|---|---|---|---|---|---|---|
| | | 屈服强度/MPa | 抗拉强度/MPa | 延伸率/% | 屈服强度/MPa | 抗拉强度/MPa | 延伸率/% |
| 合金3 | Mg-1.0Sn-0.7Ca | 137.8±3.2 | 264.8±3.2 | 17.3±1.1 | 209.3±3.5 | 293.7±3.2 | 10.3±0.5 |
| 合金4 | Mg-1.0Sn-0.5Zn-0.5Ca | 104.2±1.8 | 311.9±2.4 | 30.5±1.4 | 188.9±2.5 | 295.6±3.4 | 12.9±0.4 |

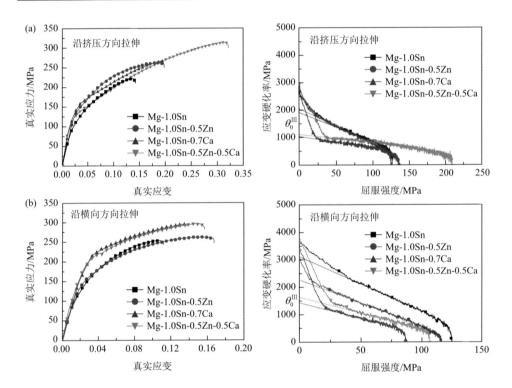

图 6-5　挤压态 Mg-1.0Sn 基合金沿挤压及横向方向拉伸时的应力-应变曲线及相对应的应变硬化率曲线：(a) 沿挤压方向拉伸；(b) 沿横向方向拉伸

从表 6-3 中可发现，从合金 1 到合金 4，沿 ED 方向拉伸时，屈服强度呈现先增加后减少的趋势，其中合金 3 拥有最高的屈服强度值（137.8 MPa）；而抗拉强度呈现单调增加的趋势。合金 2、合金 3、合金 4 的抗拉强度比合金 1 依次提升了约 19.3%、21.1% 和 42.6%，塑性分别提升了约 36.4%、34.1% 和 136.4%。除此之外，沿 ED 和 TD 方向拉伸的力学性能存在着显著区别。无论是单独添加 Zn、单独添加 Ca 还是两者的复合添加，对塑性的提升效果均在 ED 方向比 TD 方向更为明显。然而对于屈服强度的提升，在 TD 方向更为显著。特别是当沿 TD 方向拉伸时，合金 3 的屈服强度高达 209.3 MPa，比合金 1 提高了 73 MPa。图 6-5 也呈现了四种挤压态合金在沿不同方向拉伸时屈服点之后的与真应力相关的应变硬化率（$\theta = \partial\sigma/\partial\varepsilon$）曲线。其中，$\sigma$ 和 $\varepsilon$ 分别为真应力和真应变。尽管所有合金的拉伸应变硬化行为曲线均呈现随着应力增加而减小的趋势，但仍需要指出：①含 Ca 试样中阶段三的 $\theta_0^{III}$（硬化极限外推至 $\sigma = 0$）值均低于不含 Ca 的试样。②当沿着 ED 方向拉伸时，Ca 添加后的试样中阶段 II（近乎平稳的硬化行为）得到显著拉长。③Mg-1.0Sn-0.5Zn-0.5Ca 合金中高的应变硬化行为能极大地强化拉伸力学性能的稳定性，进而起到显著改善塑性的效果[13]。

图 6-6 展示了四种挤压态合金沿着挤压方向拉伸后的二次电子扫描断口形貌图。合金 1 的断口形貌主要由解理面构成，而合金 2 同时包含解理面及韧窝。合金 3 和合金 4 均主要包含了特别多细小尺寸的深韧窝。上述四种合金截然不同的断口形貌表明，从合金 1 和合金 2 中准解理穿晶断裂转变为合金 3 和合金 4 中塑性断裂。此外，在合金 3 和合金 4 的断口形貌中，均可检测到第二相颗粒（红色的矩形框）。微量 Zn、Ca 的单独添加及两者复合添加会使挤压态 Mg-1.0Sn 合金拉伸断口形貌发生显著改变。

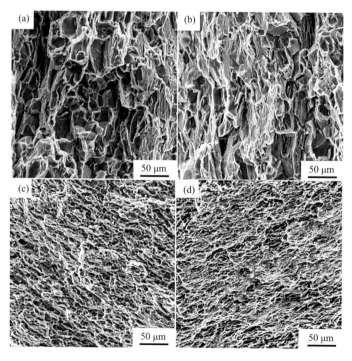

图 6-6　二次电子扫描断口形貌：（a）Mg-1.0Sn 合金；（b）Mg-1.0Sn-0.5Zn 合金；（c）Mg-1.0Sn-0.7Ca 合金；（d）Mg-1.0Sn-0.5Zn-0.5Ca 合金；拉伸方向为挤压方向

相对于 Mg-Sn 二元合金，含 Ca 合金的强度得到了显著提升，是由于晶粒细化及沉淀强化的协同作用。晶粒尺寸与力学性能的关系可用霍尔-佩奇公式描述，屈服强度与晶粒尺寸间联系为：$\sigma_y = \sigma_0 + kd^{-1/2}$，式中，$\sigma_y$ 是屈服强度，$d$ 是平均晶粒尺寸，$\sigma_0$ 包括晶格阻力和晶体其他位错阻碍位错运动阻力，$k$ 是镁合金的霍尔-佩奇系数（$k = 0.23\ \text{MPa·m}^{1/2}$[14]）。从式中可以明确地看到，晶粒尺寸减小将会导致屈服强度显著提升。由四种合金平均晶粒尺寸的数据可知，单从晶粒细化强化的角度分析，合金 3 和合金 4，相对于合金 1 分别增加了 37 MPa 和 53 MPa。第二相的存在也会显著影响镁合金的屈服强度。对于沉淀强化，第二相颗粒间的空隙应小于数百纳米，与此同时，第二相颗粒的尺寸越小，其引发最终的强化效果就越明显。粗大的块状 CaMgSn 相不能有效地提高合金的强度。而均匀细小分布的球状 Mg$_2$Ca 相遵循 Orowan 机制，屈服强度（YS）将会与第二相的平均直径（$d$）及体积分数（$f$）存在密切的关系：

$$\text{YS} \propto f^{1/2} d^{-1} \ln d \tag{6-1}$$

显然，第二相体积分数的增加和第二相平均尺寸的减小会提高合金的屈服强度。因此，合金 3 中更多纳米尺寸 Mg$_2$Ca 相的存在，使得其强度明显高于合金 4。此外，织构对于屈服强度的影响也不应该忽视。

图 6-7 描绘了四种合金沿挤压和横向方向拉伸时基面滑移的施密特因子分布图。更高的平均施密特因子值意味着基面滑移更易被激活，屈服强度值降低。从表 6-3 中反映的力学性能可得知，尽管合金 4 具有更小的晶粒尺寸及一些纳米尺寸的 Mg$_2$Ca 相，但其在挤压方向拉伸时的屈服强度仅为 104.2 MPa，归因于合金 4 基面滑移的平均施密特因子（0.33）高于合金 1（0.23）。沿着挤压方向拉伸时，合金 4 中挤压方向分散的织构将会抵消来源于细小晶粒及第二相颗粒对于屈服强度的贡献。

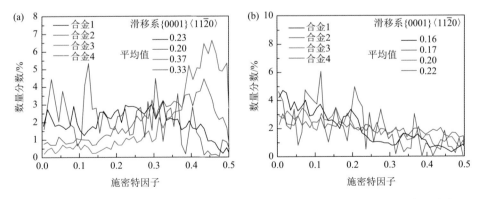

图 6-7　四种挤压态合金基面滑移系的施密特因子分布情况：（a）拉伸方向是挤压方向；（b）拉伸方向是横向方向

## 6.3　Zn 和 Ca 微合金化 Mg-Al-Mn 合金

近年来，Mg-Al-Zn-Mn-Ca 系列合金的发展为实现高强度和高成形性能提供了潜在的前景。Mg-1.2Al-0.8Zn-0.4Mn-0.5Ca（wt%）合金在经过 T4 处理后表现出较大的 IE 值（7.7 mm）；经 200℃、1 h 的时效处理（T6）后，抗拉屈服强度显著提高至 204 MPa[15]。Mg-1.3Al-0.8Zn-0.7Mn-0.5Ca（wt%）合金经过预拉伸变形 + 短时间时效处理（450℃、1 h 固溶处理+预拉伸 2%应变 + 170℃、20 min 时效处理）后其抗拉强度更高，为 238 MPa，并伴随着高的 IE 值（7.8 mm）[16]。高的强度主要是由于 Al、Zn、Ca 原子在缺陷处的共偏聚在基面 $\langle a \rangle$ 位错上，并阻碍基面位错的运动[16]。此外，上述 Mg-Al-Zn-Mn-Ca 系列合金均表现出明显的弱椭圆环形织构特征，与 TWZ000 合金板材的织构类似，这有助于提高其室温杯突成形性能[15, 16]。在无稀土低成本 Mg-Al-Zn-Mn-Ca 合金中揭示这种椭圆环形织构形成的机制对理解合金的力学和成形性能具有重要的意义。

研究者认为非基面织构的形成主要与再结晶过程有关，并用再结晶晶粒形核主导和再结晶晶粒长大主导的两种经典再结晶机制来解释再结晶织构的形成。再结晶晶粒形核主导非基面织构机制，如颗粒累积形核效应[17]、在压缩和双孪晶内部形核[18, 19]、剪切带形核[20, 21]。再结晶晶粒长大主导的再结晶机制也被认为是晶粒选择性生长机制。这与特定取向晶粒之间的储存能之差[22, 23]和溶质原子的偏聚[24, 25]密切相关。但是，对于 Mg-Al-Zn-Mn-Ca 合金椭圆环形织构的形成属于哪一类再结晶机制仍然不清楚。因此，在本节中，对铸态 Mg-1.6Al-0.8Zn-0.4 Mn-0.5Ca（AZMX1100，wt%）合金进行多道次热轧，并在不同温度下退火。测试热轧退火态 AZMX1100 合金板材的室温力学和成形性能。通过 EBSD 分析，揭示出在热轧退火后的静态再结晶过程中椭圆环形织构形成的原因。此外，还对热轧 AZMX1100 合金在不同温度下进行了不同时间的退火，研究了该合金的晶粒形核和晶粒长大动力学。

### 6.3.1　微合金化 Mg-Al-Zn-Mn-Ca 合金制备

所用原材料为纯 Mg 锭（≥99.99%）、纯 Al 薄片（≥99.8%）、纯 Zn 颗粒（≥99.8%）、Mg-10 wt% Mn 以及 Mg-25 wt% Ca 中间合金。熔炼过程如下：在 $SF_6$ 气体和 $CO_2$ 混合气体（混合体积比是 1：99）保护气氛下，进行合金熔炼，熔炼温度设置为 730℃；在依次放入原材料过程中，中间加以搅拌并静置 5 min；待原材料完全熔化后，在 730℃ 静置 20 min，然后将熔体浇注入预热至 250℃ 的钢模中，在空气中冷却后获得所需的合金铸锭，经测定其实际化学成分为 Mg-1.6Al-0.8Zn-0.4Mn-0.5Ca（AZMX1100，wt%）。

铸态 AZMX1100 合金经线切割加工至初始厚度为 8.0 mm，并在 450℃进行均匀化处理 12 h。在 400℃热轧过程中，试样厚度从 8.0 mm 减少至 2.7 mm，共经历 5 道次，每道次轧制下压量为 15%。每道之间在 400℃保温 10 min，以保持轧制温度恒定。轧后观察试样的边裂情况，发现热轧试样表面和边缘并无裂纹。为了区别热轧试样在不同温度下退火后的织构特征，将试样加工成 6.0 mm×5.0 mm×2.7 mm 尺寸的块状小样，并在 200℃、250℃、300℃、350℃、400℃和 450℃下退火 1 h。为了研究热轧试样在退火过程中的静态再结晶动力学，6.0 mm×5.0 mm×2.7 mm 尺寸的块状小样在给定退火温度 200℃、300℃和 450℃进行不同时间的退火。

## 6.3.2 轧制态及轧制退火态 Mg-Al-Zn-Mn-Ca 合金的组织

图 6-8 展示了热轧态和热轧退火态（450℃下退火 1 h）AZMX1100 合金板材纵截面的金相图和基于 XRD 的（0002）宏观极图。从图 6-8（a）中可以看出，在热轧条件下，试样的显微组织由含有大量孪晶的变形晶粒和一些用红色箭头标记的"黑色链状条带"组成，没有明显的动态再结晶现象，亦没有明显的剪切带。

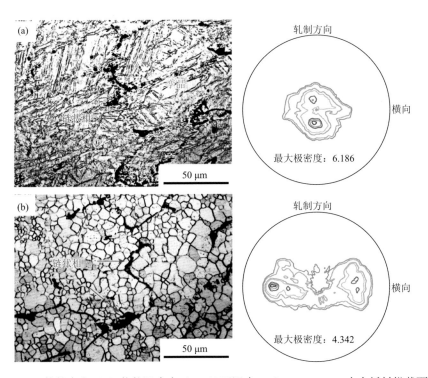

图 6-8　（a）热轧态和（b）热轧退火态（450℃下退火 1 h）AZMX1100 合金板材纵截面的金相图和基于 XRD 的（0002）宏观极图

这可能是由于 400℃ 多道次高温轧制和中间退火有利于弱化应变局部化（以剪切带形式呈现）[26]。热轧试样的宏观织构表现出明显的双峰织构特征：从 ND 向 RD 倾斜 ±15°，且沿 TD 略有扩展，其最大极密度为 6.186。在轧制的 Mg-Zn-RE 合金[21, 25, 26] 和挤压的 Mg-RE 合金[23] 中都报道了这种织构特征。大量研究表明，双峰织构的形成与锥面 $\langle c+a \rangle$ 滑移的激活和双孪晶的产生密切相关[21, 27]。通过热轧试样的 TEM 观察（图 6-9），根据 $gb = 0$ 判据[27]，锥面 $\langle c+a \rangle$ 位错（用红色箭头标记）在 $g = 0002$ 和 $g = 01\bar{1}0$ 双光束衍射条件下均可见。显然，高的轧制温度提供了足够的能量来超过锥面 $\langle c+a \rangle$ 滑移的临界剪切应力。当然，在热轧试样中也可以观察到柱面 $\langle a \rangle$ 位错。此外，通过热轧试样的 EBSD 结果［图 6-10（a）］，也可以观察到有大量的"黑带"存在。由图 6-10 中线 A—B 之间的取向差角分布可知，"黑带"之间取向差角包含 38°±5° 和 56°±5°。其结果与 $\{10\bar{1}1\}$-$\{10\bar{1}2\}$ 双孪晶与 $\{10\bar{1}1\}$ 压缩孪晶与基体的取向差角的定义一致［图 6-10（b）］。因此，可以确定 AZMX1100 合金在多道次高轧制过程中，多种滑移机制和孪晶类型同时被激活，这有助于双峰织构特征的形成。结果表明，不含稀土的 AZMX1100 合金在热轧条件下具有与含稀土镁合金相同的显微组织特征。

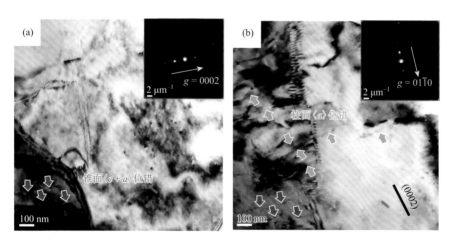

图 6-9　双束衍射条件下热轧态试样的明场像 TEM 图：（a）$g = 0002$ 和（b）$g = 01\bar{1}0$

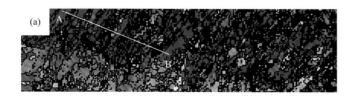

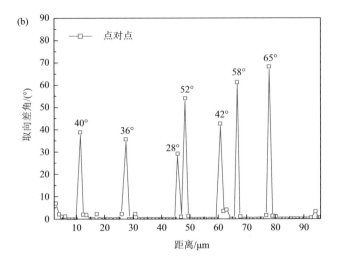

图 6-10  热轧态试样的 EBSD 观察：（a）IPF 图；（b）图（a）中线 A—B 之间的取向差角

图 6-8（b）展示了热轧退火态试样的组织和织构特征。试样的显微组织由完全的静态再结晶晶粒（平均晶粒尺寸约为 8.0 μm）和"黑色链状条带"（红色箭头标示）组成。对于静态再结晶织构特征，可以观察到其最大极密度（4.342）集中在由中心向 TD 方向偏移 60°的位置，一些较弱的极密度（1.895）在由中心向 RD 方向偏移 15°的位置，此种织构类型呈现出围绕中心的近似 TD 扩展的椭圆环形织构类型。除了 Bian 等[15, 16]报道的 AZMX1100 和 AZMX1110 合金外，热轧退火态 Mg-Zn-Ce 合金[27]和冷轧 Mg-Zn-Gd 合金[28]也表现出类似的椭圆环形织构特征。在热轧和退火条件下，在静态再结晶过程中晶粒的形核和长大导致了合金椭圆环形织构的形成。

为了揭示静态再结晶过程中椭圆环形织构的起源及其演变，热轧态 AMZX1100 合金经过 200℃、250℃、300℃、350℃、400℃和 450℃下退火 1 h。图 6-11 展示了不同温度退火态试样的显微组织和织构特征。如图 6-11 所示，在显微组织方面，200℃下静态再结晶程度很低。静态再结晶晶粒的面积百分数约为

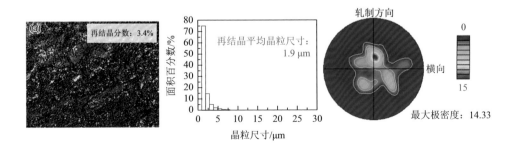

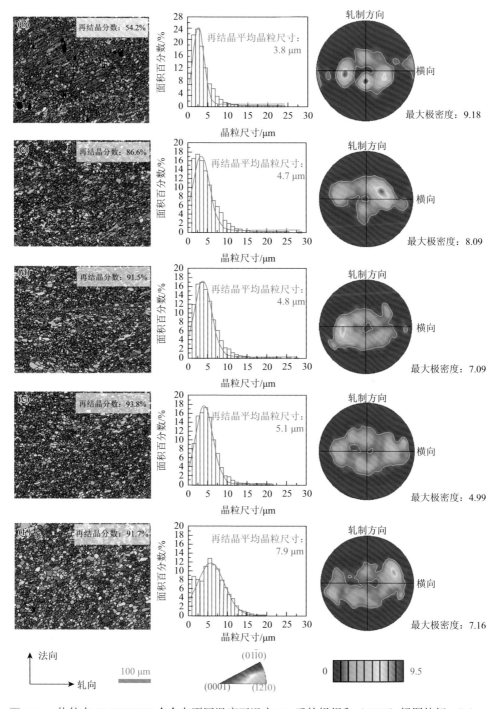

图 6-11　热轧态 AMZX1100 合金在不同温度下退火 1 h 后的组织和（0002）极图特征：（a）～（f）分别为 200℃、250℃、300℃、350℃、400℃、450℃

3.4%（通过 EBSD 数据导出再结晶分数图，并统计得出再结晶晶粒面积百分数）。此外，由于在较低温度下退火，位于压缩孪晶和双孪晶附近的内应力尚未消除。因此，大多数位置均不能被 EBSD 标定。随着退火温度提高到 450℃，退火试样中静态再结晶晶粒的面积百分数逐渐增大，接近完全静态再结晶（91.7%）。

此外，EBSD 未识别的区域也急剧减少，表明这些区域能够成为静态再结晶晶粒的形核位点，促进静态再结晶，并导致试样中内应力释放。与此同时，随着退火温度的提高，静态再结晶晶粒的平均晶粒尺寸也逐渐从 1.9 μm 增加到 7.9 μm。综上所述，热轧 AZMX1100 合金的静态再结晶特性可以认为是晶粒形核与长大共存，直至合金发生完全的静态再结晶。在织构演化方面，在 200℃ 退火条件下，退火试样的最大极密度位于由 ND 向 RD 和 TD 方向分别偏移 20° 和 25° 的位置，形成了一种新的有别于热轧态试样的织构类型的弱取向形式。随着退火温度的升高，热轧试样沿 RD 方向的双峰织构逐渐向椭圆环形织构转变，RD 织构组分减弱，TD 织构组分增强。此外，随着静态再结晶过程进行，最大极密度有逐渐降低的趋势。

为了更好地描述椭圆环状织构的形成及其随退火温度的演化，将椭圆环形织构简化为由 RD 和 TD 两种织构组分组成。图 6-12 展示了退火温度与 RD 和 TD 织构组分的织构强度及偏移角度之间的关系，以及椭圆环形织构演化的示意图。从图 6-12（a）

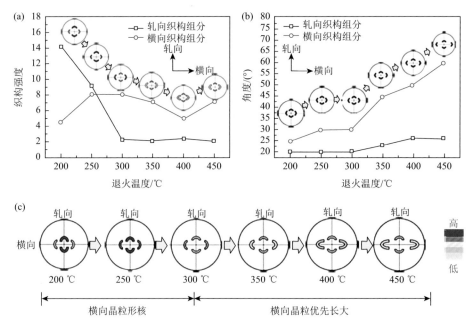

图 6-12　（a）RD 和 TD 织构组分的织构强度与退火温度的关系；（b）RD 和 TD 织构组分的偏移角度与退火温度的关系；（c）椭圆环形织构演化示意图

可以看出，在 200～300℃退火条件下，RD 织构组分的织构强度有一个快速下降的趋势，然后到达一个稳定平台。而 TD 织构组分的织构强度存在明显的波动。在 200～300℃的退火温度范围内，再结晶形核主导整个静态再结晶过程，因为静态再结晶晶粒的面积百分数急剧增加，从 3.4%增加到 86.6%。TD 织构组分是静态再结晶晶粒取向的主要组成部分。在 300℃以上，TD 织构组分明显超过 RD 织构组分。

值得注意的是，在 300～400℃的退火温度范围内 TD 织构组分降低，而退火温度从 400℃增加到 450℃时 TD 织构组分又增加。RD 和 TD 织构组分在400℃时织构强度相近，并且 TD 最低，说明热轧试样在 400℃退火 1 h 后呈现均匀的弱椭圆环形织构。在 400℃以上，可以认为静态再结晶晶粒长大导致 TD织构组分织构强度增强，从而使得退火样品在 TD 方向表现出显著的择优取向。此外，还可以发现随着退火温度的升高，RD 和 TD 织构组分的偏移角逐渐增大，如图 6-12（b）所示。值得注意的是，TD 织构组分偏移角的增加程度明显高于 RD 织构组分，这种趋势可能与再结晶晶粒的长大密切相关。Zhao 等[29]在冷轧退火态 Mg-2Zn-1Gd（wt%）合金中也发现了 TD 织构组分偏移现象。他们将这一结果归因于含有 TD 织构组分的晶粒优先长大。因此，在本研究中，TD 织构组分的变化可能也是由于具有 TD 取向的晶粒择优长大。根据退火温度对 RD 和 TD 织构组分的织构强度和偏移角度的分析，将椭圆环形织构演化分为两个阶段［图 6-12（c）］。200～300℃的退火温度范围为第一阶段。在这一阶段，TD 取向的再结晶晶粒形核主导整个静态再结晶过程，RD 织构组分减弱，TD 织构组分增强。300～450℃的退火温度范围为第二阶段。在这一阶段，具有 TD 取向的再结晶晶粒优先生长是静态再结晶的主要机制，这使得 TD 织构组分逐渐偏离中心位置。

### 6.3.3　Mg-Al-Zn-Mn-Ca 轧制退火过程中的静态再结晶形核

根据上述分析可知，在 200～300℃的退火温度范围内，随着 TD 取向再结晶晶粒的形核，椭圆环形织构特征已经开始形成。结果表明，热轧 AZMX1100 合金退火后的静态再结晶织构为形核主导型织构类型。一般而言，静态再结晶的形核位点可能位于第二相附近[17, 30]、孪晶内部（尤其是压缩孪晶[31]和双孪晶[9, 18]）、孪晶界和晶界[32]、孪晶界与晶界的接触位置[29]以及形变晶粒内部[32, 33]。为了揭示静态再结晶晶粒在 200～300℃退火过程中的形核机制，利用 EBSD 技术观察再结晶晶粒的形核位点。

图 6-13 展示了 200℃退火时热轧试样的静态再结晶行为。如图 6-13（a）所示，退火后仍有大量的孪晶，尤其是压缩孪晶（蓝线）和双孪晶（绿线）。由于具

有较高的存储能,这些压缩孪晶和双孪晶往往是未被 EBSD 标定的区域[18]。在这些孪晶的内部或在孪晶的边界,很难找到任何静态再结晶晶粒。由此推断,孪晶在低温退火时不会成为有效的形核位点。结合 SEM 图像观察 [图 6-13(b)],从图 6-13(a)中提取的少量细小的静态再结晶晶粒分布在 SEM 图像中以黄色虚线标记的黑色链状条带附近,如图 6-13(c)所示。在图 6-13(d)中,提取了再结晶晶粒并观察其在(0002)极图中的取向分布。大多数再结晶晶粒主要分布在 ND 向 TD 方向偏移的位置,一小部分位于 ND 向 RD 方向偏移的位置。这样的织构接近于椭圆环形织构特征。因此,认为在 200℃低温退火条件下,主要的形核机制是通过黑色链状条带诱导静态再结晶促进椭圆环形织构的形成。

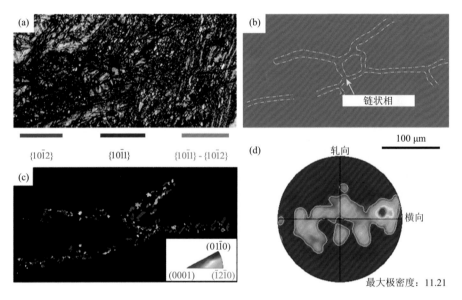

图 6-13　200℃退火时热轧试样的静态再结晶形核机制:(a)EBSD 图,其中包括多种孪晶类型;(b)SEM 图像,其中链状相用黄色虚线标示;(c)从 EBSD 图中提取静态再结晶晶粒;(d)提取的静态再结晶晶粒对应的(0002)极图

这里有一个关键的问题:黑色链状条带是什么?为了回答这个问题,研究者进行了 SEM 观察,如图 6-14 和图 6-15 所示。图 6-14 显示了均匀化和热轧试样的 SEM 图像和 EDS 结果。可以看出,在均匀化试样的基体上,分布着大量的链状相和少量的颗粒状相 [图 6-14(a)]。根据图 6-14(c)的 EDS 结果,链状和颗粒状相可能分别为 Al-Ca(点 A)和 Al-Mn(点 B)相。根据相图,链状相和颗粒状相分别为 $Al_2Ca$ 和 $Al_8Mn_5$ 相。经多道次热轧后,仍存在大量的链状 $Al_2Ca$ 相和少量的颗粒状 $Al_8Mn_5$ 相。这些链状 $Al_2Ca$ 相沿着 RD 发生断裂,如图 6-14(f)所示。图 6-15 为不同退火温度下热轧试样的 SEM 图像。在 200~450℃下退火,$Al_2Ca$

和 $Al_8Mn_5$ 两相的熔点均在 450℃以上，不易溶于基体中。因此，在所有退火样品中，第二相的体积分数几乎相同（约 28%）。此外，很明显，这些破碎的链状 $Al_2Ca$ 相诱导了静态再结晶晶粒的形核，特别是在 200～250℃退火温度下。可以清楚地观察到，在 200℃时，再结晶晶粒在这些破碎的链状 $Al_2Ca$ 相［图 6-15（b）中黄色虚线区域］的周围先形核。因此，在 200℃低温退火条件下，静态再结晶晶粒的主要形核机制是破碎的链状 $Al_2Ca$ 相诱导了静态再结晶晶粒的形核，促进椭圆环形织构的形成。随着退火温度的升高，静态再结晶晶粒的形核位置增多。未被识别的高储存能处可能成为有效的形核位点。在 250℃退火温度下，除了破碎的链状 $Al_2Ca$ 相外，还有许多静态再结晶晶粒分布在孪晶内部（绿色虚线区域）和变形晶粒内部（红色虚线区域），如图 6-15（d）所示。这表明，在 250℃退火条件下，多种再结晶形核机制共同促成了静态再结晶。

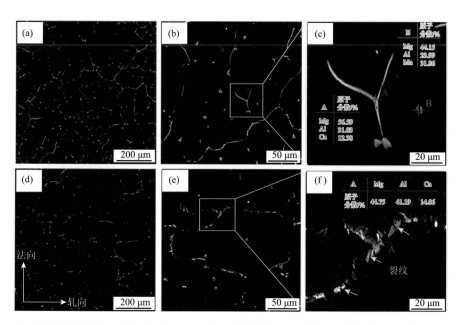

图 6-14　均匀化和热轧试样的组织：（a）、（b）铸态试样在 450℃均匀化处理 12 h 后的 SEM 图像；（c）对应图（b）的局部放大图和 EDS 结果；（d）、（e）热轧试样的 SEM 图像；（f）对应图（e）的局部放大图和 EDS 结果

为了进一步了解 250℃退火条件下再结晶的形核机制，图 6-16～图 6-18 展示了源于图 6-11（b）中区域的 EBSD 分析。在 250℃退火条件下，破碎的链状 $Al_2Ca$ 相仍然可以作为有效的静态再结晶形核位点，形成大量的静态再结晶晶粒。在破碎的链状 $Al_2Ca$ 相处的形核机理与 200℃退火条件下相同。在此不做详细阐述。图 6-16 描述了由压缩孪晶引起的静态再结晶形核机制。再结晶晶粒和形变晶粒可

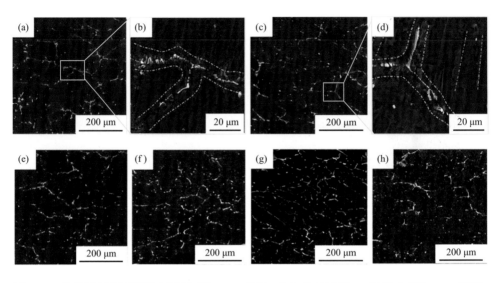

图 6-15　热轧试样在不同退火温度下的 SEM 观察：（a）热轧试样 200℃退火后的 SEM 图像；
（b）对于图（a）的局部放大图，黄色虚线区域为破碎链状 Al₂Ca 相周围的静态再结晶区域；
（c）热轧试样在 250℃退火条件下的 SEM 图像；（d）对应于图（c）的局部放大图，黄色虚线
区域为破碎链状 Al₂Ca 相周围的静态再结晶区域，绿色虚线区域是孪生内部的静态再结晶区域，
红色区域为变形区发生的静态再结晶区域；（e）～（h）热轧试样分别在 300℃、350℃、400℃
和 450℃退火后的 SEM 图像

以通过 Kernel 平均取向差（Kernel average misorientation，KAM）图来区分。蓝色区域代表低应变区域，甚至是无应变区域，而绿色区域在 KAM 图中被认为是高应变区域。KAM 图中蓝色区域对应的晶粒被视为再结晶晶粒 [图 6-16（b）]。这些来自孪晶内部的再结晶晶粒被标记为 G1～G4 [图 6-16（a）]。由图 6-16 中 A 线和 B 线对应的取向差角分布可以确定出具体的孪晶类型。晶粒 G1 和 G2 与基体之间的取向差接近 56°±5° [图 6-16（c）]，这与压缩孪晶与基体之间的取向差相一致。因此，这种成核机制是压缩孪晶诱导再结晶形核机制。为了揭示这种形核机制与静态再结晶织构之间的关系，再结晶晶粒 G1～G4 的取向分布展示在（0002）极图中。从图 6-16（d）中可以看出，晶粒 G1 和晶粒 G3 位于 ND 向 RD 倾斜的位置，而晶粒 G2 和晶粒 G4 位于 ND 向 TD 倾斜的位置。这种取向分布也很接近椭圆环形织构的取向。因此，压缩孪晶引起的静态再结晶形核也有利于椭圆环形织构的形成。

值得注意的是，没有任何迹象表明静态再结晶晶粒是在双孪晶内部形核。然而，已经有研究证明双孪晶作为重要的形核位点会导致含稀土镁合金织构弱化[18]。那么，双孪晶在热轧 AZMX1100 合金的静态再结晶过程中起着怎样的作用呢？图 6-17 为退火试样中双孪晶交叉引起的静态再结晶形核现象。根据 KAM

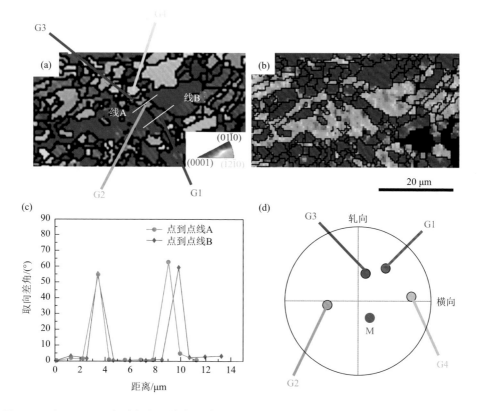

图 6-16 在 250 ℃退火过程中压缩孪晶诱导静态再结晶形核机制：（a）源于图 6-11（b）中提取的 EBSD 图；（b）对应图（a）的 KAM 图；（c）图（a）中沿白线 A 和白线 B 的取向差角分布图；（d）静态再结晶晶粒 G1～G4 取向与基体取向在（0002）极图上的分布

图 [图 6-17（b）]，在图 6-17（a）中，静态再结晶晶粒被标记为 G1～G14。从图 6-17（c）可以看出，在 250℃时，仍保留有许多双孪晶（双孪晶与基体之间的取向差角约为 38°）。这些再结晶晶粒 G1～G14 刚好在双孪晶的交叉处形核。似乎能够发现，G1、G2、G3、G6、G7、G8、G9 晶粒呈链状分布。同样，G4、G5、G10、G11、G12、G13、G14 晶粒也具有链状分布特征。因此，可以提出一个假设，G1、G2、G3、G6、G7、G8、G9 晶粒的形核可能是源于双孪晶 D1、D2、D3 与消失的双孪晶 D6 [图 6-17（c）中标记的黄色虚线区域] 之间的交叉处。G4、G5、G10、G11、G12、G13、G14 晶粒的形核与双孪晶 D1、D2、D3、D4、D5 和消失的双孪晶 D7 [图 6-17（c）中白色虚线区域] 有关。在这里，很难找到双孪晶 D6 和 D7 的痕迹。然而，再结晶晶粒 G1～G14 与基体之间的取向差角 [图 6-17（d）中的 38°] 可以作为双孪晶出现的证据，证实消失的虚线区域 D6 和 D7 都是双孪晶。因此，双孪晶交叉可以诱导静态再结晶晶粒形核。这种形核机制在热轧退火态 Mg-4Zn-1Ce（wt%）合金中也有报道[32]。在 Mg-4Zn-1Ce 合金中，双孪晶交叉诱导的静态再结晶晶粒的取向与双孪晶和母晶粒本身均不同[32]。在本研究中，再结晶晶粒 G1～G14 在（0002）极图中的分布位于 ND 向 RD 和 TD 倾斜的位置，也与双孪晶（D1～D5）和基体的取向不同，特别是 G1、G2、G10 和 G11 晶粒。这种随机的取向分布也有利于椭圆环形织构的形成。除了双孪晶交叉外，双孪晶与晶界的交叉对静态再结晶的形核也起着重要的作用。在热轧退火 Mg-1.5Zn-0.2Ce（wt%）合金中，Huang 等[26]发现静态再结晶晶粒主要在双孪晶与预先存在的晶界交叉处形核。在本研究中，也观察到类似的再结晶形核现象。图 6-18 显示了双孪晶和晶界交叉引起的再结晶形核。从图 6-18（a）可以看出，再结晶晶粒 G1 和晶粒 G2 位于双孪晶和晶界的交叉处［再结晶晶粒和双孪晶可以分别通过图 6-18（b）和（c）确定］。此外，图 6-18（d）所示的（0002）极图可以反映位于 ND 向 TD 倾斜处的晶粒 G1 和晶粒 G2 的取向。结果表明，双孪晶与晶界交叉引起的静态再结晶形核机制能有效促进 TD 取向织构组分的形成。

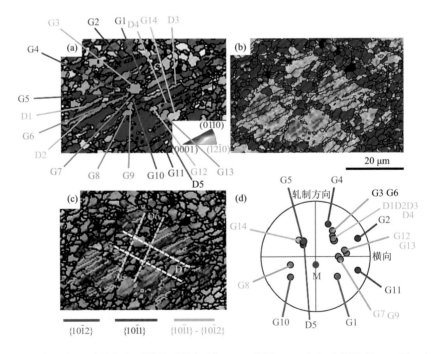

图 6-17　双孪晶交叉诱导静态再结晶形核机制：（a）从图 6-11（b）中提取的 IPF 图；（b）对应图（a）的 KAM 图；（c）带对比图；（d）晶粒 G1～G14、双孪晶 D1～D5 和基体在（0002）极图的取向分布

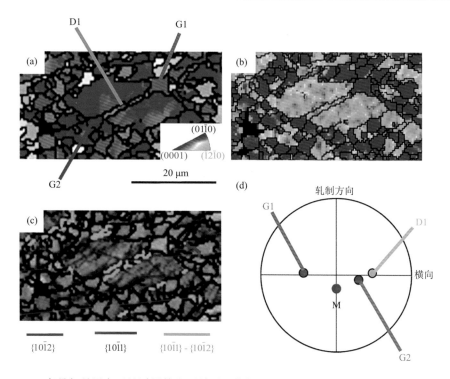

图 6-18　双孪晶与晶界交叉处诱导静态再结晶形核机制：（a）从图 6-11（b）中提取的 IPF 图；（b）对应图（a）的 KAM 图；（c）IQ 图；（d）晶粒 G1 和 G2、双孪晶 D1 及基体在（0002）极图上的取向分布

　　当然，不能忽视位错滑移对静态再结晶形核的作用。研究表明，大量非基面滑移的激活（如柱面 $\langle a \rangle$ 滑移）与轧制退火态 Mg-Zn-Nd 和挤压态 Mg-Sn-Zn-Y 板材中 TD 取向织构的形成密切相关[21]。在轧制变形过程中，变形晶粒内部往往存在明显的取向梯度。位错滑移引起的取向梯度可以形成亚晶粒，进一步退火后形成大角度晶界[32]。更多非基面滑移的激活有利于位错攀移和/或交滑移，促进位错重排和亚晶界的形成[32]。在这项工作中，大量柱面 $\langle a \rangle$ 滑移能够在热轧试样中被激活而导致位错墙形成，如图 6-19 所示。这有利于在 200℃低温退火时亚晶界（或低角度晶界）的形成。随着退火温度的增加，这些小角度晶界逐渐转化为大角度晶界。Sanjari 等[32]指出柱面 $\langle a \rangle$ 滑移能够引起静态再结晶晶粒的取向与基体取向完全不同。因此，有理由相信，非基面滑移的激活所诱导的再结晶形核机制可以有效地导致取向分布更随机的新晶粒的形成。

## 6.3.4　Mg-Al-Zn-Mn-Ca 轧制退火过程中的静态再结晶长大

　　由图 6-11 可见，在 300～450℃退火后，热轧试样静态再结晶晶粒的面积百分数在 90%以上，并随着退火温度升高平均晶粒尺寸逐渐增大。通过图 6-12 的分析，椭圆环形织构在 300℃退火时就已经形成。再进一步提高退火温度，织构特征并没有发生明显的变化。但发现椭圆环形织构逐渐往 TD 方向延伸，这意味着可能存在高角度 TD 取向晶粒优先长大的情况。这些高角度 TD 织构组分晶粒的长大使得低角度 TD 织构组分的强度降低，相反，高角度 TD 织构组分的强度增强。在 400℃退火之前，TD 织构组分强度最低，增加退火温度至 450℃，高角度 TD 织构组分晶粒的优先长大导致 TD 织构组分的强度增强。

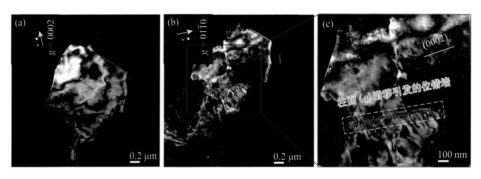

图 6-19　在双束衍射条件下对热轧样品的显微组织进行暗场 TEM 成像：（a）$g = 0002$；
（b）$g = 01\bar{1}0$；（c）图（b）中红色矩形框高倍放大图

为了定量描述高角度 TD 织构组分晶粒的优先长大，将椭圆环形织构分为四组，分别为 0°~20°、20°~45°、45°~70°和 70°~90°织构组分[18]。这四组分别用 TCA、TCB、TCC 和 TCD 进行标记。图 6-20 为四组织构组分经 400℃和 450℃退火后的 EBSD 图和（0002）极图以及分别对应的面积百分数和平均晶粒尺寸，具体数据如表 6-4 所示。从图 6-20 和表 6-4 可以看出，在 400℃和 450℃退火条件下，TCB 和 TCC 织构组分的面积百分数明显高于其他织构组分。但是，随着退火温度从 400℃提高到 450℃，TCA 和 TCD 织构组分基本保持稳定，而 TCB 和 TCC 织构组分有明显的波动。TCB 织构组分的面积百分数降低了 14.2 个百分点，而 TCC 织构组分增加了 14.3 个百分点。在平均晶粒尺寸上，也可以明显地观察到，随着退火温度的升高，在四种织构组分中，TCC 织构组分的平均晶粒尺寸的增大程度最高（49.1%）。因此，随着退火温度的升高，椭圆环形织构沿 TD 方向延伸是 TCC 织构组分晶粒优先长大的结果。

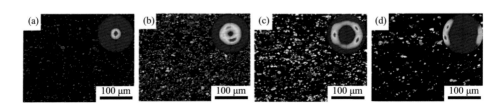

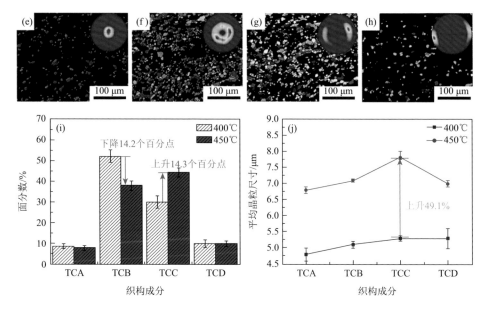

图 6-20　不同织构组分的晶粒长大情况：（a）～（d）400℃和（e）～（h）450℃退火后的热轧试样的 0°～20°（TCA）、20°～45°（TCB）、45°～70°（TCC）和 70°～90°（TCD）四组晶粒取向组分的 EBSD 图和（0002）极图；（i）、（j）400℃和 450℃退火后热轧试样中四组晶粒取向组分的面积百分数和平均晶粒尺寸

表 6-4　热轧试样经 400℃和 450℃退火后的 TCA、TCB、TCC 和 TCD 织构组分的面积百分数和平均晶粒尺寸

| 织构组分 | 400℃ | | 450℃ | |
|---|---|---|---|---|
| | 面积百分数/% | 平均晶粒尺寸/μm | 面积百分数/% | 平均晶粒尺寸/μm |
| TCA | 8.5 | 4.8 | 7.8 | 6.8 |
| TCB | 52.2 | 5.1 | 38.0 | 7.1 |
| TCC | 30.1 | 5.3 | 44.3 | 7.9 |
| TCD | 9.8 | 5.3 | 9.9 | 7.0 |

　　为了理解椭圆环形织构的延伸与 TCC 织构组分晶粒优先生长的关系，非基面取向晶粒优先生长的机制是必须探究的。非基面取向晶粒的优先长大可能主要是由于非基面取向晶粒与周围晶粒之间存储能的差异[22, 23]和溶质原子的偏聚[24, 25]。一些研究人员发现，在 Mg-1Gd（wt%）合金中，随着退火温度的提高，⟨2$\bar{1}$$\bar{1}$1⟩稀土织构组分逐渐增强，而⟨10$\bar{1}$0⟩织构组分逐渐减弱。这种现象主要归因于⟨2$\bar{1}$$\bar{1}$1⟩取向晶粒和⟨10$\bar{1}$0⟩取向晶粒之间存储能的差异[23]。然而，在本研究中，在 300～450℃退火条件下，合金发生显著的静态再结晶行为。相对较高的再结晶程度

（90%）使得具有基面取向晶粒和非基面取向晶粒之间的存储能没有区别，因为所有再结晶晶粒的 KAM 值都较低。因此，认为在本研究中存储能的差异对晶粒的优先长大没有明显的影响。

大量的研究表明，RE、Al、Zn 和 Ca 溶质原子能在晶界或孪晶界处偏聚，阻碍晶粒或孪晶生长[15, 16, 24, 25, 34]。Basu 等[24]指出，Gd 原子的偏聚提高 Mg-1Gd 中的溶质阻力，显著放大了静态再结晶过程中稀土非基面取向相对于基面取向的长大优势。对于无稀土冷轧 Mg-0.3Zn-0.1Ca（at%）合金，在静态再结晶过程中 Zn 和 Ca 原子的共偏聚有效地阻碍了基面取向晶粒的择优长大，导致织构弱化[35]。此外，Bian 等[15, 16]和 Trang 等[36]分别证明了 Al、Zn 和 Ca 原子可以在 AZMX1110 和 AZMX3110 合金的晶界处共偏聚。由于共偏聚阻碍了特殊晶界的迁移，具有基面取向晶粒的长大可能被抑制。Wang 等[37]模拟发现了八种可能的密排六方金属的低能晶界，如表 6-5 所示。为了测量溶质原子共偏聚引起的特殊晶界，在 400℃ 和 450℃退火后热轧试样中这八种特殊晶界的旋转轴如图 6-21 所示。在这种情况下，26°～30°、30°～34°、37°～41°和 41°～45°晶界的旋转轴分布是随机的。而 56°～60° 和 60°～64°晶界的旋转轴集中分布在[1$\bar{2}$10]附近，71°～75°和 73°～77°晶界的旋转轴集中分布在[1$\bar{2}$10] 和[01$\bar{1}$0]附近。这暗示了在退火过程中保留了 58°[1$\bar{2}$10]、62°[1$\bar{2}$10]、73°[1$\bar{2}$10]、75°[1$\bar{2}$10]、73°[01$\bar{1}$0]、75°[01$\bar{1}$0]的晶界。

表 6-5　HCP 金属中 8 种可能的低能晶界及其对应的角度范围[37]

| 低能晶界 | 角度/(°) |
| --- | --- |
| 31.99°[1$\bar{2}$10] | 32 |
| 43.11°[1$\bar{2}$10] | 45 |
| 61.91°[1$\bar{2}$10] | 62 |
| 75.06°[1$\bar{2}$10] | 75 |
| 28.41°[01$\bar{1}$0] | 28 |
| 39.06°[01$\bar{1}$0] | 39 |
| 58.36°[01$\bar{1}$0] | 58 |
| 72.88°[01$\bar{1}$0] | 73 |

值得注意的是，虽然两种退火后试样的旋转轴分布相似，但是，在 450℃退火后的热轧试样的旋转轴分布强度要高于 400℃退火后的热轧试样的旋转轴分布强度。由表 6-5 可知，62°[1$\bar{2}$10]、75°[1$\bar{2}$10]和 73°[01$\bar{1}$0]晶界是原本的低能耗晶界，而 58°[1$\bar{2}$10]、73°[1$\bar{2}$10]和 75°[01$\bar{1}$0]晶界可能是由溶质原子在晶界共偏聚

引发的新的低能晶界，因为溶质原子在晶界偏聚能明显降低晶界能[38]。随着退火温度从 400℃提高到 450℃，溶质原子的偏聚诱导的低能晶界强度增强，这对高角度 TD 取向晶粒的优先长大十分有利。

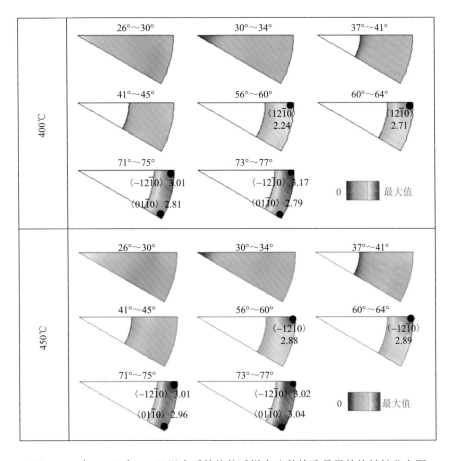

图 6-21　在 400℃和 450℃退火后的热轧试样中八种特殊晶界的旋转轴分布图

前面详细介绍了热轧试样在不同温度下退火时的静态再结晶形核和长大过程。为了更好地理解再结晶过程，绘制出静态再结晶过程示意图，如图 6-22 所示。阶段①代表初始均匀化状态。在这一阶段，显微组织主要由链状 Al$_2$Ca 相和球状 Al$_8$Mn$_5$ 相组成，Al$_8$Mn$_5$ 相均匀分布在晶粒内部和晶界处。经过多道次热轧后链状 Al$_2$Ca 相出现明显的破碎特征，并形成大量的孪晶（包括拉伸孪晶、压缩孪晶和双孪晶）和位错（包括基面 $\langle a \rangle$ 位错、柱面 $\langle a \rangle$ 位错和锥面 $\langle c+a \rangle$ 位错）。在低温 200℃下退火，静态再结晶晶粒优先在破碎链状 Al$_2$Ca 相形核，如阶段③所示。除了破碎链状 Al$_2$Ca 相形核，随着退火温度增加到 300℃，压缩孪晶、双孪晶交叉处、双孪晶和晶界交界处以及取向梯度引起非基面滑移也成为有效形核点，促进再结晶晶粒的形成和椭圆环形织构的形成。进一步增加退火温度从 300℃到 450℃，45°～70° TD 取向晶粒优先长大，因为 Al、Zn 和 Ca 原子在晶界的偏聚导致新的低能晶界的产生，阻碍基面取向晶粒长大。这个过程发生在阶段⑤和阶段⑥。

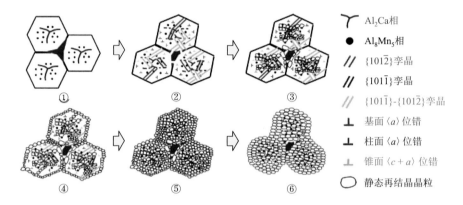

图 6-22　静态再结晶示意图：阶段①表示初始均匀化状态；阶段②～④表示低温 200～250℃静态再结晶形核过程；阶段⑤、⑥表示 300～450℃静态再结晶晶粒长大

### 6.3.5　Mg-Al-Zn-Mn-Ca 轧制退火过程中的静态再结晶动力学

图 6-23（a）对比了 200℃、300℃和 450℃退火后的硬度随退火时间的变化，硬度数据如表 6-6～表 6-8 所示。在这三种退火温度下，硬度值均呈先缓慢下降而后迅速下降的相似趋势。最后，软化速率降低，直至达到稳定状态。随着退火温度的升高，软化时间越来越短。即使在 450℃下，硬度值也会在退火的前 10 min 内迅速下降。

**表 6-6　热轧试样在 200℃退火不同时间的维氏硬度**

| 200℃ | 退火时间/s | | | | | | |
|---|---|---|---|---|---|---|---|
| | 10 | 30 | 60 | 120 | 600 | 960 | 2280 |
| 硬度 | 70.1 | 68.0 | 64.9 | 60.8 | 58.2 | 57.1 | 57.0 |

**表 6-7　热轧试样在 300℃退火不同时间的维氏硬度**

| 300℃ | 退火时间/min | | | | | | | | | |
|---|---|---|---|---|---|---|---|---|---|---|
| | 0.5 | 1 | 5 | 10 | 20 | 30 | 40 | 50 | 60 | 120 | 300 |
| 硬度 | 69.0 | 68.1 | 64.3 | 61.5 | 59.6 | 58.1 | 57.6 | 57.1 | 56.9 | 55.9 | 54.3 |

**表 6-8　热轧试样在 450℃退火不同时间的维氏硬度**

| 450℃ | 退火时间/min | | | | | | | | | | | |
|---|---|---|---|---|---|---|---|---|---|---|---|---|
| | 0.1 | 0.5 | 1 | 3 | 5 | 10 | 20 | 30 | 40 | 50 | 60 | 120 |
| 硬度 | 69.9 | 68.1 | 65.1 | 62.2 | 61.3 | 55.1 | 53.7 | 53.7 | 53.2 | 53.1 | 53.1 | 52.3 |

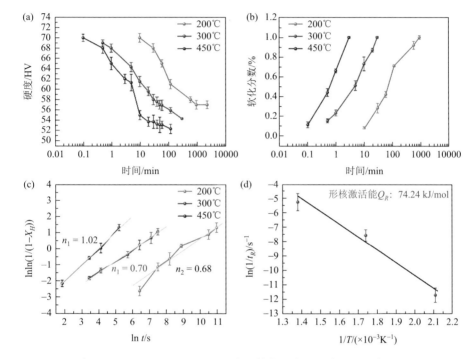

图 6-23　（a）在 200℃、300℃和 450℃下退火试样的硬度随退火时间的变化；（b）在 200℃、300℃和 450℃下退火试样的软化分数（$X_H$）与退火时间的函数；（c）在 200℃、300℃和 450℃下退火样品的 $\ln\ln(1/(1-X_H))$ 与 $\ln t$ 的关系；（d）式（6-6）的线性拟合：$\ln(1/t_R)$-$1/T$

　　为了更好地比较热轧试样在 200℃、300℃和 450℃退火时的静态再结晶程度，将硬度数据转换为软化分数（$X_H$），形式如下[39]：

$$X_H = (H_0 - H_i) / (H_0 - H_r) \tag{6-2}$$

式中，$H_0$（71 HV）为热轧试样的硬度；$H_i$ 为退火时测定的硬度；$H_r$ 为完全再结晶后的硬度。为了避免误解，在每个退火试样中，对应于每个退火温度的最小静态再结晶晶粒尺寸被视为完全再结晶状态。图 6-23（b）为 200℃、300℃和 450℃不同时间退火时热轧试样的软化行为。从图中可以看出，$X_H$-$t$ 曲线呈类似的 S 形，符合 Johnson-Mehl-Avrami-Kolmogorov（JMAK）模型[40]，如下式所示：

$$X_H = 1 - \exp(-Bt^n) \tag{6-3}$$

式中，$B$ 为与晶粒形状有关的因子；$t$ 为退火时间；$n$ 为 Avrami 指数，由式（6-3）的变换可得到 Avrami 指数的线性关系，其变换如下：

$$\ln\ln(1/(1-X_H)) = \ln B + n\ln t \qquad (6-4)$$

计算结果如图 6-23（c）所示。在 200℃、300℃和 450℃下退火试样的 $n$ 值分别为 0.68、0.70 和 1.02。Annasamy 等[41]发现，$n$ 值是退火温度和应变的函数，且 $n$ 值随着温度和应变的增大而增大。研究结果与文献一致。此外，研究指出，低的 $n$ 值可能与非随机再结晶有关[42]，形变后的 AZ31 合金在退火后 $n$ 值范围为 1.2～3.4[39]，其值高于本研究的结果。结果表明，形变的 AZ31 合金在退火过程中可能存在少量的有效成核位点或较高的储能区，导致相对随机的再结晶。但本研究证明了在热轧试样中大量的破碎链状 $Al_2Ca$ 相、压缩孪晶、双孪晶交叉处、双孪晶与晶界的交叉处以及形变晶粒内部的取向梯度均是有效的形核位点。静态再结晶晶粒在这些高储能区优先形核，导致比 AZ31 合金低的 $n$ 值。Hase 等[39]发现，高速轧制 AZ31 合金退火后的 $n$ 值也相对较低（0.7～2.0），这是由于大量剪切带的形成和孪晶优先作为形核位点。文献[39]直接验证了上述观点。

根据 Arrhenius 公式[40]，静态再结晶的速率可以描述为

$$V_R = A\exp(-Q_R/RT) \qquad (6-5)$$

式中，$V_R$ 为再结晶的速率，被认为与 $1/t_R$ 成正比，$t_R$ 为发生完全再结晶所需的退火时间；$A$ 为一个常数；$R$ 为摩尔气体常数；$Q_R$ 为再结晶形核激活能；$T$ 为退火温度。为了得到 $Q_R$ 值，将式（6-5）转化为新的形式：

$$\ln(1/t_R) = \ln A - Q_R/RT \qquad (6-6)$$

线性拟合 $\ln(1/t_R)$-$(1/T)$ 曲线如图 6-23（d）所示。线性曲线的斜率为–8.94。因此，在退火过程中，激活能 $Q_R$ 值为 74.24 kJ/mol，仍然低于深冷 AZ31 合金（85.9 kJ/mol），这意味着热轧试样较容易发生再结晶形核。

在 300℃和 450℃退火温度下，进行不同时间的退火，观察晶粒长大行为。图 6-24 对比了 300℃和 450℃退火 1 h、5 h 和 10 h 后热轧试样的显微组织。结合图 6-24 中平均晶粒尺寸与退火时间的关系，作出平均晶粒尺寸与 1～10 h 的函数关系图［图 6-25（a）］，不同温度退火试样的平均晶粒尺寸均随着退火时间的增加而增大。300℃退火试样的晶粒长大速率低于 450℃退火样品的晶粒长大速率，当每个退火温度的退火时间都低于 5 h 时，二者都能保持相对均匀的微观结构特征；但退火时间超过 5 h 时，存在一定程度的晶粒异常长大的现象，尤其在 450℃退火后试样中。Al、Zn 和 Ca 原子在晶界的偏聚可以有效降低晶界能，钉轧晶界，防止在较短时间或较低温度下晶粒异常长大。随着退火时间延长和退火温度升高，这些溶质原子以较低溶质扩散激活能迅速扩散到基体中，进一步削弱了晶界钉扎效应，导致晶粒异常长大[43]。

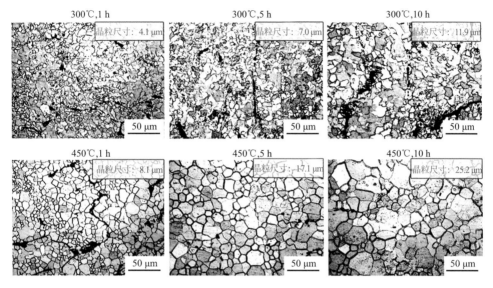

图 6-24　热轧试样在 300℃和 450℃下分别进行 1 h、5 h 和 10 h 退火后的组织特征

为了计算静态再结晶过程的晶粒长大动力学，使用了 Burke 和 Turnbull 提出的再结晶长大模型。该模型基于再结晶晶粒通过晶界迁移长大的假设。他们指出，晶粒的生长主要受晶界压力的驱动，迁移速率与晶界曲率半径成反比[44]。根据 Burke 和 Turnbull 的理论，试样的平均晶粒尺寸（$D$）与退火时间（$t$）之间的关系为[44]

$$D^m - D_0^m = kt \qquad (6\text{-}7)$$

式中，$D_0$ 为初始平均晶粒尺寸（$t = 0$）；$m$ 为晶粒长大指数；$k$ 为常数，取决于材料组成和温度。一般情况下，假设 $D \gg D_0$[45]，$D_0$ 被认为为 0。经过微分处理，将式（6-7）转化为式（6-8）：

$$\mathrm{d}D^m / \mathrm{d}t = k \qquad (6\text{-}8)$$

式（6-8）被描述为

$$\frac{\mathrm{d}D^m}{\mathrm{d}D} \cdot \frac{\mathrm{d}D}{\mathrm{d}t} = k \qquad (6\text{-}9)$$

进一步描述为

$$m \cdot D^{m-1} \cdot \frac{\mathrm{d}D}{\mathrm{d}t} = k \qquad (6\text{-}10)$$

两边取对数：

$$\ln m + (m-1)\ln D + \ln \frac{\mathrm{d}D}{\mathrm{d}t} = \ln k \qquad (6\text{-}11)$$

重新整理：

$$\ln\frac{\mathrm{d}D}{\mathrm{d}t} = -(m-1)\ln D + \ln\frac{k}{m} \qquad (6\text{-}12)$$

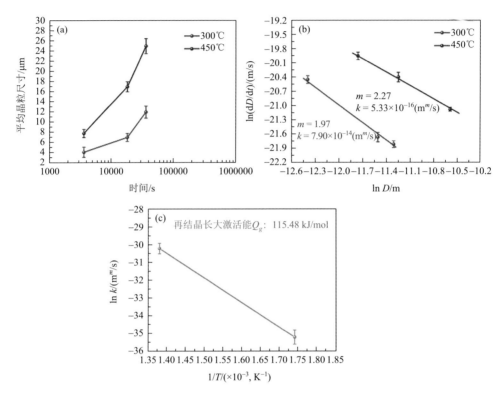

图 6-25 （a）热轧试样在 300℃和 450℃下退火后的平均晶粒尺寸与退火时间的关系；
（b）式（6-12）的线性拟合：ln(dD/dt)-ln D；（c）式（6-14）的线性拟合：ln k-1/T

图 6-25（b）为在 300℃和 450℃退火后试样根据式（6-12）得到的线性拟合结果。线性拟合曲线的斜率为$-(m-1)$，截距为 $\ln k/m$。计算结果表明，晶粒长大指数 $m$ 值分别为 1.97 和 2.27，$k$ 值分别为 $7.90\times10^{-14}$ $\mathrm{m}^m$ / s 和 $5.33\times10^{-16}$ $\mathrm{m}^m$ / s。从原子的角度看，晶界迁移实际上是一个热激活的原子扩散过程。基于 Arrhenius 公式[46]，常数 $k$ 与晶粒长大激活能 $Q_g$ 的关系为

$$k = k_0 \cdot \exp\left(-\frac{Q_g}{RT}\right) \qquad (6\text{-}13)$$

式中，$k_0$ 为常数。两边取对数：

$$\ln k - \ln k_0 = -\frac{Q_g}{RT} \qquad (6\text{-}14)$$

图 6-25（c）为式（6-14）的线性拟合结果。线性拟合曲线的斜率为 $-Q_R / R$，

经计算得到的 $Q_R$ 值为 115.48 kJ/mol，明显高于 AZ31 合金（80.8～92.5 kJ/mol）。据报道，溶质的加入有利于晶界迁移激活能增强[44, 47-49]，因为晶粒长大需要克服溶质的拖曳效应，尤其是晶界的钉扎效应。当溶质与晶界的相互作用能大于晶界迁移的驱动力时，激活能主要依赖于溶质的扩散。当这种驱动力取代溶质-晶界相互作用能时，激活能主要由晶界自扩散控制[47]。显然，与 AZ31 合金相比，退火后热轧试样中 Al、Zn 和 Ca 原子在晶界的共偏析强烈地引起溶质-晶界相互作用能增加，从而导致激活能增加。

### 6.3.6　轧制退火态 Mg-Al-Zn-Mn-Ca 合金的力学性能

图 6-26 展示了热轧退火态试样沿 RD、45°以及 TD 三个方向的室温拉伸力学性能曲线以及室温杯突成形过程中的位移-载荷曲线。具体的数据列在表 6-9 中。从图 6-26（a）和表 6-9 中得出，热轧退火态试样的力学性能表现出明显的各向异性。沿 RD 方向呈现出最高的屈服强度（176.8 MPa）和最低的断后延伸率（19.7%），而沿 TD 方向呈现出最低的屈服强度（124.3 MPa）和最高的断后延伸率（26.9%）。

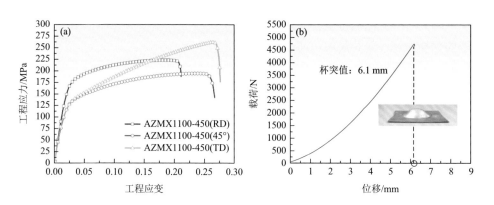

图 6-26　热轧退火态试样的室温拉伸力学性能和杯突成形性能：（a）热轧退火态试样沿 RD、45°以及 TD 三个方向的室温拉伸力学性能；（b）室温杯突成形过程中的位移-载荷曲线

**表 6-9　热轧退火态试样沿 RD、45°以及 TD 三个方向的室温拉伸力学性能数据**

| 力学性能 | RD | 45° | TD |
|---|---|---|---|
| 屈服强度/MPa | 176.8 | 127.6 | 124.3 |
| 抗拉强度/MPa | 222.6 | 186.3 | 262.3 |
| 延伸率/% | 19.7 | 25.1 | 26.9 |

以上研究结果与文献中报道的 Mg-Zn-Ca[50] 和 Mg-Zn-Gd[28] 合金的力学性能趋势相似。这种力学性能的变化趋势主要归因于织构类型的变化。沿 TD 扩展的椭圆环形织构导致沿 TD 方向具有较低的屈服强度和较高的延伸率；而沿 RD 方向呈现出较高的屈服强度和较低的延伸率[51]。从图 6-26（b）中可以得到热轧退火态试样也表现出较高的室温杯突成形性能，即 IE 值为 6.1 mm，其数值相比商业的 AZ31 合金板材增加约 100%~150%[52]，与在第 2 章中研究的含稀土的微合金 TW00 和 TWZ000 板材的 IE 值相似，但稍低于文献中报道的 AZMX 系列合金的 IE 值。IE 值的不同主要是由轧制工艺的不同引起的组织和织构上的差异导致的。总的来说，不含稀土微合金化 AZMX1100 板材相比商业的镁合金表现出较为优异的力学性能和成形性能，这主要归因于织构类型的变化引起的更多滑移和孪生变形机制的激活[53]。AZMX1100 板材具有较为优异的力学性能和成形性能，很大程度上归因于其椭圆环形织构类型的形成。

## 6.4 总结

本章一方面研究了 Zn、Ca 微合金化对挤压态 Mg-Sn 合金显微组织和力学性能的影响。另一方面通过 Zn、Ca 微合金化系统研究轧制退火态 Mg-Al-Zn-Mn-Ca 合金的显微组织（尤其是织构演变）、静态再结晶动力学及其力学性能。主要结论如下。

（1）Mg-1.0Sn 和 Mg-1.0Sn-0.5Zn 合金拥有相对粗大的晶粒尺寸和典型的强的基面织构类型，而 Mg-1.0Sn-0.7Ca 和 Mg-1.0Sn-0.5Zn-0.5Ca 合金均表现出显著的晶粒细化现象，形成了新的第二相沉淀颗粒（CaMgSn 和 $Mg_2Ca$）和弱化的沿挤压方向倾转的双峰织构类型。

（2）0.5 wt% Zn 添加后，Mg-1.0Sn 合金的屈服强度与塑性均得到了提升，归因于固溶硬化和固溶软化现象的共同作用。相比于 Mg-1.0Sn 合金，Mg-1.0Sn-0.5Ca 合金的屈服强度显著提升，主要归结于晶粒细化与沉淀强化，而其塑性的提升主要归结于晶粒细化及弱化且沿挤压方向分散织构的形成。相比于 Mg-1.0Sn-0.7Ca 合金，Mg-1.0Sn-0.5Zn-0.5Ca 合金在沿着挤压方向拉伸时拥有更高的塑性，主要归结于柱面滑移激活的增加、晶界聚合能力的提升和晶间应变传递能力的改善。

（3）单独 Ca 元素和 Zn、Ca 的复合添加均会影响 Mg-1.0Sn 合金的应变硬化行为。经 Ca 元素添加后的合金中，其应变硬化率曲线中的阶段 2 愈发明显且被拉长，归因于沿挤压方向分散的织构特征及由此引发的基面滑移激活的增强。在 Ca 元素添加后的合金中，正是显著晶粒细化现象的发生，造成了外推硬化率（$\theta_0^{III}$）显著下降。

（4）多道次热轧的 AZMX1100 合金表现出沿 RD 倾斜 15°的双峰织构特征。随着退火温度升高（200～450℃），这种双峰织构逐渐转变为沿 TD 延伸的椭圆环形织构。相较商业强基面织构的 AZ31 合金板材，热轧退火态 AZMX1100（450℃，1 h 退火条件下）表现出较高的室温断后延伸率（26.9%）和 IE 值（6.1 mm）。

（5）当退火温度范围为 200～300℃时，热轧 AZMX1100 合金的静态再结晶行为主要表现为再结晶晶粒的形核。破碎链状 Al$_2$Ca 相、压缩孪晶、双孪晶交叉处、双孪晶与晶界交叉处以及非基面滑移引发的取向梯度共同促成了椭圆环形织构的产生。

（6）当退火温度范围为 300～450℃时，晶粒长大对热轧 AZMX1100 合金的静态再结晶行为有显著的影响。高角度（45°～70°）TD 取向晶粒优先长大。由于 Al、Zn 和 Ca 原子在晶界的共偏聚产生新的低能晶界［58°($1\bar{2}10$)、73°($1\bar{2}10$) 和 75°[$01\bar{1}0$] 晶界］，进而阻碍基面取向晶粒的长大，促进非基面取向晶粒的长大。热轧 AZMX1100 合金在 200～450℃范围内的静态再结晶形核动力学可以用 JMAK 模型较好地描述。Avrami 指数 $n$ 值范围为 0.68～1.02，这是由于上述再结晶形核的非随机形核机制导致再结晶形核激活能 $Q_R$ 较低（74.24 kJ/mol）。在 300～500℃退火条件下测得再结晶晶粒长大激活能 $Q_g$ 值约为 115.48 kJ/mol，并且符合 Arrhenius 关系，其值高于商业 AZ31 合金再结晶晶粒长大的激活能。这是由于 Al、Zn 和 Ca 原子在晶界上的钉扎阻碍晶界迁移。

## 参 考 文 献

[1] Zhao C，Chen X，Pan F，et al. Effect of Sn content on strain hardening behavior of as-extruded Mg-Sn alloys[J]. Materials Science and Engineering A，2018，713：244-252.

[2] Hasani G H，Mahmudi R. Tensile properties of hot rolled Mg-3Sn-1Ca alloy sheets at elevated temperatures[J]. Materials & Design，2011，32（7）：3736-3741.

[3] Rao K P，Prasad Y V R K，Suresh K，et al. Hot deformation behavior of Mg-2Sn-2Ca alloy in as-cast condition and after homogenization[J]. Materials Science and Engineering A，2012，552：444-450.

[4] Chen Y A，Jin L，Song Y，et al. Effect of Zn on microstructure and mechanical property of Mg-3Sn-1Al alloys[J]. Materials Science and Engineering A，2014，612：96-101.

[5] Zhao C Y，Pan F S，Pan H C. Microstructure，mechanical and bio-corrosion properties of as-extruded Mg-Sn-Ca alloys[J]. Transactions of Nonferrous Metals Society of China，2016，26（6）：1574-1582.

[6] Kim B，Hong C H，Kim J C，et al. Factors affecting the grain refinement of extruded Mg-6Zn-0.5Zr alloy by Ca addition[J]. Scripta Materialia，2020，187：24-29.

[7] Oh-Ishi K，Watanabe R，Mendis C L，et al. Age-hardening response of Mg-0.3at.%Ca alloys with different Zn contents[J]. Materials Science and Engineering A，2009，526（1-2）：177-184.

[8] Biswas S，Beausir B，Toth L S，et al. Evolution of texture and microstructure during hot torsion of a magnesium alloy[J]. Acta Materialia，2013，61（14）：5263-5277.

[9] Wang G，Huang G，Chen X，et al. Effects of Zn addition on the mechanical properties and texture of extruded Mg-Zn-Ca-Ce magnesium alloy sheets[J]. Materials Science and Engineering A，2017，705：46-54.

[10] Ding H，Shi X，Wang Y，et al. Texture weakening and ductility variation of Mg-2Zn alloy with CA or RE addition[J]. Materials Science and Engineering A，2015，645：196-204.

[11] Jiang M G，Yan H，Chen R S. Twinning，recrystallization and texture development during multi-directional impact forging in an AZ61 Mg alloy[J]. Journal of Alloys and Compounds，2015，650：399-409.

[12] Han F，Chen G，Liu H W，et al. Microstructure and properties of cyclic extrusion and compression using as-cast ZK60 magnesium alloy[J]. Journal of Netshape Forming Engineering，2017，9（2）：40-44.

[13] Afrin N，Chen D L，Cao X，et al. Strain hardening behavior of a friction stir welded magnesium alloy[J]. Scripta Materialia，2007，57（11）：1004-1007.

[14] Yu H，Li C，Xin Y，et al. The mechanism for the high dependence of the Hall-Petch slope for twinning/slip on texture in Mg alloys[J]. Acta Materialia，2017，128：313-326.

[15] Bian M Z，Sasaki T T，Suh B C，et al. A heat-treatable Mg-Al-Ca-Mn-Zn sheet alloy with good room temperature formability[J]. Scripta Materialia，2017，138：151-155.

[16] Bian M Z，Sasaki T T，Nakata T，et al. Bake-hardenable Mg-Al-Zn-Mn-Ca sheet alloy processed by twin-roll casting[J]. Acta Materialia，2018，158：278-288.

[17] Robson J D，Henry D T，Davis B. Particle effects on recrystallization in magnesium-manganese alloys：particle-stimulated nucleation[J]. Acta Materialia，2009，57（9）：2739-2747.

[18] Guan D，Rainforth W M，Gao J，et al. Individual effect of recrystallisation nucleation sites on texture weakening in a magnesium alloy：part 1-double twins[J]. Acta Materialia，2017，135：14-24.

[19] Guan D，Rainforth W M，Ma L，et al. Twin recrystallization mechanisms and exceptional contribution to texture evolution during annealing in a magnesium alloy[J]. Acta Materialia，2017，126：132-144.

[20] Guan D，Rainforth W M，Gao J，et al. Individual effect of recrystallisation nucleation sites on texture weakening in a magnesium alloy：part 2-shear bands[J]. Acta Materialia，2018，145：399-412.

[21] Zeng X，Minárik P，Dobroň P，et al. Role of deformation mechanisms and grain growth in microstructure evolution during recrystallization of Mg-Nd based alloys[J]. Scripta Materialia，2019，166：53-57.

[22] Yi S，Brokmeier H G，Letzig D. Microstructural evolution during the annealing of an extruded AZ31 magnesium alloy[J]. Journal of Alloys and Compounds，2010，506（1）：364-371.

[23] Wu W X，Jin L，Zhang Z Y，et al. Grain growth and texture evolution during annealing in an indirect-extruded Mg-1Gd alloy[J]. Journal of Alloys and Compounds，2014，585：111-119.

[24] Basu I，Pradeep K G，Mießen C，et al. The role of atomic scale segregation in designing highly ductile magnesium alloys[J]. Acta Materialia，2016，116：77-94.

[25] Wu W X，Jin L，Wang F H，et al. Microstructure and texture evolution during hot rolling and subsequent annealing of Mg-1Gd alloy[J]. Materials Science and Engineering A，2013，582：194-202.

[26] Huang X，Suzuki K，Chino Y. Static recrystallization behavior of hot-rolled Mg-Zn-Ce magnesium alloy sheet[J]. Journal of Alloys and Compounds，2017，724：981-990.

[27] Agnew S R，Horton J A，Yoo M H. Transmission electron microscopy investigation of dislocations in Mg and α-solid solution Mg-Li alloys[J]. Metallurgical and Materials Transactions A，2002，33（3）：851-858.

[28] Luo J，Hu W W，Jin Q Q，et al. Unusual cold rolled texture in an Mg-2.0Zn-0.8Gd sheet[J]. Scripta Materialia，2017，127：146-150.

[29] Zhao L Y，Yan H，Chen R S，et al. Study on the evolution pattern of grain orientation and misorientation during the

static recrystallization of cold-rolled Mg-Zn-Gd alloy[J]. Materials Characterization，2019，150：252-266.

[30]　Robson J D，Henry D T，Davis B. Particle effects on recrystallization in magnesium-manganese alloys：particle pinning[J]. Materials Science and Engineering A，2011，528（12）：4239-4247.

[31]　Lee J Y，Yun Y S，Kim W T，et al. Twinning and texture evolution in binary Mg-Ca and Mg-Zn alloys[J]. Metals and Materials International，2014，20（5）：885-891.

[32]　Sanjari M，Kabir A S H，Farzadfar A，et al. Promotion of texture weakening in magnesium by alloying and thermomechanical processing. Ⅱ：rolling speed[J]. Journal of Materials Science，2013，49（3）：1426-1436.

[33]　Basu I，Al-Samman T. Twin recrystallization mechanisms in magnesium-rare earth alloys[J]. Acta Materialia，2015，96：111-132.

[34]　Yan H，Xu S W，Chen R S，et al. Twins，shear bands and recrystallization of a Mg-2.0%Zn-0.8%Gd alloy during rolling[J]. Scripta Materialia，2011，64（2）：141-144.

[35]　Zeng Z R，Zhu Y M，Xu S W，et al. Texture evolution during static recrystallization of cold-rolled magnesium alloys[J]. Acta Materialia，2016，105：479-494.

[36]　Trang T T T，Zhang J H，Kim J H，et al. Designing a magnesium alloy with high strength and high formability[J]. Nature Communications，2018，9（1）：1-6.

[37]　Wang J，Beyerlein I J. Atomic structures of symmetric tilt grain boundaries in hexagonal close packed（HCP）crystals[J]. Modelling & Simulation in Materials Science & Engineering，2012，20（2）：24002.

[38]　Zhang J，Dou Y，Zheng Y. Twin-boundary segregation energies and solute-diffusion activation enthalpies in Mg-based binary systems：a first-principles study[J]. Scripta Materialia，2014，80：17-20.

[39]　Hase T，Ohtagaki T，Yamaguchi M，et al. Effect of aluminum or zinc solute addition on enhancing impact fracture toughness in Mg-Ca alloys[J]. Acta Materialia，2016，104：283-294.

[40]　Chao H Y，Sun H F，Chen W Z，et al. Static recrystallization kinetics of a heavily cold drawn AZ31 magnesium alloy under annealing treatment[J]. Materials Characterization，2011，62（3）：312-320.

[41]　Annasamy M，Haghdadi N，Taylor A，et al. Static recrystallization and grain growth behaviour of A10.3CoCrFeNi high entropy alloy[J]. Materials Science and Engineering A，2019，754：282-294.

[42]　Humphreys F J，Hatherly M. Recrystallization and Related Annealing Phenomena[M]. Amsterdam Boston：Elsevier，2004.

[43]　Chen J，Wang Z，Ma X，et al. Annealing strengthening of pre-deformed Mg-10Gd-3Y-0.3Zr alloy[J]. Journal of Alloys and Compounds，2015，642：92-97.

[44]　Burke J E，Turnbull D. Recrystallization and grain growth[J]. Progress in Metal Physics，1952，3：220-292.

[45]　Wu D，Chen R S，Han E H. Bonding interface zone of Mg-Gd-Y/Mg-Zn-Gd laminated composite fabricated by equal channel angular extrusion[J]. Transactions of Nonferrous Metals Society of China，2010，20：613-618.

[46]　Wang T，Guo H，Tan L，et al. Beta grain growth behaviour of TG6 and Ti17 titanium alloys[J]. Materials Science and Engineering A，2011，528（21）：6375-6380.

[47]　Cahn J W. The impurity-drag effect in grain boundary motion[J]. Acta Metallurgica，1962，10（9）：789-798.

[48]　Hillert M. Solute drag in grain boundary migration and phase transformations[J]. Acta Materialia，2004，52（18）：5289-5293.

[49]　Hillert M，Bo S. A treatment of the solute drag on moving grain boundaries and phase interfaces in binary alloys[J]. Acta Metallurgica，1976，24（8）：731-743.

[50]　Kim Y M，Mendis C，Sasaki T，et al. Static recrystallization behaviour of cold rolled Mg-Zn-Y alloy and role of solute segregation in microstructure evolution[J]. Scripta Materialia，2017，136：41-45.

[51] Suh B C，Kim J H，Hwang J H，et al. Twinning-mediated formability in Mg alloys[J]. Scientific Reports，2016，6（1）：22364.

[52] Wang Q，Jiang B，Tang A，et al. Ameliorating the mechanical properties of magnesium alloy：role of texture[J]. Materials Science and Engineering A，2017，689：395-403.

[53] Bian M Z，Sasaki T T，Nakata T，et al. Effects of rolling conditions on the microstructure and mechanical properties in a Mg-Al-Ca-Mn-Zn alloy sheet[J]. Materials Science and Engineering A，2018，730：147-154.

# 关键词索引